KB273675

바다와 숲의 영혼

바다와 숲의

영혼

상상스퀘어

크레이그 포스터 지음
석혜미 옮김

AMPHIBIOUS SOUL

상상스퀘어

나의 가장 위대한 멘토이자 안내자,

그리고 영감의 원천이었던 자연의 세계에 이 책을 바친다.

또한 선사시대에 수많은 고난을 견디며

우리를 이끌어준 위대한 조상들에게도 이 책을 바친다.

차례

| 일러두기 |

이 책에 나오는 amphibious는 '양서류의, 양서적'으로 번역되는 단어로, 고대 그리스어 ἀμφίβιος에서 유래된 말이다. 두 세계를 오가며 살아가는 존재를 지칭할 때 사용하는 말이지만, '양서적'은 과학적 분류어에 가깝다. Amphibious soul을 직역한 양서적 영혼은 저자가 말하는 야생성과 취약성, 자연과 도시 그 경계 위에 서 있는 인간이라는 개념을 충분히 전달하지 못한다. 따라서 원어가 품은 의미를 한국 독자에게 더 선명하게 전달하기 위해 이 책에서는 '바다와 숲의 영혼'이라는 번역을 사용했다. 이는 원어의 핵심 개념을 잃지 않으면서도 한국 독자에게 감각적 울림을 줄 수 있는 번역이라 판단했다.

야생성을 찾아서

In Search of Wildness

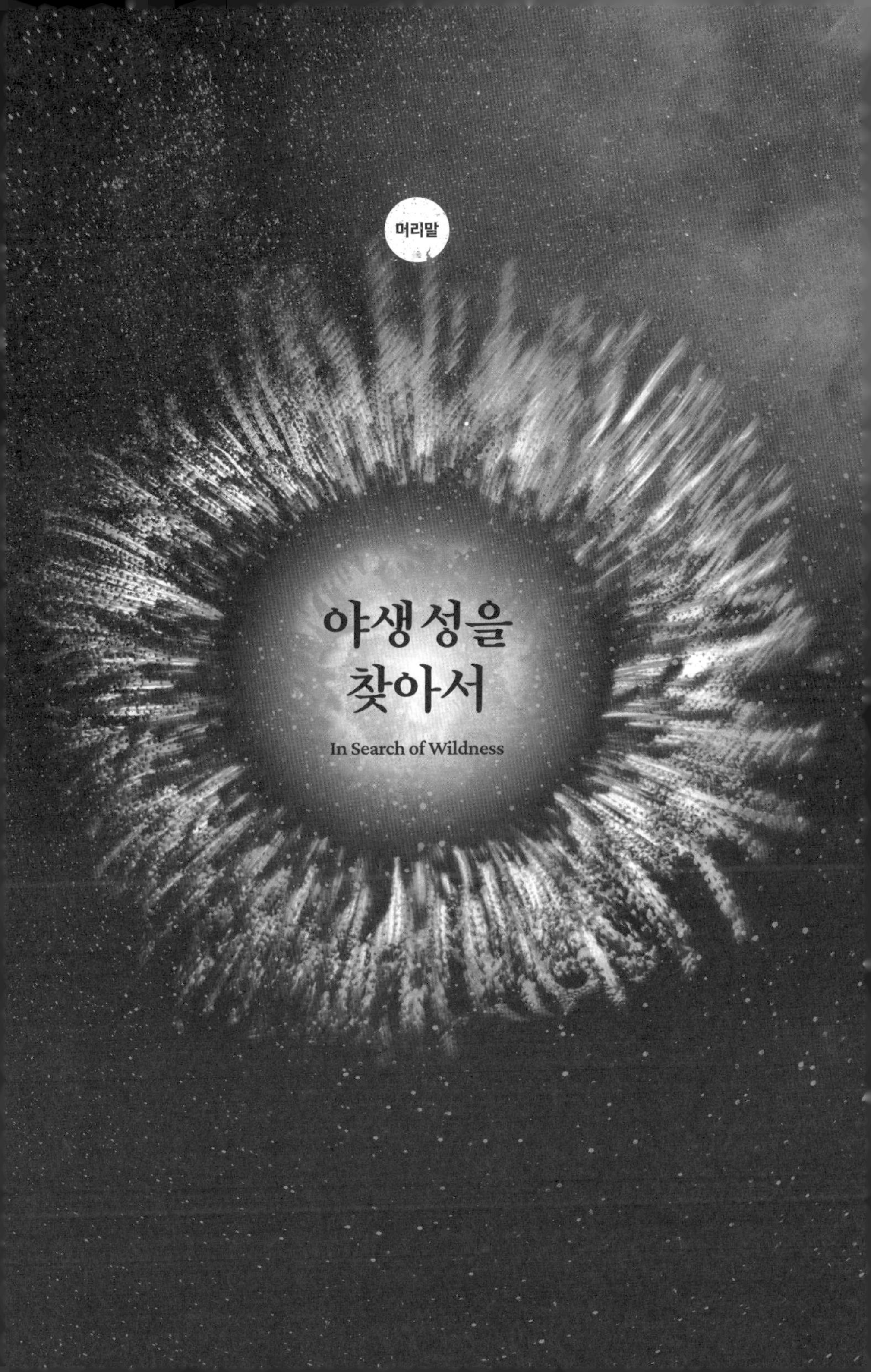

오카방고 삼각주Okavango Delta로 흘러드는 보츠와나 북부의 강은 지금도 하마나 코끼리 같은 큰 동물이 불쑥 나타나는 원시의 공간이다. 양쪽 기슭이 파피루스 갈대밭으로 뒤덮인 큰 강은 굵은 은빛 뱀처럼 굽이쳐 흐르고, 벌레가 윙윙거리는 소리와 새 울음소리가 가득하다. 강은 보통 바다로 흐르지만 오카방고강은 거대한 늪으로 흘러들며 수많은 생명을 낳는다.

이곳에는 나를 깨우는 강렬함이 있다.

바나나 모양의 발굽 덕에 습지에서 소리 없이 움직이는 늪영양부터 빽빽한 수초 숲을 가로지르며 물길을 만들어 수많은 생물이 초원에서 살아갈 수 있게 하는 하마까지, 믿을 수 없이

다양한 동물이 이 늪을 보금자리로 삼고 살아가며 풍요로운 생태계에서 자기 역할을 하고 있다.

하지만 그 화창한 오후 우리 촬영팀이 찾고 있던 동물은 나일악어Nile crocodile였다. 여전히 선사시대의 모습을 간직하고 있는 나일악어는 아프리카 강에서 가장 큰 포식동물이다.

우리는 강기슭을 따라 모터보트를 몰며 악어들이 모여 햇볕을 쬐는 강둑 쪽으로 카메라를 비췄다. 무성하게 자란 파피루스 잎이 불꽃놀이를 연상시키는 밝은 초록빛을 뿜어냈다. 흔들리는 파피루스 둑 아래에는 얽히고설킨 좁은 통로와 어두운 동굴이 있었다. 악어들이 사냥감을 끌고 가는 수중 은신처다.

현지 가이드인 자연주의자 그레그 톰프슨Greg Thompson이 우리 소규모 팀을 이끌었다. 나의 오랜 영화제작 파트너인 친동생 데이먼Damon, 자크 쿠스토Jacques Cousteau의 팀에서 일했던 프랑스인 수중촬영사 디디에 누아로Didier Noirot, 그리고 세계 정상급 수중촬영 기술자이자 나에겐 형제와도 같은 친구인 로저 호록스Roger Horrocks가 함께했다.

그곳에 간 건 순전히 로저 때문이었다. 우리 팀이 지구상에서 가장 위험한 동물을 따라 잠수하기로 한 이유 말이다. 로저와 나는 4년 전 남아프리카공화국 더반에서 열린 영화제에서 만났다. 우리는 곧바로 마음이 통했다. 로저는 깊이 생각하는 철학자이면서도 행동하는 사람이었고, 물속을 집처럼 편안해하는 뛰어난 잠수부였다. 로저가 악어의 은신처로 따라갈 수 있다면 기꺼이 함께 도전해볼 만했다. 이미 커다란 백상아리를 수중촬영한 경험이 있어 대형 포식동물이 할리우드 영화에서 그려내는 것만큼 위험하지는 않다는 사실을 배운 터였다.

그레그는 악어 굴 가까이로 우리를 안내하며 주의 사항을 설명했다. 그는 나무판자로 만든 2층짜리 주거용 선박 쿠부퀸Kubu Queen을 몰고 투어를 하는 베테랑 가이드였다. 오카방고 삼각주와 악어에 대해서도 훤히 알았다.

그는 수중촬영이 목숨을 걸어야 할 만큼 위험하다고 했다.

악어는 포식동물 중에서도 드물게 인간을 먹잇감으로 여기며 어떤 동물보다도 치악력이 강하다. 물가에 몸을 숨기고 기다리다 물에 들어오는 거의 모든 동물을 공격하여 잡아먹는다. 어쨌든 모든 동물은 언젠가 물을 마셔야 하니 피할 길도 없다.

"인간은 악어의 완벽한 먹잇감입니다. 완벽한 크기죠." 그레그가 지적했다.

우리가 탄 배는 휘어진 물길을 따라 천천히 움직였고, 디디에는 수영장 청소기처럼 생긴 장대에 달린 소형 고화질 카메라로 수면을 훑었다.

짧은 촬영을 마친 디디에는 영상을 보라며 우리를 불렀다.

"이런 건 본 적이 없어. 우릴 기습하려고 했는지도 몰라." 그가 반쯤 농담조로 말했다.

나는 영상에 찍힌 동물을 찾아 배 옆을 살폈다. 길이가 4미터쯤 되는 악어였다. 몸길이가 사람 키 두 배는 될 그 특별한 악어는 우아한 고대의 용처럼 보였다. 배 가까이에서 헤엄칠 뿐 공격적인 행동은 전혀 보이지 않았다. 우리는 더 가까이에서 살펴보려고 잠수를 준비했다.

물에 뛰어들기 전에 먼저 하마가 있는지 확인했다. 둥글둥글한 겉모습과 달리 하마는 삼각주에서 가장 위험한 동물이다. 무게가 4톤까지 나가고 이빨 길이가 30센티미터에 이르는 이 육중한 짐승은 강바닥을 빠르게 달려 이동한다. 심지어 배를 뒤집을 수도 있다. 하마의 공격으로 불구가 되거나 죽은 사람을 눈앞에서 보았다는 이야기도 들었다. 하마가 근처에 있다면 즉시 물에서 빠져나와야 한다.

로저와 디디에가 미끄러지듯 물에 들어갔고 데이먼이 뒤따랐다. 그들은 악어가 놀라지 않도록 첨벙거리지 않으면서도 최대한 빠르게 조용히 움직였다. 수면에 있을 때가 가장 위험한 순간이다. 악어들은 수면에서 먹잇감을 공격해 물속 깊이 끌어내린다. 그래서 잠수할 때는 곧장 내려가 강바닥에 머물렀다가, 다시 올라올 때도 수면에서 머뭇거리지 않고 바로 보트에 타야 했다.

내가 배에서 촬영을 이어가는 사이 세 사람은 햇빛이 어른거리는 퇴적층 바닥에서 쉬고 있는 악어를 향해 내려갔다. 먹잇감으로 보일 수 있는 뒷걸음질을 피하고, 멈춰 있거나 악어 쪽으로 움직이는 전략으로 혼란을 주었다.

나 역시 장비를 갖추고 동료들을 따라 잠수할 준비를 했다. 그때 나는 더 어렸고, 어리석었고, 위험을 감수할 의지가 있었지만, 두렵기도 했다. 악어는 영역 동물이다. 우리 원정대가 이곳을 방문하고 얼마 후에 출사를 나온 팀에서는 한 명이 악어에게 물려 팔이 뜯겨나갔고 거의 죽을 뻔했다고 한다. 하지만 위험에도 불구하고 나는 더 가까이 다가가고 싶은 끌림을 느꼈다. 이 동물의 야생성을 느끼고 이해하고 싶었다.

물론 우리는 예방 조치를 취했다. 사실 아무리 대담한 다이버라도 오카방고 삼각주에는 접근하지 않는다. 가시거리가 워낙 짧아 악어가 접근해도 알아차릴 방법이 없기 때문이다. 하지만 우리는 수위가 최고점에 달하는 6월에 여행을 계획했다. 물이 안정적으로 강하게 흐르면서 침전물을 씻어내어 보통 2주에서 4주 정도 맑은 물이 유지되는 시기다.

산소 실린더를 비롯한 외상 치료용 장비를 정식으로 갖춘 훈련받은 의료진이 배에서 대기했다. 잠수팀이 수면 아래로 사라지자 의료진은 바짝 경계했다. 무기를 챙길까도 생각했지만, 침입자 입장인 우리가 공격해오는 동물을 죽이는 건 옳지 않다고 판단했다. 게다가 악어가 작정하고 공격한다면 눈 깜짝할 새에, 알아차리지도 못하고 당할 것이다. 악어는 거대하고 강력한 포식자다. 도움이 될 만한 무기 같은 것은 존재하지 않는다.

로저, 디디에, 데이먼이 45분 정도 강바닥의 악어를 촬영한 후, 용처럼 거대한 악어는 천천히 수면으로 미끄러져 올라가 숨을 쉬고는 느릿느릿 파피루스 쪽으로 움직였다. 걸음이 닿는 곳에 흙탕물이 일었다. 폐에 숨을 채운 악어는 다시 물속으로 뛰어들었다. 그때 뭔가 놀라운 일이 일어났다. 악어는 내가 내려다보는 가운데 지붕처럼 드리운 파피루스 아래로 더 깊이 들어갔다. 지금도 그 생각을 하면 소름이 돋는다.

마치 따라오라는 초대 같았다. 몇 주째 우리를 은신처로 안내할 악어를 기다렸지만 별 소득이 없던 터였다. 그러나 지금 그 일이 벌어지려 하고 있었다. 눈앞의 안내자를 따라간다면 그토록 오래 우리를 따돌리던 야생이 펼쳐질지도 모른다.

나는 마스크를 쓰고 호흡기를 조절했다. 안으로 들어가기 직전에 이상한 광경이 눈에 들어왔다. 박쥐 한 마리가 밝은 대낮에 배 주위를 날고 있었다. 뭔가 대단한 일이 일어날 것 같다고, 나는 생각했다.

배에서 내리자 눈앞에 평행 세계가 펼쳐졌다. 강물을 통과

한 햇빛을 받아 에메랄드와 금빛으로 물든 수중 정원이었다.

나머지 팀원들은 모래 위 악어의 흔적을 비추는 카메라 불빛에 의지하여 어둠을 뚫고 파피루스 숲에 난 물길로 악어를 따라간 뒤였다. 하지만 내게는 빛이 없었다. 몇 미터 뒤에 있던 나는 팀원들이 걸으며 일으킨 흙탕물 탓에 코앞도 보이지 않았다.

어두운 길을 응시하는데 모든 원초적 본능이 가지 말라고 소리쳤다. *위험! 뒤로 돌아! 물에서 나가!* 헝클어진 잡초가 줄지어 늘어선 좁은 굴은 사실상 길이라 할 수 없을 만큼 뚫기 어려워 보였다. 불과 사흘 전에 데이먼과 디디에, 로저가 악어를 찾다가 이런 미로 같은 길에서 완전히 방향을 잃은 전적도 있었다. 셋은 흐르는 강물에 흙탕물이 쓸려간 후에야 물 밖으로 나갈 길을 찾을 수 있었다.

하지만 아무리 두려워도 나는 가야만 했다. 이것은 다시 없을 기회였고, 우리가 이곳에 온 이유였다. 그래서 팀원들을 따라 악어의 수중 은신처로 이어질 좁은 굴을 헤엄치기 시작했다.

굴은 하마의 몸통 너비였다. 폭이 1.5미터, 길이는 15미터 정도였다. 사방이 캄캄했다. 바로 옆에 악어가 있어도 알아차리지 못했을 것이다. 마음 한구석에선 금방이라도 거대한 이빨이 덮쳐올 것만 같았고, 악어의 턱에 물려 물속에 갇힌 기분을 상상하게 되었다.

나는 그 생각을 애써 머리에서 밀어내고 무엇이 기다릴지 생각하며 굴속으로 더 깊이 헤엄쳐 들어갔다.

희미한 심장박동

나는 오랜 시간 외부에서 야생성을 찾아 헤맸다.

다큐멘터리영화 제작자로서 사명감을 가지고 동시대의 가장 위대한 자연주의자들을 찾았다. 동물의 행동을 마법처럼 읽어내는 노련한 추적자들을 만났다. 삶과 죽음에 대한 깊이 있고 다차원적인 관점을 제공하는 지역공동체의 치유 의식들을 배웠다. 그리고 인류의 미래를 헤쳐나가는 데 결정적일 상호성에 대한 고대의 지혜를 접했다.

그동안 나는 깊은 슬픔을, 어떤 갈망을 느꼈다. 그 뿌리를 콕 집어 말할 수는 없었지만, 때로는 내 영화의 주제가 분명해질수록 심장이 더 욱신거리는 듯했다.

그 갈망은 자연을 속속들이 아는 사람들과 함께할 때면 아프도록 강렬해졌다. 특히 〈위대한 춤The Great Dance〉이라는 다큐멘터리를 촬영하며 칼라하리사막의 산San 부족 사냥꾼들을 만났을 때가 그랬다. 그들이 야생과 친밀한 대화를 나누는 동안 나는 항상 관찰자이자 외부인으로 카메라 뒤에 존재했다.

내 자리에서 나만의 길을 찾아야 했지만, 나는 길을 잃었다. 나만 그런 것이 아니었다. 어디서든 자연과의 단절로 고통받는 사람들이 보였다. 나는 자연과 조화를 이루며 사는 것이 인류의 자연스러운 상태라고 직관적으로 느꼈다. 존재감과 생명력을 인식하고 평화에 이를 수 있는 상태 말이다. 하지만 현대 세계의 많은 부분은 자연이 모든 존재에게 제공하는 자양분을 차단하도록 설계된 것 같았다.

마치 내 안에 탈출을 시도하는 무언가가 있는 것 같았다. 출구를 찾지 못하는 야생동물이었다. 그 동물의 희미한 심장 박동을 느낄 수 있었지만, 그 동물을 따라가거나 철창을 열어 놓아줄 방법을 알 수가 없었다.

인구밀도가 낮은 메마른 땅, 보츠와나의 중부 칼라하리Central Kalahari에 사는 노련한 활 사냥꾼 클로아세 초크네Xhloase Xhhokne를 촬영하던 중 깨달음이 찾아왔다. 나는 조금이라도 그와 같이 우아하게 움직이려고 노력하며 뒤를 따라다녔다. 카메라를 든 내 부드러운 손을 내려다보고, 이어서 그의 손을 보았다. 활을 만들고, 가죽을 벗기고, 자연에서 계속 일하면서 생긴 0.5센티미터 정도의 단단한 굳은살로 덮인 손바닥이었다.

나는 가족을 위해 먹이를 찾는 그를 종일 따라다니고 있었다. 한여름은 사냥하기 어려운 시기였다. 해 질 녘에도 기온이 섭씨 38도를 족히 웃돌았고, 근처에 큰 사냥감도 많지 않았다. 그러나 클로아세는 결국 호저의 흔적을 찾아냈고, 한 마리가 굴속으로 숨기 직전에 창으로 찔렀다. 호저를 죽인 그는 간을 먹었다. 간은 사냥꾼의 몫이다. 멀리까지 걸어온 그에게 꼭 필요했던 에너지였다. 그리고 호저를 집까지 메고 가기 위해 가시를 제거했다.

클로아세는 속이 빈 호저의 꼬리 가시를 보여주었고, 통역사 사마하Xamaha를 통해 말했다.

"꼬리 방울을 보세요. 이 녀석이 위험을 느끼면 여기가 흔들려요. 털털털털 소리가 나죠."

고슴도치의 가시를 뽑아낼 때 바늘처럼 날카로운 끝이 살을 뚫고 달라붙었지만, 굳은살이 너무 두꺼워 아무 느낌도 없는 듯했다. 가시를 뽑아내며 표정이 환해진 클로아세는 웃음을 터뜨렸다. 재미있는 일이 있어서가 아니라 내면에 기쁨이 일었기 때문이다.

그의 웃음, 얼굴에 태양처럼 나타난 미소, 굳은살이 박인 강한 손을 결코 잊지 못할 것이다.

나는 하루에 16시간까지 영상을 편집하느라 집 안에서 너무 많은 시간을 보냈다. 내 손은 부드러웠고, 심장은 연약했으며, 미소는 빛을 잃었다. 내 안의 야생동물은 출구를 가리킬 빛 한 줄기 없는 내면 깊은 곳에 웅크리고 있었다. 이 길든 모습은 일종의 죽음처럼 느껴졌다. 나 이전에 살았던 인류에 대한 모독이자 내가 물려받은 야생성에 대한 모독 같았다.

내 '바다와 숲의 영혼amphibious soul'에 대한 부정이었다.

멸종 위기종

'amphibious'라는 단어는 육지와 물에서 이중생활을 한다는 뜻이다. 이 단어에는 야생성과 취약성이 생생하게 담겨 있다. 과거 우리 집 뒤의 연못에 살던 케이프강개구리와 같은 양서류는 지구상에서 가장 취약한 생물 집단이다. 이들의 피부는 투과성이 있어 모든 형태의 오염과 독성에 약하다.

오늘날 우리 행성도, 그 위에 사는 모든 생명체도 많은 위협에 직면해 있다. 우리의 '바다와 숲의 영혼'은 지구와 분리되어 있지 않기 때문에 그만큼 큰 위협을 받고 있다. 우리 인간도 인간만의 방식으로 투과성이 있다. 자연의 고통이 우리 존재에 스며들어 건강과 영혼, 정신에 영향을 미친다. 우리는 모두 남아 있는 야생의 심장을 잃어버릴 위험에 처해 있다.

하지만 야생성이란 대체 무엇일까? 그리고 인간은 어떻게 야생의 본성과 연결될 수 있을까? 그것은 어떤 모습일까?

불과 몇천 년 전에 살던 인간을 상상해보자. 먹거나 마시는 것은 모두 완전히 순수하다. 독성 물질로 가공되거나 오염된 것은 아무것도 없다. 위에서 뇌로 흐르는 혈액은 순수하고 깨끗하다. 전자 소음을 들어본 적도, 실내 생활을 경험해본 적도 없다. 아는 거라곤 언제나 존재하는 야생의 소리와 냄새뿐이다. 장작 연기, 빗소리, 새소리…… 아플 때는 들풀과 약초로 치료한다.

그들은 평생 추적자이자 사냥꾼으로 살아간다. 작은 혈족 집단에서 태어나고 자라며, 수천 종의 야생동물, 식물, 나무에 익숙하고, 태어난 곳의 모든 강, 만, 계곡을 손바닥 보듯 알고 있다. 존재 전체가 온전히 살아 숨 쉬며 언제나 준비된 채 불꽃처럼 타오른다. 모든 감각이 야생성과 연결되어 있고, 의식과 인지능력이 최고 수준으로 활성화되어 있다.

어떤 사람들은 석기시대 인간이 으르렁거리며 사냥감을 쫓는 선사시대 야수였다고 생각하지만, 이는 왜곡된 관점이며 실제와 거리가 멀다.

나는 자연과 불화하지 않고 조화를 이루며 살아가는 깊은 지성을 활용하고 싶은 마음이 간절했다. 그러나 현재를 버리고 과거로 돌아가자는 것은 아니다. 그보다는 역사의 이 순간에 야생성이 어떤 모습으로 나타날 수 있는지 알고 싶었다. 인간의 본능적인 야성을 받아들이면 인류가 오늘날 직면한 가장 큰 문제들을 해결하는 데 어떤 도움이 될지 탐구하고 싶었다.

이 깊은 열망에 이끌려 처음으로 야생을 향해 작은 걸음을 내디뎠다. 거대한 뱀상어나 백상아리가 있는 남아프리카 바다에서 다이빙하는 등, 육체적으로 힘들고 위험한 경험을 계속 추구했다. 다이빙을 마친 한밤중이면 마치 영혼이 내 몸을 떠나 상어와 헤엄치고 있는 것처럼 뭔가 다른 내가 되어 깨어나곤 했다. 의식이 둘로 나뉜 상태에서 나는 침대에 누워 어두운 천장을 올려다보는 동시에 물속을 헤엄치며 해초가 몸을 스치는 것을 느끼고 거대한 물고기가 유영하는 모습을 바라보았다.

하지만 나는 여전히 목말랐다.

철창 밖으로 나가고 싶었다.

로저가 물속으로 뛰어들어 악어를 촬영하자는 정신 나간 제안을 했을 때 두말없이 승낙한 건 그래서였다.

대자연의 심장

파피루스 굴을 지나던 시간은 영원처럼 느껴졌지만 실제로는 2~3분에 불과했다. 앞쪽에 불빛이 나타났는데, 팀원들의 카메라 조명이 확실했다. 가까이 다가가자 좁은 통로가 확 넓어져 동굴 같은 방이 되었고, 탁하던 시야는 구름이 걷히듯 환해졌다.

데이먼, 로저, 디디에는 수정처럼 맑은 물 가운데 떠 있고 악어들은 바닥에서 쉬는 중이었다. 나는 로저의 맞은편에 촬영할 자리를 잡았다. 동굴은 어두웠다. 해조류가 물살에 흔들리고, 수중 동굴의 천장을 이루는 두껍게 얽힌 뿌리 사이를 뚫고 금실처럼 가느다란 빛살이 들어왔다.

검은 잠수복에 고글을 쓰고 카메라 장비로 무장한 우리는 선사시대 야수의 주위를 맴도는 외계 손님 같았다. 산소 압력 조절기가 쉭쉭거리는 소리와 얼굴 옆으로 흘러나오는 거품 때문에 더 이상해 보이는 우리 모습이 악어의 경계심을 높였을 것이다. 어쩌면 그래서 공격하지 않았던 것 같다. 악어는 천천히 주위를 돌며 관찰하는 우리의 시선에 순응했다. 늠름하고 표정 없는 얼굴과 등을 뒤덮은 선사시대와 같은 모습의 돌기, 복잡한 점박이 무늬 비늘이 카메라에 담겼다.

이 신비로운 생명체 앞에서는 마법에 걸린 듯 모든 것이 희미해졌다. 추위도 느낄 수 없었다. 잠수 시간 계산기의 숫자가 올라가는 것도 알아차리지 못했다. 머리에 솟은 뿔이 아주 자세히 보였다. 악어는 카메라 불빛을 받아 희게 빛나는 원뿔 모양 이빨을 다물고 특유의 미소를 띠고 있었다. 어쩌면 우리가 그에게 관심이 있는 것만큼이나 그도 우리가 궁금했는지 모른다. 머리를 촬영하려 가까이 다가갔는데도 전혀 동요하는 기색을 보이지 않았기 때문이다. 이 포식동물이 얼마나 강력한 존재인지는 의식하고 있었지만 두려움이 조금 가라앉는 느낌이었다.

조명이 긴 몸통을 비추자 거대한 악어는 황금빛으로 빛났다. 죽은 듯 멈춰서 우리를 지켜보며 자신의 안식처에 들어온 우리의 존재를 용인하고 있었다. 그 장면은 초현실적으로 느껴졌고 온전히 받아들이기 어려웠다. 나는 정말 그곳에 있었던 걸까, 아니면 모든 게 꿈이었을까?

악어는 우리가 오래 머물도록 허락해주었다. 역사상 가장 오래된 글이 쓰인 파피루스 갈대를 배경으로 야생의 이미지를 새기며 촬영하게 해주었다. 마침내 우리는 천천히 돌아서서 조심스럽게 밖으로 나왔다.

"내 인생에서 가장 멋진 순간 중 하나였어." 나중에 디디에가 말했다. 그건 인간이 할 수 있는 가장 무모한 일 같았다. 지구상에서 가장 위험한 동물을 따라 가장 비밀스럽고 고립된 장소로 가는 것.

수면으로 돌아가 안전한 배에 오르는 동안에도 심장이 터질 듯 뛰었지만, 그렇다고 대자연의 심장부에 닿았다는 생각은 들지 않았다. 악어의 마음과 내 마음 사이의 거리는 너무 멀었다. 나는 여전히 야생을 관찰하는 사람 같았다. 관객이자 관광객일 뿐, 나 자신이 야생에 속하는 것 같지는 않았다.

세상에서 가장 치명적인 최상위 포식자와 헤엄치면서도 나 자신의 야성을 느낄 수 없다면, 과연 그것이 내게 존재하긴

하는 걸까?

야생으로의 귀향

결국 내면에 있는 야생의 존재는 내가 찾는 것을 말해줄 방법을 찾아냈다. 그것은 고향에서 멀리 떨어진 곳에서는 내 진정한 본성을 찾을 수 없다고 속삭였다. 그리고 야성을 찾으려면 엄청난 육체적 위험에 처해야 한다는 오래된 편견을 버리라고 경고했다. 위험으로 될 것이었다면 악어와 함께 헤엄치고 사냥의 달인을 따라 동물을 추적하는 동안 목표를 이뤘을 것이다.

나는 다른 종류의 여행이 필요하다고 느꼈다. 외부가 아닌 내면에 있는 낯선 곳을 경험하는 여행이. 25년 동안 길 위를 헤맨 나는 더 극단적인 장소를 찾기보다 내가 처음으로 자연을 만난 곳으로 돌아가야 한다는 강렬한 부름을 느꼈다. 바로 아프리카의 바다숲이었다.

깊이 새겨진 풍요의 기억

나는 희망봉Cape of Good Hope 해변을 돌아다니며 바다 아래 왕국을 탐험하면서 어린 시절을 보냈다. 은빛 파도가 마른 바위에 닿아 반짝이는 그곳에서 나는 무언가를 깨달았다. 그 기억은 나를 반짝이게 했고, 풍요의 기억으로 깊이 새겨졌다. 내가 완전하다고 느낀 건 그곳이 마지막이었다.

우리 가족이 이사하고 여러 해가 지난 어느 화창한 오후, 나는 역시 바다를 사랑하는 새로운 주인에게 초대받아 어린 시절 집이 있던 곳으로 돌아왔다.

작고 둥근 창이 있어 집보다는 배처럼 보이는 해변의 방갈로였던 우리 옛날 집은 이전 주인들이 완전히 철거했고, 대신 토대를 조금 높여 지은 아름다운 나무집이 서 있었다. 이제 자연석으로 만든 방파제가 내가 살 때 집을 자주 위협했던 거대한 대서양 파도의 충격을 흡수하고 있었다. 새로운 주인들이 집을 완전히 바꾸었다곤 해도, 그들 역시 거대한 바다의 입구에 있는 집이라는 이 독특한 곳을 사랑했기에 집의 영혼은 뚜렷이 남아 있었다.

나는 내 방이 있던 자리에 서서 차를 홀짝이며 53년 전에 사랑에 빠졌던 바로 그 해안, 푸른 해초숲과 화강암 바위를 바라보았다. 어릴 때 나는 바위마다 이름을 붙였다. 금간바위, 큰바위, 게바위, 침대바위…… 나는 바위를 하나하나 보다가 반세기가 지났는데도 눈에 띄는 변화가 없다는 사실을 깨달았다.

나로 말하자면 부정할 수 없는 변화가 있었다. 나는 더 이상 보물을 찾아 해변을 샅샅이 뒤지던 무모한 어린아이가 아니었다. 하지만 내 뿌리와도 같은 곳을 내다보는 동안 희미하게 빛나는 수평선의 나직한 노래가 들렸다. 잠시였지만 나는 시간을 가로질러 날아갔고, 다시 온전해진 느낌을 받았다.

1장

유산

Inheritance

나는 바다의 품에서 나고 자랐다.

아프리카 대륙 끝, 희망봉. 지구의 심장이 뛰는 곳이자 인간과 바다의 인연이 가장 오래, 족히 20만 년간 이어진 해안이다. 아프리카는 인류의 발상지이며, 이 야생의 해변은 가장 오랜 선조들이 처음 거닐던 곳이다. 나의 실제 고향일 뿐 아니라 이 세상을 살다 간 모든 인간의 조상에게도 고향이다.

거친 파도가 몰아치는 희망봉은 폭풍의 곳_{Cape of Storms}이라고도 불린다. 내 가장 오래된 기억 속에서 어린아이인 나는 남동생 데이먼과 욕조에 앉아 있다. 거대한 파도가 욕실 문을 열어젖히고, 욕조 높이만큼 바닷물이 들어찬다. 따뜻한 욕조 물과 대비되어 얼음처럼 차던 바닷물에 수천 개의 흰 거품이 소용돌이친다.

그러나 내가 바다를 만난 것은 파도가 우리의 작은 집으로 찾아오기 훨씬 전이었다. 어머니는 나를 임신했을 때 출산 전 날까지 잠수복도 입지 않고 차가운 대서양의 해초숲에 뛰어들곤 했다. 그때도 지금처럼 바다숲은 딱총새우 떼의 황홀한 소리로 가득했다. 나는 지금도 바닷물에 머리를 넣고 새우 수천 마리가 공기 방울 탄환을 쏘며 집게를 철컥거리는 소리를 들으면 마음이 들뜬다.

케이프타운 병원에서 태어난 내가 집에 온 날, 아버지는 나를 얼음장처럼 찬 바다에 넣었다. 물론 나는 자지러졌지만, 그건 우리 가족에게 삶의 일부와도 같은 의식이었다. 최고 수위선 아래에 지어진 우리의 단층 목조 주택은 폭풍해일에 에워싸이곤 했다. 집은 방수판 같은 것으로 덮여 있었지만 비바람의 힘은 강력했고, 폭풍이 오기 전이면 부모님은 날아드는 돌과 세찬 파도에 창문이 깨지지 않도록 두꺼운 나무판을 덧대어야 했다.

청바지를 입고 금발을 하나로 질끈 묶은 어머니와 맨몸에 낡은 운동복 반바지를 입고 제일 좋아하던 텍산 담배를 입술에 느슨히 문 아버지를 지켜보던 기억이 난다.

하지만 인간의 손으로 만든 것들이 물의 힘을 버틸 만큼 튼튼한 일은 드물었다.

갯강구의 본능

폭풍이 올 때면 언제나 미리 알 수 있었다. 갯강구들이 무리 지어 높은 곳으로 이동했기 때문이다. 바위투성이 해안선에서 모습을 드러낸 갑각류 수천 마리가 마당으로, 가끔은 집 안에까지 기어들었다.

"이번 폭풍은 어마어마하겠어. 바다 벌레들이 또 배수로를 막지만 않으면 좋겠네." 아버지가 말했다.

과학자들은 아직도 어떻게 갯강구들이 기압계가 떨어지기도 전에 폭풍이 올 것을 아는지 밝혀내지 못했다. 최근 몇 년 사이 나는 이 생명체들의 속성, 짝짓기 의식, 출산 과정을 속속들이 알게 되었다. 그 야생의 지혜는 여전히 수수께끼로 남아 있지만, 나는 그것들을 사랑하게 되었다.

인간에게도 비슷한 야생의 지혜가 있을지 궁금할 때가 있다. 그러나 현대인은 거기 귀 기울이기엔 너무 길들어버렸다. 인류는 과거 30만 년 동안 여느 동물처럼 자유롭게 자연과 더불어 살았다. 유목 생활을 했고, 먹을 것과 마실 것을 찾아 땅을 떠돌았고, 소규모로 무리 지어 생활했으며, 모든 개체가 서로 의존했다. 인간이 길들어 인생을 거의 실내에서 보내며 자연의 리듬과 분리되어 살게 된 건 지난 1만 년 정도에 불과하다. 그 여파는 컸다. 우리는 선조들과의 연결 고리도, 동물과의 유대도, 타고난 추적 능력도 잃어버렸다. 신체와 정신과 영혼을 건강하게 하는 모든 것을.

그러나 그 야생의 직관은 지금도 우리 마음 깊이 묻힌 채 주의를 끌려 애쓴다. 폭풍이 올 때면 높은 곳으로 이동하라고 말해준다.

홍수

우리 가족은 항상 바다가 집을 삼킬 수도 있다고 생각했지만, 사실 어떤 파도보다도 위험했던 건 길 아래로 흐르는 물줄기였다.

어느 날 밤, 눈을 뜨니 부모님이 곁에 있었다. 아직 어두웠고 거센 바람이 울부짖는 소리와 비가 창문을 때리는 소리가 들렸다.

"일어나, 아들. 빨리 가야 해." 어머니가 말했다.

나는 잠이 덜 깬 채 무슨 일인지도 모르고 부모님을 올려다보았다. 밤은 무서운 시간이었다. 나는 어둠을 좋아하지 않았고, 두려움이 엄습하면 침대를 빠져나가 부모님 방으로 숨어들었다. 나는 상상력이 풍부하고 예민한 아이였고, 방 안에 누군가가 있다는 느낌을 받는 밤이 많았다. 어둠 속에서 움직이는 어슴푸레한 것들의 존재를 느끼거나 심지어 볼 때도 있었고, 부모님이 방으로 돌려보내면 이불을 머리끝까지 뒤집어쓰고 잠이 들기만 기다렸다. 부모님은 모진 사람들이 아니었다. 내 공포를 이해하지 못했을 뿐이다.

아버지는 내게 무적의 존재였다. 그 폭풍우 치는 밤, 아버지의 존재감만으로 마음이 가라앉고 무서워할 필요 없다는 생각이 들었다. 하지만 뭔가 잘못된 건 분명했다. 발밑을 보고서야 문제를 파악했다. 또 물이 들어차서 바닥은 콸콸 흐르는 강물이 되어 있었다.

부모님 사이에 서서 아버지의 손을 잡고 차가운 강에 발을 디뎠다. 아버지는 다른 팔로 동생 데이먼을 안아들었다. 물은 이미 깊어져서 집을 통과해 흐르며 폭포처럼 계단을 타고 쏟아졌다. 현관으로 이어지는 계단을 올라가는 길에 내 발을 적시며 흐르는 물 때문에 추위로 몸이 벌벌 떨렸다.

길에 나서자 오래된 우리 트라이엄프 오토바이가 물에 떠내려가는 모습이 눈에 들어왔다.

나는 너무 어려서 상황을 다 이해할 수는 없었지만, 억수처럼 퍼붓는 비 사이로 홍수의 근원이 보였다. 도로에서 150리터짜리 빈 석유 드럼통이 떠내려와 코르크가 병 입구를 막듯 단단히 배수로를 막고 있었다. 그리고 갓길을 따라 쳐진 철조망이 쓰레기로 막혀 물이 더 차오른 상태였다.

아버지는 주저하지 않았다. 물에 잠긴 길로 뛰쳐나가 강력한 절단기로 철조망을 끊기 시작했다. 범람하는 물과 겨루며 물길을 트는 위험한 일이었다. 아버지가 철조망을 자르자 불어났던 물이 순식간에 거의 다 빠져나갔다. 그러지 않았다면 우리 집은 쓸려갔을 것이다.

폭풍이 가라앉은 후, 집은 무사했지만 벽을 따라 허리까지 토사가 쌓였다. 청소하고 마루와 천장을 교체하는 데 넉 달이 걸렸다. 워낙 엄청난 홍수였던지라 아버지조차 제대로 들지 못하던 커다란 연석들이 백 미터는 떨어진 바다로 쓸려나갔다. 한 달 뒤 물에 뛰어들었다가 발견한 그 돌들은 바다 밑에서 멋쩍어 보였다.

어머니는 그 홍수를 멋진 장면으로 기억한다. 바다가 내 파란 흔들 목마를 쓸어간 것이다. 집에 대충 달아두었던 바다를 비추는 조명 덕에 눈에 띄었으리라. 어머니는 잠시 멈춰서 등에 아무도 태우지 않은 파란 목마가 폭풍우 치는 하늘 아래 범람한 물속에서 까딱거리는 초현실적인 광경을 바라보았을 것이다.

보물

나는 세 살 때부터 헤엄치고 다이빙하는 법을 배웠다. 바위 사이 웅덩이에 사는 생물들에게 푹 빠진 사냥꾼으로 성장했다. 썰물 때마다 웅덩이를 찾아갔고 바닷가재, 게, 물고기를 보면 신이 났다.

그 시절에는 다들 아이들이 그냥 뛰어놀게 두었다. 나는 가끔은 혼자, 가끔은 세 살 터울 동생 데이먼과 함께 누리는 자연 속의 자유를 사랑했다. 조부모님은 우리가 바위 웅덩이와 해변에서 겪은 모험 이야기에 귀 기울여주셨다. 할머니 마조리Marjorie와 증조할머니 구기Guggie가 어린 우리의 이야기에 보여준 깊은 관심은 아주 어린 시절에 시작된 바다와의 사랑 이야기를 빚어내는 데 강력한 촉매가 되었다.

"크레이그, 할미한테 전부 말해보렴. 커다란 게를 본 것도, 해변으로 돌아올 수 없었던 것도." 증조할머니는 말하곤 했다. 그 따뜻한 관심 속에서 이야기에는 불이 붙었고 의미 있게 흘러갔다. 불과 물은 다르게 흐르지만 둘 다 살아 움직인다. 그 춤추는 빛이 나를 움직인 힘이었다.

할머니 역시 자연과 함께하는 위대한 탐험가였다. 사파리 여행을 갔다가 코끼리와 하마의 공격을 받은 놀라운 이야기보따리와 함께 돌아왔고, 비밀 장소에 숨기라며 내게 한 손 가득 보물을 건네주곤 했다. 할머니는 덤불에서 발견한 원석들을 모았다. 나는 할머니가 준 원석 두 개를 아직도 가지고 있다. 형광 녹색의 공작석과 황갈색 호안석이다. 지금도 보석에 손을 대면 할머니의 관심이 떠오르며 따뜻한 느낌이 든다.

집에 앉아 바다의 분위기와 신비에 매료되어 몇 시간이고 응시하던 기억이 난다. 해변에서 나는 많은 보물을 발견했다. 나무로 조각한 얼굴, 물개 이빨, 나무 손잡이에 한자가 새겨진 낡은 쇠 갈고리. 한번은 외국 돈과 편지가 가득 든 유리병이 해변에 밀려온 적이 있었는데, 편지를 보내달라는 메시지가 들어 있어서 우리는 그렇게 했다. 동봉된 돈은 우표값이었다. 바위투성이 해변에서 유리병이 부서지지 않은 것은 기적이었다.

도움을 청하다

나는 아버지가 다이빙할 때마다 따라갔다. 얼마나 오랫동안 숨을 참을 수 있는지, 얼마나 깊이 나아가는지, 얼마나 오래 추위를 견디는지 그저 놀라웠다. 네오프렌 잠수복은 1950년대 초에 발명되었지만 세계적으로 대중화되기까지는 시간이 좀 걸렸다. 그래서 아버지는 오랜 시간 물속에서 잠수복 대신 럭비 유니폼 두 벌을 입었다.

엄청난 체력과 천부적인 운동신경이 있었던 아버지는 나에겐 슈퍼히어로였다. 아무것도 아버지를 건드릴 수 없을 것 같았다. 아버지는 인쇄업자였다. 오전 6시부터 오후 6시까지 일했고 주말 근무도 많았다. 하지만 아버지의 열정은 바다와 큰 산을 탐험하는 것이었다.

어머니는 그래픽 아티스트이자 주부였다. 천성이 상냥해서 늘 다른 사람을 어떻게 도울지만 생각하고 자기 자신을 소홀히 하는 경우가 많았다. 어머니는 바다와 해변을 좋아하는 집안 출신이었다. 다이빙보다는 수영을 더 좋아했다. 아버지도 어머니도 바다와 친했다. 해양생물학에 대해 아는 바는 거의 없었지만, 수천 번의 다이빙과 수영을 통해 만난 지역 생물은 잘 알고 있었다.

바다는 위험할 때가 많았다. 아버지는 해류에 쓸려나간 사람을 여러 번 구했다. 해안에는 파도에 휩쓸려 바위에서 떨어진 수많은 낚시꾼의 죽음을 나타내는 십자가가 줄지어 서 있다. 아버지는 차분하게 헤엄쳐 나가 물에 빠진 사람을 물가로 데리고 돌아왔다.

나는 아버지가 우리 집 근처의 작은 만에서 소풍을 즐기던 한 남자를 구했던 날을 아주 선명하게 기억한다. 미끄러운 바위 위를 걷다가 바다로 떨어진 그 남자는 수영을 할 줄 몰랐다. 아버지는 순식간에 물에 뛰어들어 힘차게 팔을 저었다. 이미 파도 아래로 사라진 남자를 구하느라 아버지의 머리도 물 밑으로 사라졌다. 아버지는 그를 해안으로 끌고 나와 거꾸로 들고 흔들었고, 가슴을 눌렀다. 온몸에서 물이 쏟아져 나왔다. 남자는 기침을 하며 다시 살아났다.

아버지가 구하는 사람이 나였던 적도 많다. 아무리 물에 있어도 질릴 줄 몰랐던 나는 밀물이 들어온 후에도 오랫동안 해안 바위에서 놀았다. 바다가 거칠 때는 위험한 짓이었고 몇 번 구조된 적도 있다. 거센 물살이 액체 뱀처럼 나를 휘감는 가운데 바위 위에 앉아 도와달라고 외치던 기억이 난다. 아버지는 무시무시한 파도를 뚫고 빠르고 안정적으로 움직였고, 한 팔로 나를 안아 올려 안전하게 해안으로 데려다놓았다.

희생

어린 나의 삶은 자연과 함께하는 모험의 연속이었다. 그래서 학교에 가야 하는 날이 왔을 때 나는 끔찍한 충격을 받았다. 괴로울 정도로 수줍었던 나는 1년 내내 거의 한마디도 하지 않았다. 그저 마법 같은 바닷물과 해초숲의 왕국으로 돌아가고 싶었다. 날마다 집으로 돌아가 바다에 뛰어들어 바위투성이 해변을 탐험할 시간만 기다렸다. 바다는 매일 달랐고, 늘 뭔가 흥미로운 것이 해변으로 밀려왔으며, 어떤 동물을 보게 될지 예측할 수 없었다. 그에 비하면 학교는 끔찍할 정도로 지루하고 예측 가능한 곳이었다.

어떤 날 학교를 마치고 돌아와서는 우리 방갈로를 가려버릴 만큼 거대한 집 앞 밀크우드나무에 올라가기도 했다. 그 구불구불한 가지에 서식하는 붐슬랭boomslang이라는 독사를 살금살금 피해 다니며 바다와 해안에서 모은 돌, 뼈, 조개껍데기 등의 기념품을 구석구석 움푹 들어간 곳에 숨기곤 했다.

그리고 열 살이 되었을 때 부모님은 내가 다닐 새 학교가 가까운 내륙 교외 지역으로 이사했다. 아버지도 다녔던 비숍학교는 정규교육과 스포츠에 훨씬 적합했다. 교육비가 비싼 사립학교여서 돈이 없던 부모님은 방갈로를 세놓은 돈으로 학비를 냈다.

여윳돈이 너무 없어서 이삿짐센터를 쓸 수 없었고, 아버지는 사촌 그레고리를 불러 우리 집에 있는 짐을 전부 옮겼다. 두 사람은 가구와 가전제품의 무게가 별것 아니라는 듯 집과 자동차를 뛰어서 오가며 신속하게 일했다. 어머니가 돕는 가운데 한나절 만에 집이 모두 비워졌다.

데이먼과 내가 교육을 받을 수 있도록 이 멋진 집을 떠나는 것은 부모님으로선 큰 희생이었고, 그들이 줄 수 있는 최선이었다. 나는 바다 친구들을 두고 떠나는 것이 슬펐지만 대들었던 기억은 없다. 마지막으로 바위 해변을 헤엄친 기억도, 마지막으로 거대한 밀크우드나무에 올라 내가 모은 보물을 가져온 기억도 없다.

바다는 언제나 내 삶의 일부였기에 바다 없이 살아가는 삶이 어떨지 상상할 수조차 없었던 것이다. 그 사실을 깨달았을 때는 너무 늦은 뒤였다.

세상을 탐험하다

나는 비숍에서 나처럼 모험과 자연을 사랑하는 새로운 친구들을 만났다. 제러미Jeremy라는 친구의 집은 교외의 우리 집 근처였지만, 동쪽 해안을 따라 두 시간 정도 올라간 브리드강 하구에 가족 별장이 있었다. 우리는 제러미네 별장에서 작은 배를 타고 강으로 들어가 다이빙하거나 해변을 따라 걸어서 바다로 가곤 했다.

어느 평온한 날 제러미의 아버지는 강이 바다와 만나는 곳으로 작은 모터보트를 몰았다. 나는 스노클을 통해 깊게 숨을 들이마시고 발을 몇 번 차서 더 깊이 내려가 6미터 정도에 도달했다. 그때 물속에서 내 옆에 있는 어떤 커다란 존재를 느꼈다.

돌아보니 수경 너머로 몸길이가 성인 키를 족히 넘을 남부 거대 문어가 보였다. 럭비공만 한 머리는 밝은 주황색이었고 다리를 펼친 길이는 내가 팔을 벌린 것보다 길었다. 그즈음 나는 문어에 꽤 익숙해져 있었다. 옛날 집 쪽에는 문어가 많아서 몇 년 동안 함께 헤엄친 터였다. 하지만 보통 문어는 크기가 작았고 나를 붙들어도 쉽게 떨쳐낼 수 있었다.

그러나 이번에는 달랐다. 열다섯 살 때 나는 이미 키가 크고 수영을 잘했지만, 이 동물과는 상대가 되지 않았다. 문어는 내 팔을 잡고 더 깊은 물에 있는 자기 굴로 끌어당겼다.

두려워하고만 있을 시간이 없었다. 나는 싸워 이길 수 없다는 사실을 알았다. 문어는 너무 강했다. 그래서 정반대의 선택을 했다. 가까스로 긴장을 풀고 근육에서 힘을 뺐다. 30초 정도가 지나자 문어는 나를 놓아주었다. 아마도 몸부림치지 않는 내가 위협적인 존재가 아니라는 사실을 알았을 것이다.

수면으로 올라가 배로 헤엄치다보니 바닷물이 닿은 팔이 따끔거렸다. 문어가 나를 날카로운 바위와 돌 사이로 끌고 가는 바람에 팔뚝 피부가 한 겹 벗겨진 것이었다. 낫는 데 일주일쯤 걸렸다.

그래도 나는 빨리 물에 들어가고 싶었다.

제러미와의 우정은 스토리텔링과 영화에 대한 사랑을 키우는 계기가 되기도 했다. 제러미의 아버지는 낡은 VHS 카메라와 일대일 VHS 편집실을 가지고 있었다. 아주 기본적인 장비였지만 우리에겐 혁명이었다. 당시에는 아무도 비디오카메라를 가지고 있지 않았고 편집실은 당연히 없었다. 아마 미국 최초의 비디오카메라 기종이었을 것이다. 제러미의 아버지는 그 장비로 우리의 럭비 경기를 촬영했다. 그리고 우리는 편집 영상을 보면서 움직임을 분석하여 럭비 실력을 늘렸다. 우리 학교에서 럭비는 거의 종교와 같았다.

제러미와 나는 코미디에도 푹 빠져 있었다. 아이들이 보통 그렇듯 우리는 가장 바보 같은 것들이 우스워 죽을 지경이었다. 우리는 몇 주를 들여서 유치한 제임스 본드 패러디 영화와 나름대로 구상한 몰래카메라 에피소드를 찍었다. 이웃들은 굉장히 짜증이 났으리라.

카메라를 들고, 작동 원리를 배우고, 흑백 뷰파인더로 낯선 평행 세계를 보는 과정에는 마법 같은 구석이 있었다. 카메라 뒤에 있을 때면 나의 새로운 면을 발견할 수 있었다. 그건 걸잡을 수 없는 장난스러움 같은 것이었는데, 수줍음을 깨고 나오는 데 도움이 되었다. 영화제작은 내게 세상을 관찰하고 이야기로 세상을 이해하는 새로운 방법을 알려주었다.

내가 졸업했을 때 남아프리카공화국에서는 군 복무 2년이 의무였다. 제러미의 도움으로 들어간 해군 영화·텔레비전 부대에서 2년간 영상 제작 기술을 연마할 수 있었다. 전투가 일어나는 국경 지역에 배치되지 않아서 깊이 감사했다. 게다가 폴스 베이False Bay 해안에 있는 사이먼스 타운Simon's Town 해군기지에 배치되어 수시로 다이빙과 수영을 즐길 수 있었다.

폴스 베이에는 놀라울 정도로 다양한 동물이 살고 있었다.

당시 조성된 지 얼마 안 된 그곳의 아프리카펭귄 서식지는 꾸준히 성장 중이었다. 식량을 찾아 극지방의 고향을 버리고 떠나온 펭귄들이었다. 커다란 돌고래 무리와 거대한 물개 서식지, 여러 종류의 고래와 상어도 있었다. 이곳은 백상아리에 관한 14편짜리 TV 특집 방송 시리즈 〈에어 조스Air Jaws〉의 촬영지이기도 했다. 그 당시에는 폴스 베이에 수백 마리의 백상아리가 살고 있어서 흔히 볼 수 있었다.

해군 전역 후에는 남아프리카 밖의 세계를 탐험하러 떠났다. 영화계 일자리를 찾아보려고 런던으로 갔는데 곧 돈이 떨어져서 하루에 한 끼만 오트밀로 때우고 친구네 집 바닥에서 잤다. 빈털터리가 되기 직전에 영화편집자로 고용되었다.

소리와 빛을 가지고 노는 일이 좋았고 겉보기에 이질적인 이미지 속에 숨겨진 이야기를 발견하는 과정에 완전히 몰입하기도 했지만, 그 어느 때보다도 나 자신과 단절된 느낌이 들었다. 편집 일을 시작한 지 1년 반쯤 된 어느 날, 욕실 거울을 힐끗 보는데 나를 마주 보는 얼굴을 알아볼 수 없었다.

높은 건물들이 햇빛을 가리고 지평선을 감추는 이 잿빛 세계에서 내 피부는 잿빛으로 보였고, 내 기분도 잿빛이었다. 나는 아프리카의 열기와 온기를 갈망했다. 이곳 런던에서 사람들은 내리는 비를 피했기에 나도 그렇게 했다. 하지만 가끔 아버지가 두려움 없이 폭풍우 속으로 뛰어들던 모습이, 비가 와도 물에서 놀던 기억이 떠올랐다.

아니, 오히려 비가 오는 날이면 바다를 독차지할 수 있어 좋았다.

열대의 낙원

나는 다른 형태의 삶을 살아야 한다고 느꼈다. 첫 번째 아내 사라와 함께 카리브해로 날아갔다. 브리티시 버진 제도British Virgin Islands의 외딴 지역에 자리 잡고 몇 년 전 그 지역을 덮쳤던 허리케인의 잔해에서 찾아낸 낡은 방수포와 조각들로 안전한 야영지와 빗물 저장소를 만들었다. 우리는 4개월 동안 거의 야생에서 살았다. 열대의 낙원에서 거대한 상어, 모레이장어와 나란히 하루 다섯 시간까지도 물속을 누볐다. 생선, 바닷가재, 코코넛, 야생 과일을 먹었다. 나는 텐트 주변에 사는 커다란 육지 게와 사랑에 빠져버려서 잡아먹을 수가 없었다.

사흘 내내 비가 내렸을 때는 사라와 내가 지내던 마지막 남은 마른 땅으로 벌레 수천 마리가 모여들었다. 며칠 동안 젖은 채 벌레에 물려 가며 잤지만 결국 태양은 다시 떠올랐다.

내게 묻었던 런던의 잿빛이 씻겨나가자 남아프리카로 돌아가고 싶은 열망이 일었다. 그 힘은 너무 강력해서 열대 산호초와 숲을 떠나 고향으로 돌아갈 수밖에 없었다.

자연과 가까워질수록 우리 모두의 출발점이었던 최초의 조상들에게 다시 끌리는 것 같았다.

진짜 직업

마침내 케이프타운으로 돌아왔을 때 나는 독립 영화제작자를 직업으로 삼기로 결심했다. 다들 내가 어리석다고 여겼다. 사람들은 내가 어떻게 생계를 꾸려가고 있는지, '진짜 직업'이 무엇인지 끊임없이 물었다. 당시 영화제작은 특히 남아프리카공화국에서는 거의 먹고살 수 없는 일로 여겨졌기 때문이다. 어떤 영화를 만들고 싶은지에 대한 생각은 있었다. 아프리카 문화와 아프리카 대륙의 풍부한 생물다양성을 다루고 싶었다. 하지만 처음에는 기업 영상부터 저예산 광고에 이르기까지 눈에 불을 켜고 영상 관련 일을 찾아 간신히 먹고살았다.

그렇게 1년 반쯤 지났을 때 이상한 생각이 떠올랐다. 나는 인간과 자연의 관계에 집중해서 내가 열정을 느끼는 일만 하겠다고 맹세했다.

그렇게 좁디좁은 관심 분야에는 일거리가 거의 없었기 때문에 이것은 말하자면 직업적 자살이었다. 하지만 내 안의 무언가는 단호했다. 어쩐지 맹세에 충실하면 살아남을 수 있다는 확신이 들었다.

이 생각은 후에 내 경력과 삶에 결정적인 영향을 미쳤다.

피지의 어느 외딴섬으로 떠났던 동생 데이먼과 그 아내 로런Lauren이 마침 비슷한 시기에 돌아왔다. 두 사람은 그곳에서 현지 주민들과 깊은 유대감을 형성했고 거의 가족이 되었다. 그리고 섬에서의 생존과 우정에 관한 기막힌 이야기를 가지고 돌아왔다.

나는 데이먼과 로런과 팀을 이루어 아프리카 24개국에 걸친 길고 모험적인 영상 제작에 뛰어들었다. 그 후 20년 동안 위대한 현대 탐험가들과 동식물 연구가들이 우리를 그들의 세계로 안내했고, 우리는 매료되었다.

우리 소규모 팀에게 제작자 카리나 프랑칼Carina Frankal이 이끌었던 서아프리카 말리로의 여행은 정신이 번쩍 들 만큼 강렬한 경험이었다. 우리는 도곤족Dogon이 조상의 넋을 달래는 특별한 의식을 촬영하려고 1년 중 가장 더운 시기 세계에서 가장 더운 나라에 도착했다. 지금도 반디아가라고원Bandiagara plateau의 건조한 공기가 느껴진다. 사나운 바람에 날아온 날카로운 모래 입자에 우리는 며칠 동안 피를 토했다. 낮에는 기온이 50도를 족히 넘었고 밤에도 38도 이하로 떨어지는 일은 거의 없었다. 우리는 도곤족을 만나기 위해 열기가 흐르는 땅에서 산을 올랐다. 노예사냥, 종교 박해, 전쟁에도 불구하고 살아남은 고대 민족이었다.

도곤족의 마을에 들어서니 시간을 거스른 것 같았다. 마을 전체가 마른 진흙과 돌로 이루어졌고, 요새처럼 높은 사암 절벽에 집들이 위아래로 자리했다. 옷은 손바느질로 만들었고, 손으로 벼린 철 기구와 석기를 썼다. 눈에 보이는 모든 것이 누군가가 손으로 만든 것이었다. 오래된 화승총과 손으로 깎은 나무 창날을 가진 마을 사람도 있었다. 나는 돌 모루와 수동식 풀무로 실용적인 물건은 물론 마법 도구를 만들어내는 대장장이에게 가장 마음이 끌렸다. 규칙적인 풀무의 박자와 돌 모루의 쨍그랑 소리 가운데 쇠를 내리치던 그는 구름을 낚아 비가 내리게 하는 갈고리를 만들었다. 자칼 예언자는 간밤에 자칼의 발자국이 남긴 흔적을 해석해서 미래의 사건을 예측하여 우리의 혼을 빼놓았다.

데이먼과 나는 공포의 대상인 주술사냥꾼들을 만났다. 죽은 자의 영혼을 조상의 땅에 있는 마지막 쉼의 장소로 인도하기 위한 의식(오늘날에는 거의 관광용으로만 진행된다)을 수행하는 삼형제였다.

우리는 안내에 따라 지붕에서 지붕을 밟으며 미로 같은 마을을 돌아다녔다. 발을 디딜 때는 조심해야 했다. 오래된 초가지붕은 우리의 반밖에 안 될 이곳 사람들의 몸무게를 기준으로 지어진 것이었다. 사암 절벽 높은 곳에서 우리는 도저히 올라갈 수 없을 것 같은 깎아지른 암벽을 만났다. 우리는 밧줄을 잡고 점점 더 높이 올라갔다. 손으로 꼰 밧줄을 보니 미끄러져서 수백 미터 아래로 떨어질지 모른다는 불안감이 더 커졌다. 도착한 곳은 천장이 낮은 커다란 동굴이었는데, 수백 개의 해골과 웃고 있는 두개골, 뼛조각이 있었다. 최근 사망자는 거의 삭아가는 옷을 아직 입고 있었고 목과 팔에는 목걸이와 팔찌가 걸려 있었다. 산 채로 지상으로 돌아왔을 때 나는 안도했다.

다음 날, 마을 중앙에 있는 돌과 진흙으로 만든 광장에 앉았다. 조상 대대로 내려온 의식을 행하는 무용수들은 나무와 히비스커스 섬유로 만든 높이 솟은 가면을 쓰고 이에 물어 고정했다. 그 열기에 내 안의 무언가가 달라졌다. 무언가 심오한 것, 원초적인 에너지의 존재를 느꼈다. 그리고 나는 과연 언제 태초의 조상들을 만날 수 있을지, 어떻게 찾을 수 있을지 생각했다.

완전한 신뢰

25년 동안 영화제작이라는 장대한 모험의 길을 걸었다. 데이먼과 나는 각자 필름 카메라를 가지고 있었고 나는 클로즈업 숏을, 데이먼은 와이드숏과 미디엄숏을 찍었다. 우리는 마음이 통해서 말을 많이 할 필요가 없었다. 가끔 그를 보면 나와 똑같은 편집본을 상상하고 있다는 사실을 알 수 있었다.

우리는 작업 스타일도 비슷했다. 동트기 훨씬 전에 일어나서 밤늦게까지 일했다. 작업은 보람찼다. 친절하게도 자신들의 삶에 우리를 초대해준 원주민들로부터 아주 많은 것을 배웠다. 도곤족과 산족San은 빠르게 변화하는 그들의 문화를 기록해준 우리에게 고마워했다. 그것은 몇 년이 걸리지만 금전적인 이득은 별로 없는 이 일을 계속할 수 있는 엄청난 동기부여가 되었다. 값을 매길 수 없는 삶의 경험이었다.

로런은 데이먼과 나를 '어딨어 1호'와 '어딨어 2호'라고 불렀다. 완벽한 숏을 잡겠다는 목표에 눈이 멀어 항상 뭔가를 잃어버리고 다녔기 때문이다. 모든 것이 어디에 있는지 아는 사람은 로런뿐이었다. 로런은 모든 걸 체계적으로 정리했고 영화제작비도 관리했다. 로런이 없었다면 우리는 길을 잃었을 것이다. 체구가 작은 로런이 키 180센티미터가 훌쩍 넘는 느릿느릿한 두 남자를 지휘하는 모습은 꽤 우스꽝스러운 광경이었다. 사라 역시 중요한 역할을 맡았다. 다양한 방식으로 나를 지원해주어, 나는 창작 활동에 에너지를 집중시킬 수 있었다.

남동생과 그렇게 가깝게 일하면서 얻은 강력한 장점은, 우리 사이에 완전한 신뢰와 공유하고 싶은 강한 욕구가 있다는 것이었다. 가족이 우리 마음 깊은 곳에 심어준 귀하고도 놀라운 축복이다. 우리는 아무리 극단적인 상황에서도 서로의 편이 되어주었다. 하이에나 무리가 약점을 찾으려 하거나 블랙 맘바가 몸통을 꼿꼿이 세우고 카메라에 덤벼드는 상황에서 말 그대로 등을 맞대고 촬영하는 일도 잦았다. 한번은 악어가 데 이먼의 카메라 앞면을 문 적도 있다.

기적의 힘인지, 숱한 모험 가운데 아무도 심각하게 다친 적 은 없었다. 그러나 때로는 대놓고 위험한 삶을 이어가면서도 조상의 유산을 잃어버렸다는, 나 자신과 분리되어 있다는 뿌 리 깊은 감정을 떨칠 수 없었다. 그리고 자연 속에서 많은 시 간을 보내긴 했지만, 당시에는 야생의 세계가 나를 회복시키 고 보살피고 온전하게 만들어줄 것이라 여기진 않았다.

잘못된 균형

나는 아버지처럼 일중독자로 자라났다. 아버지는 오랜 시간 일하느라 아침 일찍 집을 나서서 늦게서야 돌아오셨다. 병가 를 내는 법도 없었다. 그런 아버지가 내 성장기의 본보기였다. 나는 그런 삶의 방식을 내면화했고, 그 대가가 무엇인지 깨달 았을 때는 이미 늦었다.

영화제작자로서 가장 바빴던 시기에 나는 이혼의 깊은 슬 픔을 겪었다. 사라와 평화롭게 헤어지고 좋은 친구로 남았지 만, 당시 겨우 두 살이었던 아들 톰이 걱정이었다. 함께한 지

12년이 넘었던 우리의 시간이 끝났다는 데 합의했지만, 사라는 언제까지나 톰의 어머니로서 가족 전체에서 떼어놓을 수 없는 사람으로 남을 것이다.

영화제작이 내 삶을 장악했다. 예술가들이 으레 그렇듯 나도 창작의 과정에 집착했고, 가족이 먼저라는 것을 알면서도 내 작업이 우선순위를 차지했다. 어떤 영화를 찍고 있든 그것은 내가 꿈꾸고 깨어 있는 모든 순간에 불쑥불쑥 끼어들었다. 온종일 그 생각뿐이었다. 나는 그런 생활이 건강하지도 지속 가능하지도 않다는 것을 알았다.

〈인투 더 드래곤스 레어Into the Dragon's Lair〉에 이어 악어 영화 두 편을 만든 후였다. 무언가 달라져야 한다고 느낀 순간이 있었다.

테이블산Table Mountain 산자락에 있는 케이프타운의 교외 지역 클레어몬트에 있던 내 집에서 차를 몰고 호우트 베이Hout Bay에 있는 데이먼의 집으로 갔다. 그 집 지하에 작업실과 사무실이 있었다. 사무실에는 대충 자른 돌소나무 판 두 장을 붙여 직접 만든 책상이 있었다. 두께는 15센티미터, 길이는 3미터가 넘었다. 커다란 나무판 두 개를 나란히 놓자 나무 몸통의 자연스러운 곡선 때문에 판자들이 만나는 이음새에 틈이 생겼다. 우리는 강처럼 벌어진 그 틈을 바다에서 주운 납작한 돌멩이로 채워 평평한 작업 공간을 만들고 그 위에 모니터와 키보드, 영상 편집 장비를 놓았다.

책상은 자연을 더 가까이 가져오는 수단이었지만, 일하다 흐릿해진 눈으로 내려다보면 그것이 무엇이었는지 알 수 없었다. 살아 있는 나무와 살아 있는 바위가 그 기원이라는 것을 떠올릴 수 없었다. 그저 일을 해치우는 걸 도와줄 도구일 뿐이었다.

몇 시간을 극도로 집중한 편집 끝에 책상을 밀치고 일어난 기억이 난다. 휴식이 필요했던 나는 커피를 만들기 위해 부엌으로 갔다. 뇌가 거의 멈춘 상태였다. 주전자의 물을 데우고, 향기로운 원두를 호퍼에 붓고, 그라인더의 나무 손잡이를 돌리는 단순 작업에 집중하는 기분이 좋았다.

한 번에 세 편의 영화를 만드는 건 무리한 일이었지만, 그 시절에 우리는 일을 거절하지 않았다. 독립 영화 제작은 지금과 달랐다. 우리가 찍는 영화, 그러니까 자연사, 원주민, 자연과 가까운 곳에 사는 사람들에 관한 영화는 지금만큼 인기가 없었다. 좀처럼 의뢰가 들어오지 않았기 때문에 모든 제안을 받아들였고, 항상 힘든 시기가 다가오는 것처럼 운영했다.

필터에서 유리 주전자로 따뜻한 액체가 떨어지기 시작하는 것을 지켜보면서 머리를 텅 비우고 커피 향과 맛을 즐기는 그 순간, 부엌 창으로 작은 뜰을 내다보는 순간, 한 번에 30가지 일을 처리할 필요가 없는 순간을 온전히 누렸다.

작업실과 편집실의 무거운 공기에서 잠시 벗어나 한숨 돌리던 바로 그 순간, 나는 균형이 잘못되었다고 느꼈다. 미친 듯 달려가는 현대인의 삶이, 더 많은 일을 하고 더 멀리 가서 다음 일로 넘어가려는 끊임없는 욕구가, 수많은 현대인을 휩쓰는 그 욕구가 나를 휩쓸어 나 자신과는 점점 더 먼 곳으로 데려가고 있었다. 계속 이런 식이라면 나는 나 스스로에게서 인간 존재에 필수적인 무언가, 즉 나와 당신의 유산인 야생성을 빼앗고 있는 셈이었다.

잃을 게 뭐 있어?

물론 모험하며 보낸 몇 년 동안 큰 기쁨을 주는 순간들도 많았다.

사라와 함께 태어난 지 며칠 안 된 아들 톰을 케이프 포인트Cape Point 바다로 데려가 처음 물에 넣었던 때가 그랬다. 우리는 사방에 해초가 가득한 물속에서 톰을 부드럽게 안았다. 날씨는 따뜻했고, 톰은 차가운 물이 닿자 놀란 듯 헐떡였지만 울지는 않았다. 그곳에서 아이를 안고 있는데 태어난 후 자연스레 떨어지기 마련인 배꼽에 붙어 있던 탯줄 끝이 지금이라는 듯 떨어져 물에 떠내려갔다. 아들의 몸에서 아주 작은 부분이 바다로 떠내려가는 모습을 지켜본 것은 강렬한 경험이었다.

그 7년 후, 부서진 산호 조각으로 "나와 결혼해줄래?"라는 수중 메시지를 공들여 만들어서 두 번째 아내 스와티swati에게 청혼한 날이 있었다. 물고기들이 계속 산호 조각으로 쓴 글씨를 망가뜨렸지만, 결국은 스와티를 데리고 나와 보여줄 수 있었다. 아직 다이빙에 서툴렀던 스와티는 입에서 스노클을 꺼낼 수 없어서 대답하지 못했다. 해변으로 돌아온 후에 승낙받은 나는 그제야 안도했다.

그리고 스와티와 내가 몇 번이고 찾아갔던 아프리카 끝자락 테이블 마운틴 국립공원Table Mountain National Park에서도 인생을 바꾸는 순간을 맞았다. 특히나 녹초가 될 만큼 지지부진했던 작업이 끝난 뒤였고, 한 해변을 지나 차를 몰고 있을 때 스와티가 내게 물었다. "자기는 어디에서 살고 싶어? 꿈꾸는 곳이 있어?"

나는 잠시 말없이 해변을 바라보았다.

"아주 어릴 때 할머니가 우릴 이곳으로 데려와 소풍을 즐기곤 했어. 내가 살고 싶은 곳은 세상 그 어디보다도 여기가 아닐까."

"그럼 여기 집을 사는 게 어때?" 스와티가 말했다.

"이쪽은 너무 비쌀 거야."

"그냥 한번 가보자. 잃을 게 뭐 있어?"

그래서 우리는 바다가 내려다보이는 주택이 이백 채 정도 있는 구역으로 차를 몰았다. 뒤에 있는 산이 워낙 거대해서 집들은 아주 작아 보였다. 바다와 맞닿은 쪽은 완만한 능선이었고, 정상에 가까워질수록 가팔라졌다. 바위 위를 기어 다니는 작은 털북숭이들이 보였다. 바위너구리 무리였다. 생김새는 마멋과 비슷하지만 사실 코끼리와 바다소의 먼 친척이다. 멀리 저 아래 바다와 해초숲, 커다랗고 반짝이는 화강암 바위가 보였고, 가마우지 떼가 줄지어 물 위를 미끄러지듯 지나갔다.

그러던 중 작은 부지를 보았고, 알아나 보자며 부동산 대리인에게 전화를 걸었을 때 생각보다 너무 낮은 가격에 충격을 받았다. 학교에서 꽤 먼 데다 사람들이 잘 모르는 지역이어서였을 것이다. 외딴 지역이라 인구도 많지 않았고, 교외 주택보다 가격이 낮았다.

우리는 아버지에게 전화를 걸었다.

"땅을 사지 말고 개조할 수 있는 작은 집을 구해보렴. 맨땅에 집을 짓는 것보다 돈이 덜 든단다." 아버지의 조언이었다.

그날 밤, 스와티와 나는 작은 종이에 집에 있으면 좋을 만한 것들을 모두 적었다.

바다 풍경.

벽난로.

내가 예술 작업을 하고 여행에서 모은 물건들을 보관할 작업실.

그리고 스와티는 항상 일광욕실을 원했다.

할머니가 나를 데려가던 해변에 꿈의 목록을 가져가 바다에 작은 기도를 띄웠다. 여전히 불가능한 환상처럼 느껴졌지만, 스와티가 말했듯 '잃을 게 뭐 있'을까?

그때 부동산 중개인에게서 전화가 왔다.

"물건이 하나 있어요. 와서 한번 보시죠." 그가 말했다.

섬세하게 장식된 지붕과 장미 정원이 있는 작은 오두막이었다. 그 집은 독특하고 예스러웠고, 처음 그곳에 살던 부부는 분명 많은 애정을 쏟았을 것이다. 하지만 거친 바람이 몰아치는 남아프리카에는 어울리지 않아 보였다. 당시 그 집의 소유주는 나이 든 아일랜드인 부부였는데, 영국식 오두막으로 개조해보려 했던 것 같다. 벽은 금색 벽지로 덮여 있었고 사방에 흰색 레이스가 매달려 있었다.

하지만 지금의 모습보다는 앞으로의 가능성이 보였다. 채광이 좋은 편은 아니었지만, 벽을 몇 개 부수고 스와티가 꿈꾸는 테라스를 만들 수 있을 것 같았다. 차 한 대가 들어가는 차고는 작업실로 쓰기 적당해 보였다. 유일하게 빠진 것은 바다 전망이었다.

나는 키 큰 소나무 한 그루가 있는 뒷마당으로 걸어갔다. 장미 정원과 오두막 그 자체가 그렇듯 엉뚱한 자리에 있는 것 같았다. 소나무는 남아프리카에서 자생하지 않는다.

나는 나무 몸통을 기어올랐다. 높이 올라가자 비로소 보였다. 반짝이는 바다의 빛. 결국 거기엔 바다 풍경도 있었다. "맙소사, 경치가 정말 아름다워!" 나는 스와티에게 소리쳤다. "이 나무만 베면 되겠어. 어차피 이곳에 속하지 않는 나무야."

매입 제안에 집주인은 당장 수락했다. 그 주에 바로 계약이 이뤄졌다.

우리는 하나씩 하나씩 그곳에 야생을 되살리려고 노력했다. 먼저 장미와 소나무를 포함한 외국 식물을 모두 없애고 핀보스fynbos라는 토착 식물을 심어 새들을 불러들였다. 다음으로 수생 습지식물, 골풀, 갈대로 가득한 아름다운 자연 연못을 만들었다. 염소와 화학물질 대신 식물 뿌리와 바위가 여과 장치 역할을 했다. 물은 자연에서처럼 식물과 바위 사이를 순환했고, 거기서 헤엄치면 산속 연못에 뛰어든 것 같았다.

벽을 몇 개 허물고 높은 창문이 여럿 있는 커다란 공간을 만들어 햇빛이 들어오게 했다. 영국식 세간들은 모두 버렸지만 예쁜 돌출 창만은 남겨두었다. 모든 직선을 깨고 그동안 수집한 유목을 대량으로 가져와 천장을 만들었다. 이어 서서히 바다에서 얻은 보물을 집으로 옮겼다. 상어 이빨과 척추, 조개낙지의 껍질과 바다 산호, 수백 개의 조개껍데기가 있었다.

그리고 지하실을 개조하는 작업에 착수했다. 아프리카 전역을 여행하면서 수집한 수만 개의 공예품과 산족 스승님들에게 받은 창, 백만 년 전으로 거슬러 올라가는 석기, 아프리카 토착 악기들이 방을 채웠다.

곧 집 전체가 자연의 살아 있는 화신이 되었다.

기억하기

40여 년 전 할머니가 주었던 호안석을 손에 쥐었을 때, 나는 그 집이 자연과 함께했던 내 어린 시절을 떠올리게 한다는 것을 깨달았다. 돌이나 조개껍데기를 집어들면 바다 위 세계의 요구에 따라 포장되고 매개되고 통제된 세상에 끌려 나오기 전 바다숲에서의 나날로 돌아갈 수 있었다.

바다 가까이에서 자랐든, 인도의 갈라진 틈 사이로 고개 내민 풀잎과 처음 연결되었든, 나는 모든 인간이 어떤 형태로든 그런 상실을 경험했다고 믿는다. 우리의 영혼은 야생과의 교감을 갈망하지만, 인간은 진정한 성장보다 마취에 가까운 길들임과 '편안함'을 압도적으로 기꺼이 수용한 동물이다.

하지만 우리는 물로 이루어져 있고, 물에서 왔으며, 우리의 영혼에 보살핌이 필요할 때면 물로 돌아간다. 우리의 무게를 느끼지 못하게 하는 이 반짝이는 액체에는 심오한 힘이 있다. 그 느낌을 병에 담을 수 있다면 수조 달러의 가치가 있을 것이다.

집이 정리되자마자 나는 새로운 일상의 의식을 시작했다. 매일 아침 일찍 일어나 수영하러 갔다. 바다와 해초숲은 걸어서 5분 거리였고, 가장 좋아하는 수영 장소도 자전거로 금방이었다. 집 뒷골목은 숲을 통과하는 오솔길로 통했는데, 겨울이면 길옆으로 새들이 모여드는 작은 개울이 흘렀다. 그 길을 걸으면 덤불에서 넘넘이라는 달콤한 붉은 열매를 바로 따먹을 수 있었다. 자전거를 타면 바다에서 보낸 어린 시절의 기억이 머릿속에서 소용돌이쳤고, 그때와 똑같은 호기심이 일고 질문들이 쏟아졌다. *오늘 모래와 바위에서 어떤 메시지를 발견할 수 있을까? 스와티와 톰에게 어떤 이야기를 가지고 돌아갈까?*

고향으로 돌아온 경험 덕분에 야생이 낯설지 않다는 사실을 알았다. 어릴 때는 물속으로 뛰어드는 순간에도, 거대한 밀크우드 가지 위를 조금씩 더 올라가는 순간에도 언제나 그 사실을 알고 있었다. 두려움에 질려 어둠 속에 있는 낯선 존재에게 소리치던 순간에도, 그 사실을 알고 있었다.

"넌 누구야?"

야생은 우리 모두가 접해본 것이다. 그저 기억해 내면 된다.

말하고 쓰는 법을 제대로 배우기 전의 당신은 어른들에게 어떤 야생의 이야기를 들려주었는가?

자연에서 물려받은 것들을 보장된 안전이나 편안함과 맞

바꾼 순간은 언제인가?

그리고 그것은, 당신의 선택이었는가?

2장

추위

Cold

스와티를 깨우지 않으려고 어둠 속에서 조용히 움직였다. 오래전 럭비를 하다 다친 왼쪽 어깨가 뻣뻣해서 몇 차례 돌리며 풀어주었다. 따뜻하고 아늑한 침대에 누운 스와티를 한번 돌아보고, 침실을 빠져나와 문을 닫았다. 스와티도 일찍 일어나는 편이었지만 그 무렵엔 아직 수영을 즐기지 않았다. 그래서 바닷가 오두막에서의 첫 며칠 동안은 아침 시간을 나 혼자 보냈다.

아침에 바다에 들어가는 건 곧 나만의 의식이자 명상이 되었다. 찻주전자에 찬물을 받아 난로에 올린다. 물이 끓는 동안 스와티가 인도에서 가져온 잎차를 적당히 덜어놓는다. 장비를 챙긴다. 크고 두꺼운 겉옷과 바지다. 특히 잠수복을 입지 않는다면 차가운 물에 들어갔다 나와서 몸을 데울 때 보온이 매우 중요하다.

보온 효과와 방어력이 있는 잠수복을 포기한 건 바다숲으로 돌아온 순간부터 내린 결정이었다. 오랫동안 잠수복을 입지 않았던 부모님을 기리려는 마음도 있었고, 야생과의 장벽을 무너뜨리고 싶기도 했다.

그 추운 겨울 아침마다 나는 폴스 베이가 정면으로 보이는 커다란 미닫이창을 통해 산 위로 떠오르는 태양을 바라보았다. 은회색 수면 위로 거대한 구름이 하늘을 채운다. 비가 올 때면 '비의 동물'을 찾는다. 비를 생물로 여기던 산족 스승님들에게 배운 것이다. 비의 머리카락을 찾는다. 길게 땋은 머리가 구름 아래 매달려 있고, 바람이 휩쓸고 지나가는 끝부분은 대개 둥글게 말린 모습이다. 비의 몸통—크게 부풀어오른 먹구름—이 소용돌이치는 바닷물 위를 춤추며 건너가는 모습을 지켜본다.

"추위를 생각하지 마. 그게 주는 선물에 집중해." 나는 다짐한다. 문을 닫기 전에 돌을 쌓아 만든 벽난로를 힐끗 본다. 돌아오면 난롯불이 기다리고 있을 것이다. 그 따뜻함의 약속 또한 의식의 일부다. 자연 그대로의 차가움에 잠기는 것은 한계를 넘어 다른 세계로 들어가는 문이지만, 형벌은 아니다.

나만의 에덴동산

밖으로 나가 제일 좋아하는 장소까지 산악자전거로 5킬로미터쯤 이동한다. 바람을 맞고, 때로는 비를 맞는다. 아프리카 최남단에 위치한 이곳의 날씨는 대체로 아주 쾌적하다. 온화한 겨울, 따뜻하고 건조한 여름을 자랑하는 지중해성기후다. 희망봉과 해안 평원을 뒤덮은 관목 핀보스(네덜란드어로 '가느다란 덤불'에서 유래)는 수천 가지 식물종으로 구성되는데, 상당수가 지구상 어디에서도 볼 수 없는 이 지역 고유종이다.

식용식물도 있고, 조개류, 파충류, 조류, 육상동물도 수천 종에 이른다. 기생충 감염 걱정 없이 개울에서 바로 물을 마실 수 있다. 말라리아도 없다. 자연이 언제나 인간을 보듬고 돌보는 존재는 아니지만, 여기서는 그렇다. 이곳은 에덴동산에 가까운 땅이며 완벽한 보금자리다. 실제로 이곳에서 인류는 번성했다. 고고학 기록에 따르면 인류는 적어도 18만 년 전부터 아프리카 남쪽 해안에 자리 잡고 바다와 끊임없이 관계를 맺었다. 초기 조상들은 약 16만 4천 년 전에 바다 생물을 먹이로 삼고, 조개껍데기를 선물로 주고, 붉은 황토를 사용했다.

1년 내내 섭씨 10도 이하로 떨어지는 경우는 드물지만, 종종 바람이 거세게 분다. 겨울 몇 달은 특히 그렇다. 바람이 차가운 아침이면 기온이 영하로 떨어지고 비가 옆으로 몰아친다. 구멍이 난 특별한 바위에 자전거를 묶어두고 겉옷을 단단히 여민 후 실눈을 뜨고 날카로운 비를 헤치며 부서지는 파도를 향해 짧은 산책을 시작한다. 해변으로 내려가면 세찬 바람에 날린 모래와 작은 조약돌이 살갗을 때리고 긁어댄다. 나는 바람의 그늘을 찾는 법을 배웠다. 바위나 나무가 바람을 막아 주는 곳이다. 물속으로 들어가기 전에는 그렇게 작은 피난처에 몸을 숨긴다. 하지만 사방에서 추위가 몰려올 때면 그런 노력도 큰 소용이 없다.

해변에서 잠깐 스트레칭을 한 후 사람을 대하듯 바다에게 말한다.

"너에 대해 가르쳐줘. 널 알고 싶어." 부드럽게 말을 건넨다.

조금 이상하게 들릴지 모르지만, 이런 사고방식으로 무장하면 바다가 내게 보여주는 것에 더 마음을 열게 된다.

그런 다음 마스크와 스노클, 부력을 조절하는 웨이트 벨트를 착용하고 바닷속을 둥둥 떠다니다가 다시 수면으로 올라온다.

나는 놀라운 생물들을 품은 바다를 경외했지만, 귀향 후 바다숲으로 돌아가는 첫걸음은 더디고 조심스러웠다. 때로는 왜 그렇게 가혹하고 불편한 상황 속으로 자진해서 들어가는지 나스스로도 이해하기 어려웠다.

추운 아침, 바다를 응시하다가 내 몸을 감싼 것들을 벗어내고 날아가지 않게 큰 돌을 눌러 둔다. 하늘은 여전히 어둡고 바다는 너무 검어서 뚫을 수 없는 철갑을 두른 듯 보인다. 지금 이 순간, 그렇게 느껴진다. 닫혀 있는, 금지된 무언가처럼.

양말을 벗고 얼어붙을 것 같은 공기에 발을 내놓으며 스스로에게 묻는다. "이게 대체 무슨 짓이람?"

치유의 시간

희망봉으로의 귀향 이전에 내 삶은 어수선했다. 업무는 끝이 없었고 할 일 목록은 점점 부풀어 검은 진흙처럼 흘러내렸다. 시간이 필요했다. 아무것도 하지 않을 시간, 의식의 소음을 잠재울 시간, 무의식에 갇힌 창조적 에너지가 수면 위로 떠오를 시간.

그리고 치유의 시간이 필요했다.

삶에서 가장 시달리고 지친 순간마다 고향의 바다로 돌아가고 싶은 깊은 끌림을 느꼈다.

몇 년 전, 몸이 극도로 약해졌을 때 잠깐 바다숲 근처에서 지내며 기적에 가까운 회복을 경험했다. 중앙아프리카에서 보낸 시간은 몸에 부담으로 작용했다. 25년 동안 영화를 촬영한 내 뇌와 폐, 간은 가봉의 숲, 말라위와 르완다의 호수에서 감염된 기생충으로 가득했다. 모기에 물려 감염된 뇌성 말라리아로 초주검이 되어 몇 주씩 입원하곤 했다.

말라위의 한 병원에 누워 있을 때 창가에서 검은 까마귀를 보았다. 진짜 까마귀였는지, 열에 들뜬 뇌의 환영이었는지 아직도 모르겠다. 옆 침대에 누워 있던 가엾은 남자는 말라리아로 죽었다. 지금도 아프리카에서는 말라리아로 매년 수십만 명이 사망한다. 그의 시신이 들것도 시트도 없이 병실 밖으로 옮겨지는 모습을 지켜보며 입에서 나오는 대로 기도를 올리고 내 순서를 기다렸다. 나는 고향에서 너무 멀리 떨어져 있었고, 따스한 희망봉으로 돌아가 대서양의 치유력에 푹 빠지고 싶다는 생각만 머리에 떠올랐다.

나는 4주 후에 회복되었다.

퇴원 후 어린 시절 살던 집 근처 해변으로 걸어 내려갔을 때, 안도의 눈물을 흘릴 뻔했다. 묵은 다시마 냄새와 짠 바다 내음에 이상하리만치 마음이 편해졌다. 맨발로 모래를 밟는 느낌이 좋았다. 바다는 천 개의 보석처럼 반짝였다. 보석보다 훨씬 더 귀하지만.

나는 얼음장처럼 차가운 바닷물에 몸을 담그고 누운 채 둥둥 떠서 마음을 가라앉혔다. 겨우 10분이었지만 그 10분 사이 회복으로 가는 여정이 시작되었다.

기생충과 말라리아에서 회복되기는 했지만 10년이 지나도 면역계는 여전히 약했고 잦은 폐 감염에 시달렸다. 신체적으로도 건강을 되찾기 위해 할 일이 많았지만, 훨씬 더 깊은 차원의 치유가 필요하다는 느낌이 들었다.

산족, 도곤족과 지내며 엿본 전통 치유 의식은 선조들과 자연으로부터 배울 점이 많다는 사실을 일깨워주었다. 내가 왜 이런 치유 방식에 그토록 강력하게 끌리는지 완전히 이해하지는 못했지만 감사하게 생각했다. 내가 자라온 환경에서는 조상의 영적인 치유 의식과 거의, 혹은 전혀 연결되지 않은 사람들이 많았다. 진화론적 관점에서 자신이 어디에서 왔는지 모르는 사람이 대부분이었다. 나도 마찬가지지만, 머지않은 과거의 조상들 또한 영적으로 변화된 상태를 통해 다른 차원의 현실에 도달했다는 사실을 어린 시절에 배운 적이 없었을 것이다. 속도가 모든 것을 지배하고 모두가 더 많은 것을 향해 질주하는 현대사회에서 그런 종류의 지식은 우선순위가 될 수 없다.

하지만 나는 점점 깨닫는다. 어디서 찾을지만 안다면, 우리도 그런 지혜에 닿을 수 있다.

끔찍한 기분

오랜 시간, 나와 영화제작의 관계는 이상한 것이었다. 영화 작업은 내 안에 엄청난 에너지를 불러일으켰다가 어김없이 그만큼 엄청난 붕괴를 몰고 왔다.

나는 이 말도 안 되는 기복을 '끔찍한 기분'이라고 불렀다.

끔찍한 기분은 많은 영화제작자에게 찾아오는 자극적이고 무시무시한 힘이다. 일에 열정적이고 나 자신보다 더 큰 무언가에 이끌리는 사람들이라면 공감할 것이다. 이 신비한 에너지는 어딘가 외부에서 오는 것 같았다. 내 소원대로 엄청난 추진력과 체력을 가져다주고, 극심한 더위나 추위 속에서 거의 잠을 자지 않고 하루 스무 시간씩 일하고도 견디게 해주는 광기의 뮤즈.

하지만 거래에는 대가가 따랐다. 변덕스러운 뮤즈는 일단 통제권을 잡으면 지금 하는 일이 세상에서 가장 중요한 프로젝트라고 나를 속였다.

무슨 일이 있어도 그 일을 해내야 했다.

처음에는 자아가 스스로를 증명하려는 느낌인 줄 알았다. *나에게 영화제작자의 자질이 있는가? 자연에 대한 깊은 열정과 감정을 표현할 수 있는가?*

하지만 초창기 영화들로 그 사실을 증명한 후에도 끔찍한 느낌은 여전히 남아 있었다.

용솟음치는 이 에너지는 처음에 나를 무아지경에 빠뜨렸지만, 내 연료 탱크는 서서히 그리고 꾸준히 고갈되어갔다. 표면적으로는 괜찮다고 느꼈고 몇 달, 심지어 몇 년 동안 그런 식으로 일할 수 있었다. 하지만 돌이켜보면 나는 너무 강박적으로 집중했고 충분히 잠을 자지 못했으며 무슨 수를 써서라도 일을 밀어붙인 탓에 건강을 조금씩 잃어가고 있었다.

보통 전환점은 프로젝트 초기 단계에 찾아왔다. 하고 싶었던 이야기의 한 조각이 나타났을 때, 순수한 희열로 시작되었다. *바로 이거야! 이건 사람들을 자연으로 데려가고, 인류의 기원을 이해하게 하고, 야생을 소중히 여기고 보호하는 활동에 과감히 나서게 할 이야기야.* 그다음엔 뮤즈가 나를 장악했다. 일을 향한 에너지가 샘솟듯 밀려들었고, 놀라운 기적을 경험하게 되었다.

그런 경험 하나가 아주 선명하게 남아 있다.

살아 있는 과거

나는 산족 주호안시Ju/'hoansi[1] 공동체의 고향인 나미비아의 냐에 냐에 판스Nyae Nyae Pans로 낡은 토요타 하이럭스 4X4를 몰고 가고 있었다.

거친 지형을 다닐 수 있게 개조되어 이미 그런 산길을 많이 다닌 트럭이었다. 잔디 씨가 날아 들어와 라디에이터를 막지 못하게 앞쪽에는 안전망이 달려 있고, 덤불 속에서 잠을 잘 수 있도록 지붕 위에는 짐칸이 설치되어 있었으며, 사자들이 지붕 위로 뛰어오르지 못하도록 밤에는 엔진룸 덮개를 열어두곤 했다.

하지만 이 낡은 트럭은 이미 한물간 상태였다. 덤불 속 나무들과 부딪히면서 바닥이 몇 군데 뚫려 계속 고장이 났다. 트럭이 여전히 달릴 수 있는 건 전적으로 독일 정비공 군터Gunther의 덕이었다. 이 빌어먹을 트럭이 다시 움직이게 해달라고 부탁할 때마다 마법 같은 솜씨를 부려주었던 것이다.

어쨌거나 새 트럭을 살 여유가 없었다. 그리고 이 트럭에는 너무나 많은 여행의 기억들이 담겨 있었다. 칼라하리 수풀에서 타이어가 터지고, 1미터 깊이의 땅돼지 굴에 빠져 유압식 리프트로 끌어올린 적도 있다. 나도 그 기억들을 지니고 있었다. 계기판을 덮고 있는 뱀 가죽, 앞 유리에 기대놓은 눈구멍에 붉은 안료를 칠한 커다란 개코원숭이 두개골을 힐끗 보기만 해도 순식간에 과거로 돌아가는 듯했다.

트럭이 여전히 움직이는 건 일종의 기적이었다.

내가 여전히 움직이는 것 역시 기적이었다.

그곳 나미비아에서 물이 증발하며 소금과 미네랄이 햇빛을 받아 하얗게 빛나는 거대한 소금 사막과 고대 바오밥나무들이 있는 평원의 풍경을 건너기 시작하면서 나는 처음으로 그 짜릿한 힘이 주는 전율을 느꼈다. 열 명이 들어갈 만큼 큰 구멍이 있는 나무 한 그루가 보였다. 나무 몸통이 갈라졌다가 저절로 회복된 흔적이었다. 그 나무 구멍에 숨어서 먹이를 찾아다니는 코끼리 떼를 바라본 기억이 난다. 코끼리들은 울음소리를 내고 커다란 귀를 펄럭이며 이야기를 나눴다. 나무는 거대한 울림통이 되어 코끼리들이 내는 깊은 소리를 증폭해주었다.

우리는 〈마이 헌터스 하트My Hunter's Heart〉라는 다큐멘터리를 촬영하는 중이었고, 마지막이 될지도 모를 독화살로 하는 기린 사냥에 초대받았다. 산족 사냥꾼들이 우리를 살아 있는 과거로 안내했다. 적어도 2만 4천 년, 어쩌면 그보다 더 오래되었을 무기에 대한 지식을 여전히 간직하고 고대의 방식으로 사냥할 줄 아는 사람들이었다. 그들은 딤피디아 딱정벌레 고치에서 유충을 꺼내 화살촉에 쓸 독을 뽑고, 침을 섞어 화살대에 바른다.

당시 데이먼과 로런은 남극에 있었고, 나는 인턴 두 명과 촬영 중이었다. 항상 힘들이지 않고 함께 일했던 동생이 간절하게 보고 싶었다. 인턴들은 열심히 일했지만 뜨거운 더위와 장시간 근무, 수면 부족으로 힘들어했다.

진 빠지는 사냥에서 뒤처지지 않고 산족 사냥꾼들을 따라다니는 건 극도로 힘든 일이었다. 뜨거운 태양 아래에서 직접 발로 뛰며 며칠을 쫓아다닌 사냥은 기린의 희생을 기리는 의식인 위대한 기린 춤으로 끝을 맺었다.

그날 저녁 마주한 장면의 강렬함에 우리는 완전히 압도되었다. 작은 불 옆에 앉은 내 주변에서 사냥꾼 세 명이 잠들었고, 거대한 기린 사체가 옆에 놓여 있었다. 흔들리는 모닥불 너머 어둠 속에서 하이에나들이 울고 으르렁거리는 소리, 표범이 기침하는 소리가 들렸다. 인류와 인류의 먼 조상들은 처음부터, 200만 년 전부터 수렵채집인으로 살아왔다. 나는 그 위대한 노력의 시대가 저물어가는 광경을 목도한 것이다.

다음 날, 마을에 가서 사람들이 노래하며 기린 사냥의 성공을 축하하는 가운데 밤새 춤을 추었다. 늘 거리낌 없이 베풀던 산족 사람들은 가장 오래된 시간으로부터 내려온 수렵과 채집의 영혼을 마지막으로 엿보게 해주었다.

이 장면을 볼 수 있는 영광을 가진 외부인은 전무하다시피 했다. 그래서 내가 본 것에 더욱 감사했지만, 동시에 나 자신이 벼랑 끝에 서 있다는 걸 깨달았다. 집으로 돌아가는 길이 더욱 멀어진 느낌이었다.

뮤즈는 나에게 준 만큼 게걸스럽게 많은 것을 빼앗아간 다음 언제나 싫증을 내며 떠나갔다. 멈출 줄 모르는 동력으로 미친 듯이 움직인 끝에 촬영이 끝나고 난 후, 타인과 즐겁게 어울리는 평범하고 제 역할을 하는 인간의 삶으로 돌아가는 것은 고문처럼 힘든 일이었다. 게다가 집으로 돌아가려면 최소 사나흘간 운전을 해야 했다.

다행히도 하루 12시간씩 해야 했던 지루한 운전이 내 뇌를 진정시켜주었다. 인턴들과 나는 낡은 트럭의 카세트 플레이어로 위대한 조니 클레그Johnny Clegg와 줄루카Juluka의 음악을 들었다. 내가 가장 좋아하는 노래는 영국-줄루 전쟁Anglo-Zulu War 중의 유명한 전투에 관한 '임피Impi'였다. 줄루군은 영국군을 물리쳤지만 양쪽 모두 엄청난 손실을 입었다.

사막 한가운데에서 '풍차'라는 뜻의 '윈드폼Windpomp'이라는 작고 재미있는 식당을 우연히 발견한 건 며칠 동안 운전한 끝에 집까지 반 정도 남은 시점이었다. 그 전까지 우리 촬영팀은 내내 통조림이나 동결건조식품을 산족과 나눠 먹었다. 그들 역시 가진 것을 모두 우리에게 나눠주었다. 어느 아침에는 기린의 거대한 다리뼈에서 나온 골수를 조금 먹기도 했다. 야생에서 살면 몸이 자연스럽게 지방을 갈망하기 때문에 산족이 내어준 그 귀중한 선물이 무척 고마웠다. 하지만 먹은 것이 너무 적어서 체중이 줄었다. 그래서 레스토랑에 앉아 세 장으로 된 메뉴판을 보며 주문하고 누군가가 음식을 내오는 과정이 비현실적으로 느껴졌다. 양고기 스테이크와 프렌치프라이, 그리스식 샐러드를 주문하고 접시에 있는 모든 음식을 집어삼켰다. 물론 야생에서 시간을 보낸 후에 먹기에는 너무 기름진 음식이었고, 다음 날 내내 트럭 창문 밖으로 토했다.

집에 도착하자마자 붕괴가 시작되었다.

처음에는 엄청난 안도감이 밀려왔고, 대체 왜 그 광기의 뮤즈를 소환했나 싶었다. 하지만 안도감과 함께 탈력감이 찾아왔고, 결말이라기엔 김빠지는 공허감이 나를 덮쳤다. 그저 며칠 동안 잠을 자고 기운이 돌아올 때까지 몸과 마음을 쉬고 싶었다. 잠든 것도 깬 것도 아닌 몽유병 비슷한 상태로 돌아다니다가 스와티나 톰의 말을 듣고 순간적으로 혼미하던 의식이 깨어났고, 그제야 제대로 된 대화조차 없이 며칠이 지났다는 사실을 깨달았다.

극단적인 창작 과정으로 지치고 고갈된 나는 매일 대서양에 들어가겠다고 다짐했다. 아무리 바람이 불고 추위가 몰아쳐 이불 속에 머무르고 싶은 날이 와도 10년 동안 매일 바다에 뛰어들겠다고 다짐했다. 온전히 자연에 동화되기까지 적어도 그 정도 시간은 걸릴 것이다.

나는 그 동화를 갈망했다. 다큐멘터리를 찍으며 출연자들을 관찰하고 자연과 추적에 대해 많이 배우긴 했지만, 진정한 야생의 삶을 직접 산 적은 없었다. 단순히 외부인으로서 자연을 관찰하고 연구하는 것이 아니라 자연 깊숙이 들어가 내 안의 자연을 느끼고 알아갈 방법을 찾고 싶었다.

이런 결심과 실천이 끔찍한 기분을 가라앉히는 데 도움이 되기를 바랐다. 폭주하는 뮤즈를 군림하는 독재자에서 영감을 주는 창조적인 힘으로 바꾸고 싶었다. 지구력과 통찰력을 주되 건강을 해치거나 가족에게서 멀어지게 하지 않길 바랐다.

이 힘은 무엇이고 왜 나를 그토록 심하게 몰아붙였을까? 녹초가 되도록 과로하지 않고도 내 작업을 할 수 있는 방법이 있을까? 도움이 될 만큼만 지속적으로 그 살아 있다는 기분을 느낄 방법이 있을까?

그 전까지 나는 에너지를 되찾을 방법을 하나밖에 알지 못했다. 다음 영화를 시작하는 것이었다.

나를 갉아먹는 이 패턴을 깨뜨려야 했다. 이유는 알 수 없었지만, 나는 바다가 도움이 될 거라고 확신했다.

한랭요법

어린 시절 부모님을 따라 잠수복 없이 차가운 바다에 들어가면서부터 날씨가 좋은 날 오히려 감기에 걸린다는 사실을 알게 되었다.

인터넷을 샅샅이 뒤져서 찾을 수 있는 모든 책을 읽고 냉수목욕의 과학을 더 배웠다. 툼모Tummo라는 고대 티베트의 수행법이 있다. 수도승들은 부정적인 사고의 흐름을 없애기 위해 영하의 추위 속에서 흠뻑 젖은 이불을 몸에 두른다. 그 상태에서 명상 호흡을 하면 체온이 올라가 이불이 말라서 추위에 영향을 받지 않는다. 극단적으로 들렸지만, 나는 매료되었다.

앤드루 후버먼Andrew Huberman의 연구를 발견했을 때 모든 것이 맞아들어가기 시작했다. 후버먼은 스탠퍼드대학교 신경생물학과 교수로, 의도적인 추위 노출이 신체적, 정신적 건강에 미치는 영향을 연구했다.[2] 후버먼의 팟캐스트에서 내가 아프리카 바다숲의 차가운 물에 들어가면서 경험한 극적인 변화들에 대한 과학적 설명을 접하자 무척 흥분되었다.

15도 이하의 찬물에 들어가면 도파민, 아드레날린, 노르에피네프린과 같은 신경화학물질이 급격히 분비된다는 사실을 알게 되었다. 그래서 추위 속에서 기분이 좋았던 것이다. 뇌 화학물질이 폭발적으로 분출되고 있었으니까! 도파민은 쾌감을 주었고, 동기를 부여했으며, 내 정신을 보상과 추구의 감각에 연결시켰다. 자연스러운 신경화학반응이 전반적으로 나의 행복감을 높여주었다. 이것이 바로 차가운 스트레스의 힘이다.

나는 찬물에서 본능적으로 몸과 마음을 적극적으로 이완하려고 노력했다. 과도한 코르티솔 분비를 막기 위해서였다.

후버먼은 심지어 높은 수준의 스트레스를 받는 동안 전전두엽 피질이 계속 관여하는 훈련을 위해 추위 속에서 수학 문제 풀기 등 인지 활동을 할 것을 제안하기도 했다. 또한 카페인 섭취와 간헐적 단식 이후 추위 노출을 시행할 때 도파민이 최대로 분비된다는 연구 결과를 인용했다. 나는 단식을 하면 숨을 훨씬 오래 참을 수 있다는 사실도 알게 되었다. 하지만 카페인을 섭취한 날에는 숨을 참을 수 있는 시간이 줄었다.

혼자 연구를 이어가다보니 윔 호프Wim Hof와 그의 아들 에남Enahm을 만날 기회가 생겼다.[3] 윔은 몇 차례 추위 노출 세계기록을 경신했고 다른 이점과 더불어 면역 체계를 강화한다고 알려진 인기 있는 한랭치료법을 개발했다.[4]

물론 내게 가장 큰 가르침을 준 것은 추위 그 자체였다. 나는 크라이오챔버cryo chamber(극저온 환경에 신체를 짧은 시간 노출시키는 치료 장치 - 역주), 젖은 이불 몸에 감고 찬바람 맞기, 얼음통 들어가기 등 온갖 방법으로 추위를 경험해보았지만, 바다에 들어간다는 날것 그대로의 장엄함을 넘어서는 방법은 없었다.

처음으로 새벽 바다에 들어갔을 때는 걷잡을 수 없이 몸이 떨렸다. 추위에 손발이 에일 듯 아팠고, 차가운 바람과 얼음장 같은 물이 몸에서 열기를 뽑아내는 것 같았다.

그러나 여러 해 동안 매일 추위에 노출되자 점점 편안해졌다.

시간이 지나며 사용하게 된 유일한 방한용품은 귀를 보호해주는 네오프렌 후드티였다. 오랜 시간 추위에 노출되어 뼈가 자라면서 귓구멍이 거의 다 막혔다며 의사가 착용을 권했다. 귓구멍이 더 막히면 고통스러운 수술을 받아야 한다는 것이었다.

하지만 찬물 다이빙을 시작하고 처음 몇 년 동안은 방한용품을 전혀 사용하지 않았다.

조사해보니 인간의 몸에는 몇 종류의 지방이 있다고 했다. 대부분은 백색 지방(실제로는 노란색)으로, 칼로리를 저장하고 복부에 축적되어 바지가 조여들게 하는 주범이다. 그리고 체온을 조절하고 유지하며 칼로리를 태워 열을 생성하는 갈색 지방이 소량 있다. 또한 베이지색 지방이 있다. 좋은 영양소를 섭취하고 운동하며 낮은 기온에 노출됨으로써 '갈색화' 과정을 거친 백색 지방세포를 말한다.

갓 태어난 인간의 어깨와 등에는 갈색 지방이 축적되어 있어, 몸을 떨지 못하는 신생아가 체온을 유지하도록 도와준다. 나이가 들면서 추위 자극에 노출되지 않으면 갈색 지방을 잃고 추위에 대한 반응으로 몸을 떨게 된다. 돌이켜보면, 어릴 때는 추위를 거의 못 느끼지 않았던가? 몸 안의 갈색 지방이 난방기처럼 체온을 유지해주었기 때문이다. 많이 뛰어다니기도 했겠지만 말이다.

차가운 물에 들어가면 불편감이 들긴 해도 기분을 좋게 하는 화학물질이 뇌를 채워주었고, 그래서 매일 바다를 찾을 수

있었다. 웰빙, 행복, 동기부여의 극단적인 효과는 차가운 물에
노출된 후 몇 시간씩 지속되었다. 온종일, 밤까지 계속되기도
했다.

천천히

건강을 개선하고 야생과 더 깊은 관계를 맺고 싶었던 나는 바
다에 완전히 빠져들고 싶은 마음뿐이었다. 하지만 무리해서
추운 곳에 너무 오래 있으면 면역 체계가 무너져 폐 감염에 시
달리기 일쑤였다. 한 걸음씩 천천히 건강을 회복해야 했다.

차가운 물이 지닌 힘 중 하나는 서두를 수 없게 한다는 것
이다. 내 신체는 언젠가는 차가운 물에서 나를 따뜻하게 해줄
갈색 난방기를 천천히 만들기 시작했다. 내 정신은 진정한 자
아로 돌아가는 길을 천천히 찾기 시작했다.

이런 식의 치유 과정은 흙탕물 속을 헤엄치는 것 같았다.
처음에는 볼 수 없다는 사실에 불안감이 인다. 그러다가 물이
맑아지면서 정신도 맑게 깨어나고, 두려움이 사라진다.

얼마 지나지 않아 내 몸과 마음은 하나가 되어 움직였다.

예전에는 멍하니 부정적인 생각을 하는 경향이 있었지만,
이제는 정신이 또렷하고 몸이 상쾌한 새로운 느낌이, 기쁨과
생명력으로 맥박치며 전율을 일으켰다.

슬며시 의심이 들 때면 먼 옛날 조상들도 특히 겨울이면 매일 물에 젖고 추위를 견뎠으며, 내 몸과 마음도 사실 그런 삶을 기대하고 있다는 사실을 되새겼다. 이런 본능적인 진화의 경험을 스스로 차단한다면 활력과 건강을 포기하는 셈이다. 매일 차가운 물과 야생동물에 꾸준히 노출되면서 살아 있음을 느낀 내 원시의 정신은 면역 체계를 자극하고 강화했다.

또한 아버지가 잠수복도 입지 않고 얼음장 같은 대서양에 자주 뛰어들었으며, 늘 아무 탈 없이 돌아왔다는 사실도 되새겼다. 한번은 물에 너무 오래 있었던 아버지의 몸이 도통 따뜻해지지 않았던 희미한 기억도 있다. 어머니는 브랜디를 한 잔 따라주고(물론 지금은 알코올이 오히려 체온을 떨어뜨린다는 사실이 밝혀졌다) 주전자에 물을 끓여 목욕물을 받았다. 너무 뜨거워서 데이먼과 나는 손도 담글 수 없을 정도였다. 나는 김이 모락모락 피어오르는 욕조에서 아버지가 데일 만큼 뜨거운 물을 느끼지도 못한 채 몸을 떠는 모습을 지켜보았다.

몇 시간이 지나서야 체온이 돌아왔다.

하지만 아버지는 별로 걱정하지 않았다. 여든 살이 된 지금도 한 시간쯤은 거뜬히 찬물에 잠수하는 사람이다.

차가운 물에 들어갈 때마다 이런 기억들이 내 머릿속에 쏟아져 들어왔다가 그 순간에 멈추며 주변 세상에 대한 순수하고 명료한 인식으로 대체되었다. 추위는 몸이 적응하기 전 첫 순간만 고통스럽다. 그 불편함을 넘어서면 멋진 경험이 기다린다.

호기심

나는 종종 추위 속에서 육체를 벗어나는 듯한 경험을 하곤 했다. 어느 날 아침, 마법 같은 존재에게 정신을 온통 빼앗겼다. 아프리카민발톱수달Cape clawless otter이었다. 야생 수달은 지구상에서 가장 수줍음 많은 동물이다. 가까이 다가갈 수 없을뿐더러 눈에 띄지도 않는다. 수달은 뒤쪽에서 다가왔다. 동물은 보통 무기로 인식되는 다른 동물의 입, 손, 발톱에서 멀리 있어야 안전하다고 느낀다. 그래서 몸을 돌려 수달을 마주하는 대신 엎드린 자세로 가만히 떠서 곁눈질로 지켜보았다.

수달이 내 발을 스치고 지나가자 감전된 듯 온몸이 짜릿했다. 움직이지 않는 나에게 호기심이 생긴 듯, 수달은 헤엄쳐서 정면으로 다가왔다. 마침내 나는 수달의 얼굴을 완전히 볼 수 있었다. 활기차고 표정이 풍부한 눈, 매끈한 머리 위에 둥근 귀, 길고 하얀 수염이 달린 입. 수달의 다음 행동은 충격적이었다. 더 가까이 다가와 눈을 들여다보며 섬세한 앞발로 내 얼굴을 쓰다듬은 것이다. 온갖 뒤섞인 감정이 나를 휩쓸었다. 사랑, 감사, 약간의 혼란. 눈물이 차올랐고 머릿속은 질문으로 가득 찼다.

단순한 호기심이었을까, 아니면 그 이상일까? 동물과 인간 사이에 깊은 유대감이라도 생긴 것일까? 굳이 설명을 찾지 않고 수수께끼를 그대로 남겨두기로 마음먹었다.

수달과 얼마간 시간을 보낸 나는 환희에 정신을 차릴 수 없어서 물 밖으로 나가 바위 위에 누웠다. 수달은 해안 가까이에서 높은 소리로 울며 돌아오라고 손짓했다. 아마도 같이 조개 사냥을 하자는 것 같았다. 터무니없는 소리처럼 들릴 수도 있지만, 역사적으로 돌고래와 범고래[5]를 포함해서 인간과 동물이 함께 사냥한 사례는 적지 않다.[6] 아니나 다를까, 수달과 만난 이야기를 들은 스와티는 아직도 방글라데시에는 수달을 데리고 사냥하는 사람들이 있다고 했다.[7]

그런 보람찬 순간들을 생각하면 몇 주 동안 길고 힘든 다이빙을 이어갈 수 있었다. 매일 물에 들어가면 특별한 것들을 보고 배우게 된다는 사실을 알아가는 중이었다.

가장 평범한 것이 어떻게 특별해지는지도 직접 보았다.

연결하기

추위에 몸을 맡기니 건강과 활력이 돌아올 뿐 아니라 가장 중요한 일에 쏟을 에너지가 생겼다. 바다 수영에 아들 톰을 데리고 다니면서 이전에 경험하지 못했던 방식으로 교감하게 되었다. 어린 톰의 갈색 지방은 여전히 활활 타고 있어 추위에 거의 영향을 받지 않았다.

나처럼 톰도 걷거나 말을 하기도 전 신생아일 때부터 바다에 들어갔다. 내가 그랬듯 바다를 편안해하는 아들의 모습을 보니 기쁘기 이를 데 없었다. 추위의 힘을 이해하기 전에는 톰에게 작은 잠수복을 입혔다. 조금 더 자랐을 때부터는 보호 장비 없이도 주변에 부딪히는 거대한 파도 가운데 들쭉날쭉한 바위를 미끄러지듯 지나 수중 동굴을 통과했다.

함께 바다숲을 탐험하는 날이 많았지만, 톰을 등에 업고 해안을 오르내리며 바윗길을 걷기도 했다. 아들이 야성의 감각을 갖고, 조상의 기원을 인식하길 바랐다. 우리는 주카니 야생동물 보호구역Jukani Wildlife Sanctuary으로 치타, 사자, 벌꿀오소리를 보러 갔다. 칼라하리사막에서 야영도 했다. 한번은 고대 산족의 바위그림으로 유명한 세더버그Cederberg의 동굴에 데려가 5천 년 된 반인반수 동굴 벽화를 자세히 볼 수 있도록 들어 올려주기도 했다. 물론 그 나이에 아들은 반짝이는 내 손목시계에 더 관심을 보였다.

어느 날 아침, 톰과 함께 오두막에서 멀지 않은 해안을 따라 걷다가 반세기쯤 되었을 낡은 유리 약병을 발견했다. 톰이 조심스럽게 모래를 모두 걷어내자 병 입구보다 훨씬 큰 쌍각

조개 껍데기가 보였다. 조개는 병 안에서 자라다가 죽었을 것이다. 거대한 바다숲을 떠다니는 작은 유리병 안에서 평생을 보낸 셈이다.

바위 위에 앉아서 톰에게 어린 시절 추억을 들려주기 시작했다. 작은 나무 방갈로에서 살던 기억과 대홍수가 있던 날 밤의 이야기였다. 또 편지와 외국 돈이 든 유리병이 해변에 밀려온 얘기도 했다. 몇 년 후, 우리 부모님은 한 부부에게서 가족들에게 편지를 보내줘서 고맙다는 편지를 받았다고 했다. 항해가 길어지고 상륙할 수 없을 때 배에서 병을 던졌다는 것이다.

그날 발견한 병은 조개에게 안식처이자 덫이었다. 우리의 영혼도 자아라는 작은 세계 안에서 거대한 존재론적 미지로부터 보호받는 듯한 안전함을 느낄 수 있다.

길들여진 세계는 우리의 우선순위를 왜곡하여 자아를 만족시키는 일에 지나치게 집착하게 만든다. 야생의 세계에서는 어느 누구도 다른 존재보다 더 중요하지 않다. 한 산족 사냥꾼이 마을 사람들에게 먹일 큰 동물을 잡아왔을 때, 사람들은 그를 놀렸다. "이걸 왜 굳이 끌고 왔어? 늙고 뼈밖에 없잖아?" 자아가 얼마나 위험한지 알기 때문에 이렇게 반응한 것이다. 누군가를 다른 사람보다 대단하게 보면 시기심, 질투심, 탐욕이 생긴다는 사실이 수천 년에 걸쳐 증명되었다. 길들여진 세계의 자아와 욕망이 너무 커지면 우리는 서로 싸우기 시작하고 우리의 집이자 어머니이자 성스러운 쉼터인 이 땅을 집어삼킨다.

많은 부모가 그렇듯 나도 내 아이의 미래가 걱정된다.

인내심 많은 스승

이사한 집에서 첫 겨울을 보내고 따뜻한 달이 찾아오자 추위가 그리워지기 시작했다. 놀랍고도 기쁜 일이었다. 추위가 가져다주는 선물에 굶주린 나는 낡은 상자형 냉동고를 사서 해양용 실리콘으로 방수 처리하고, 거의 꼭대기까지 물을 채우고, 하루에 네다섯 시간 타이머를 맞춰서 아이스박스로 개조했다. 표면에 생긴 두꺼운 얼음층을 깨고 물에 들어갔다.

몇 달 동안 찬물 수영을 했는데도 얼음물에 들어가기는 쉽지 않았다. 아무 생각 말고 물에 들어가 힘을 빼라고 되뇌었다. 나는 횡격막을 움직이면서 침착하게 천천히 코로 숨 쉬는 법을 익혔다.

첫 1분이 가장 힘들었고, 그 후 2분도 종종 고문처럼 느껴졌다. 하지만 코로 숨을 들이마셔 횡격막을 밀어내며 첫 1분 동안 차분함을 유지하다보면 몸이 안정되었고, 3분 후에는 극심한 고통이 사라졌다. 가끔은 뚜껑을 닫고 칠흑 같은 어둠 속에서 얼음물에 잠겼다.

9분 후에는 무감각해지므로 저체온증이 오지 않도록 안전에 유의해야 했다. 안전하게 냉수 목욕을 하는 비결은 매일 아주 천천히 시간을 늘리고 무리해서 밀어붙이지 않는 것이다. 숙면하지 못했거나 스트레스가 많을 때는 특히 조심해야 한다.

추위는 인내심 많은 스승이다. 시간을 들여 내 몸이 어떻게 반응하는지 지켜보는 것이 핵심이다. 처음 몇 번은 물에 들어가기가 무척 힘들었다. 강렬한 고통이 따랐다. 하지만 내 몸은 놀라울 정도로 빨리 적응했다. 다섯 번 정도 들어간 후에는 고통이 극적으로 줄었고, 세 번 더 시도하자 완전히 사라졌다.

보통 물속에 10분 정도 있었고, 때로는 22분까지 머물기도 했다. 물에서 나온 후에는 피부가 팽팽해지고 새빨갛게 달아올랐으며, 등에 얼음 망토를 두른 느낌이 들었다. 지금은 그 감각에 익숙해져서 '얼음 등판ice back'이라고 이름도 붙였다.

나는 서서히 추위의 위대한 힘을 깨닫고 있었다. 추위는 거의 즉각적으로 마음 상태를 바꾸어놓았고, 건강을 개선했고, 체력을 키워주었으며, 자연에 더 가까이 다가갈 수 있게 해주었다.

물론 추위는 위험할 수 있다. 사람들이 따뜻한 가죽옷을 입고 밤새 불을 피운 데는 충분한 이유가 있었다. 하지만 추위는 나에게 엄청난 자유의 감각을 선사했고, 진정한 나 자신에게 더 가까이 다가가게 해주었다.

추위 속 동지들

여러 달 동안 나는 혼자 바다에 들어갔다. 우리 집 앞바다는 나만의 것이었다. 고독은 소중했다. 혼자 있어야 야생동물과 가까워지기가 쉬웠다. 혼자 있을 때의 나는 조용하고 덜 위협적이며 모든 관심을 동물들에게 쏟았다.

하지만 시간이 지나면서 이 훈련의 기쁨을 다른 사람과 나누는 것이 얼마나 보람 있는지 깨달았다. 친구에게, 또 친구의 친구에게 차가운 바다에 뛰어든 경험과 바다숲의 생물들과의 짜릿한 만남을 이야기하자 많이들 호기심을 보였다.

자연과 그런 관계를 맺고 싶은데 어떻게 시작해야 하느냐고 물어오는 모두에게 똑같이 조언했다. "잠수복 없이 혼자서 열 번 바다에 들어가세요. 그 후에 여전히 관심이 있다면 절 다시 찾아주세요."

99퍼센트의 사람들은 그렇게 하지 않았다. 하지만 실제로 실행한 몇 안 되는 사람들은 훌륭한 친구이자 협력자가 되었다.

그중 한 명이 피파 에를리히 Pippa Ehrlich 였는데, 내가 아는 한 가장 의지가 강한 사람이다.

우리가 만났을 때 피파는 환경 저널리스트로 일하고 있었다. 젊은 나이였는데도 오래된 영혼이라는 인상을 받았다. 그래서일까, 피파는 시간 감각이 독특해서 종종 내게 '시간낙관주의자tidsoptimist'라고 놀림받곤 했다. 스웨덴어에서 유래한 이 단어는 항상 실제보다 시간이 많다고 생각하는 사람을 말한다.

사실 피파는 첫 만남에 늦었다. 보통은 그런 사람을 질색하는데, 피파는 진심으로 자연에 관심이 있어 보여서 마음이 갔다. 20대 초반부터 바다숲 다이빙을 했고, 10년 넘게 해초숲을 탐험하는 중이라고 했다. 운동신경이 뛰어났고 수영도 잘했다. 추위에 적응하고 바다 동물을 추적하는 법을 배우고 싶어 했고, 초기 인류와 야생 세계에 더 가까이 다가갈 방법을 몇 년째 고민하고 있다고 했다.

영민한 정신을 가진 것이 보였고, 아직 개발되지 않은 재능도 느껴졌다. 피파는 좋은 친구가 되었다. 스와티와 나의 수양딸 같은 존재다.

피파는 산소 탱크와 조절기 없이, 궁극적으로는 잠수복 없이 야생의 해저 숲을 탐험하며 완전한 자유를 느꼈다고 한다. 불안하고 혼란스러운 생각이 마음을 채울 때면 더더욱 그랬다. 상상도 못 했던 방식으로 동물들에게 더 가까이 다가갈 수 있었고, 자연과 더 깊이 연결될 수 있었다. 그러면서 삶에 초점이 생겼고, 이는 창작 활동을 향한 강력한 길을 열어주었다.

함께 다이빙을 시작한 후, 이 특별한 사람이라면 아프리카 바다숲의 동물들과 나의 관계를 다루는 이야기를 구상하는 작업을 도와주리라는 이상한 예감이 들었다. 이 이야기는 나중에 영화 〈나의 문어 선생님My Octopus Teacher〉이 되었다.

위험 지대

내가 어디까지 추위를 견딜 수 있을지 시험해보고 싶은 성급한 마음에 위험 지대 깊숙이 빠진 적이 있다. 아이스박스는 새고 있었고 내겐 추위 치료가 필요했다. 급했던 나머지 까만 비닐을 대충 쑤셔 넣어 새는 곳을 막았다.

어느 날 저녁, 검은 비닐로 싸인 아이스박스에 누웠다. 주위에 얼음이 둥둥 떠다녔고 마치 시체 운반용 가방에 갇힌 기분이 들었다. 날카로운 얼음 결정이 비닐을 찢길 기대하며 꼼짝하지 않고 내면을 관찰했다.

머릿속은 분주했다. 온갖 생각이 쉴 새 없이 맴돌았다. 팔꿈치가 심하게 아팠고 오른쪽 발에는 누군가 못을 박고 있는 것 같았다. 고통이 사그라지리라 믿으며 계속 밀어붙였다. 아니나 다를까, 3분쯤 지나자 통증이 가라앉았고 나는 오랜 친구와 같은 지독한 추위의 품에서 편안해지기 시작했다.

10분이 넘어가며 굉장한 기분을 느꼈다. 머릿속에서 떠오르던 생각들이 잠잠해지기 시작했다. 깊은 원초적 정신이 '일상의 잡일'을 하는 정신을 잡아먹은 듯했다.

잠잠히 똬리를 튼 파충류의 의식이 수다스러운 원숭이를 잠재운 것이다.

12분이 되자 모든 일상적인 생각이 희열 속으로 사라졌고, 어머니의 마음Mother Mind이 그 자리에 솟아났다. 이전에 살았던 모든 사람을, 거대한 우주의 손에서 쉬는 거대한 행성을 느꼈다. 나는 깊고 고요하고 탁 트인 공간에 있었다. 얼음이 부딪히는 소리와 숨을 들이쉬고 내쉴 때 폐로 들어오는 공기의 감각만이 느껴졌다. 마치 내가 존재의 가장 원시적인 상태, 인간 정신의 바탕을 이루는 구조 속으로 들어간 것 같았다.

머릿속에서 리듬감 있게 이어지는 모음 소리가 메아리치기 시작했다. 의미는 없었으나 마음이 차분해졌다. 본능적으로 나는 소리 내어 노래를 부르기 시작했다. 이전에 들어본 어떤 소리와도 다른 그 소리는 목 깊은 곳에서 흘러나와 가슴을 부드럽게 울렸다. *아이 오 아이 이 오 아이, 아이 오 아이 이 오.*

어쩐지 따뜻한 느낌이 들었고, 얼음장 같은 물의 차가운 품에서 깊은 위안을 받았다. 20분 가까이 지났는데도 나는 완벽하게 괜찮았다. 하지만 아직 극한의 추위를 잘 알지 못했기 때문에 조심하는 차원에서 시체 가방을 빠져나왔다.

신체 협응 능력이 떨어졌고 발에 있는 뼈가 다 빠진 느낌이었지만, 그 느슨한 감각이 불쾌하지는 않았다. 얼음 망토가 등과 목에 매달린 익숙한 느낌이 들었다.

추위로 예리해진 정신으로 주위를 둘러보니, 마치 카메라 렌즈를 막 닦은 것처럼 정원에 있는 모든 식물과 물체가 선명하게 보였다. 나뭇잎은 생명력 넘치는 싱그러운 녹색이었고, 웅덩이의 물은 빛나는 푸른색이었다. 몇 분 후, '2차 체온 하강afterdrop(냉수나 추운 환경에서 벗어난 뒤 심부 체온이 일시적으로 더 떨어지는 생리 현상 - 역주)'의 감각이 찾아왔다. 저체온으로부터 장기를 보호하기 위해 말단의 혈액이 심부로 몰리면서 손과 발, 피부가 얼음처럼 차가워졌다. 하지만 이후 몇 시간이나 정신이 맑고 기분이 좋았다.

나는 언제나처럼 경계에 매료되었다. 어디까지 갈 수 있을지 보고 싶었다. 그래서 다음 날 아이스박스 안에서 31분을 보냈다. 처음에는 괜찮았다. 발에는 통증이 있었지만, 몸의 나머지 부분이 너무 따뜻했고 떨리지도 않아서 10분 더 있을까도 생각했다.

하지만 몸의 떨림이 극한의 추위를 나타내는 정확한 지표라는 건 오해였다. 31분이 지나고 아이스박스 밖으로 나오자 걸음을 뗄 수 없었다. 몸이 너무 뻣뻣해서 뼈가 드러난 채 걷는 것 같았다. 시야가 20초 정도 흐려졌다가 다시 돌아왔다.

추위 속에 그렇게 오랜 시간을 보낸 것은 확실히 몸에 부담이 컸지만 체온이 돌아오며 익숙한 황홀감이 느껴졌고 모든 불안이 사라졌다.

어쩌면 한 시간도 가능하지 않을까?

하지만 다음 날 일어난 나는 기진맥진한 상태였다. 감기에 걸린 것처럼 기침이 심했고 입술에 포진이 생겼다. 면역 체계를 너무 심하게 시험한 듯했다.

사흘 동안 몸을 회복하며 극단적인 추위를 더 존중하는 법을 배웠다. 20분에서 서서히, 예를 들면 며칠 걸러 1분씩 시간을 늘렸어야 했다. 22분에서 31분으로 갑자기 시간을 늘린 건 정말 어리석은 일이었다. 우리 몸은 서서히 증가하는 추위 스트레스에 가장 잘 대응한다.

인도의 아열대기후에서 온 스와티는 내가 극단적인 추위에 매력을 느끼는 걸 보고 어리둥절했다. 어떻게 추위를 견디는지 이해하지 못했고, 아이스박스에 너무 오래 있었을 때는 화를 냈다. 스와티는 추위에 매우 민감했다. 잠수복을 입어도 손과 발이 마비될 만큼 고통이 심하다고 했다. 하지만 내가 한랭치료의 효과를 몸소 보여주자 호기심이 생겨서 추위 훈련을 시도해보기로 했다. 꾸준히 노력한 덕분에 지금은 차가운 물을 놀라울 만큼 잘 참아낸다.

무모한 선택

어느 비 오는 겨울, 차가운 북서풍이 울부짖으며 바다를 넘어왔다. 오전 내내 새로 산 바다 카약을 익히려 했지만 어려움이 많았다. 균형을 제대로 잡을 수 없었고 카약이 여러 차례 뒤집혀 물에 빠졌다. 깊은 물에서 배에 다시 오르는 연습이 계속되니 해변으로 돌아왔을 때쯤에는 몸이 차갑고 뻣뻣해져 있었다. 마음에 갈등이 일었다. 한편으론 뜨거운 목욕을 하며 허기를 달래고 싶었고, 한편으론 맑고 차가운 물속으로 뛰어들고 싶었다.

나는 길들여진 마음에 굴복하기를 거부했다. 다이빙 후에 기분이 나아진다는 것을 알 때쯤이었기 때문이다. 추위 훈련을 경험했기에 몸 상태가 위험하지 않다는 것도 알았다. 당장 편안해지는 것과 야생성을 끌어올리기 위해 따뜻함을 조금 미루는 것 사이의 결정이었을 뿐이다.

나는 이 야성의 끈 같은 감각이 내가 살아 있음을 느끼게 해준다는 사실을 알았다.

그래서 집으로 돌아가는 걸음을 미뤘고, 오래 카약을 탈 때 착용하는 구명조끼 기능의 짧은 잠수복도 입지 않기로 했다.

바다에 뛰어들어 10분쯤 지나자 차가운 포옹 속에서 기분 좋은 따뜻함을 맛볼 수 있었다. 긴장이 풀렸고, 뜨거운 목욕과 식사에 관한 생각은 해초숲의 소용돌이 속으로 사라졌다.

모래사장으로 나와 거친 바람 속으로 걸어 들어가면서 춥다는 느낌이 모두 사라졌음을 깨달았다. 문득 우리가 느끼는 불편함의 감각 중 상당 부분은 어쩌면 마음속에서 만들어진 건 아닐까 하는 생각이 들었다. 숲을 가로지르는 작은 길을 따라 집으로 걸어 들어가, 난롯가에서 뜨거운 식사를 즐겼다. 밖에서는 여전히 시린 바람이 울부짖었다.

그날 오후 늦게까지 난롯가에 앉아 있는데 문 두드리는 소리가 들렸다. 피파와 내 친구 야네스 란트쇼프Jannes Landschoff였다. 두 사람의 배낭에서 삐죽 튀어나온 잠수용 물갈퀴가 보였다.

야네스는 피파와 마찬가지로 나보다 스무 살 정도 어렸다. 우리가 만난 건 그가 해양생물학 박사 과정을 밟고 있을 때였다. 독일에서 태어나고 자란 야네스는 햇빛에 바랜 곱슬머리 때문에 서퍼처럼 보였다. 과학적으로 사고하는 똑똑한 청년인 그는 내게 해양생물학과 자연에 대해 많은 것을 가르쳐주었다.

처음 친구가 되었을 때는 내가 야네스와 피파에게 추위를 받아들이라고 권했지만, 얼마 지나지 않아 그들이 오히려 밖으로 나가자고 나를 구슬리기 시작했다. 문을 두드리는 소리가 들려서 보면 두 사람이 다이빙 후 온몸을 떨며 사우나의 열기 속으로 들어가고 싶어 안달하고 있었다. 말 한마디 없이 나를 지나쳐 사우나로 직행하는 그들은 마치 늙은 아빠를 위해 시간을 낼 여유가 없는 열정적인 아이들 같았다.

그날은 특별히 함께 다이빙을 가자고 했다. 고민이 됐다. 온종일 차가운 물에 들어가는 일은 많지 않았지만, 창밖으로 바다숲을 내려다보니 맑은 물이 들어오고 있었다. 순간 마음이 너무 흔들려서 함께 가기로 했다.

우리는 물가에 도착해서 강한 바람이 닿지 않는 구석에 옹기종기 앉았다. 바다 위로 드리워진 거대한 회색 구름을 보고 나는 춥다고 약간 투덜거렸다.

"애처럼 굴지 말아요. 시멘트 한 숟갈 먹으면 단단해지려나?" 피파가 웃으며 말했다. 처음에는 내가 피파에게 시멘트 어쩌고를 자주 말했는데 이제 처지가 바뀐 셈이다.

"우리한테 한 짓 생각하면 당해도 싸죠." 야네스가 웃으며 말했다.

차갑고 거대한 바다를 함께 마주하자 상상했던 것보다 더 많은 웃음이 터져 나왔다. 친구들을 따라 바다로 내려가면서 처음 혼자 물에 뛰어들던 순간을 떠올렸다. 돌고 돌아 다시 이곳에 이르렀고, 이제 용감하고 대담하게 차가운 바다로 나를 이끄는 친구들이 있었다.

아침에 카약을 타고 수영하느라 팔이 아파서 물갈퀴와 웨

이트 벨트를 착용했다. 해변을 따라 움직이며 어린 거대삿갓
조개를 찾는 것이 우리의 계획이었다. 거대삿갓조개는 그 지
역 해조류와 긴밀한 관계에 있는 연체동물이다.

하지만 물에 들어간 지 얼마 되지 않아 특이한 광경을 발
견했다. 헬멧달팽이가 바위를 기어오르고 있었다. 보통 낮에
는 모래 밑에 숨어 있어 밤에만 관찰되는 생물이다. 야네스는
해변을 따라 계속 걸으며 삿갓조개를 찾았고, 피파와 나는 자
리에 남아 그 타원형 생명체를 지켜보았다.

달팽이는 바위 표면을 미끄러지듯 기어오르고 있었다. 이
윽고 목적지가 분명해졌다. 자기 몸집의 두 배인 가시 돋친 바
다성게를 공격하기 시작한 것이다. 성게는 다가오는 포식자를
알아차리자마자 바위를 넘어 도망쳤지만, 달팽이가 뒤쫓았다.

순해 보이는 달팽이가 바늘 같은 뾰족한 가시로 무장한 성
게를 위협하는 모습을 상상하기 어렵겠지만, 평범한 달팽이를
생각하면 오산이다. 헬멧달팽이는 화학무기와 물리무기를 둘
다 가진 무시무시한 포식자다.

헬멧달팽이는 성게의 등으로 기어올라 끈적끈적한 발로
붙들었다. 그리고 체중을 실어 비틀면서 성게를 바위에서 떼
어내자 둘 다 바닥으로 떨어졌다. 달팽이는 성게의 가시를 마
비시키는 투명하고 끈적끈적한 액체를 분비했다. 무기 자체는
투명한 막이지만, 거미줄처럼 펼쳐진 끈적한 액체에 모래와

조개껍데기 조각이 들러붙기 때문에 그 존재를 알 수 있다. 이어서 달팽이가 성게 밑으로 들어가 힘겹게 뒤집자 공격에 취약한 입이 드러났다.

이제 있으나 마나 한 가시를 뜯어낸 달팽이는 성게의 단단한 껍질과 이빨 사이 취약한 지점에 산을 떨어뜨렸다. 성게 껍데기가 녹아 연해지자 헬멧달팽이는 이빨 달린 혀로 큰 구멍을 뚫고 주둥이를 넣어 영양분을 빨아냈다.

바다숲에서의 남획으로 천적이 많이 사라진 탓에 성게는 수없이 널려 있었지만 왠지 가엾게 느껴졌다. 하지만 사냥감을 제압하는 헬멧달팽이의 천재적인 기술은 실로 감탄스러운 것이었다.

안락함의 대가

전투가 끝나고 나서야 한동안 움직이지도 않고 눈앞에 펼쳐지는 드라마를 보고 있었다는 사실을 깨달았다. 그사이 얼어붙을 듯한 바람을 맞으면서 등에서 열기가 엄청나게 빠져나갔다.

추웠다.

우리 셋은 해안으로 돌아왔다. 살을 에는 듯한 바람이 몰아쳤다. 무감각한 손으로 옷을 입으려 씨름하면서 바닷속 모험

이야기를 나누었고, 직접 만든 아늑한 홈 사우나로 출발했다.

지글거리는 뜨거운 돌이 내 몸에 다시 열기를 불어넣고 하루의 기억이 마음을 따뜻하게 데워주는 사이, 바다숲으로 이사한 이후 얼마나 강해졌는지 새삼 느꼈다. 더 이상 잦은 폐감염에 시달리지 않았다. 수영에는 더 자신이 붙었다. 추위는 나를 단단하게 길러내 건강을 되찾아주었고 맑은 정신과 평화의 감각을 선물했다.

나는 추위를 다른 중독성 물질과 마찬가지로 존중으로 대해야 한다는 것을 배웠다. 추위에 푹 빠지면서 불필요한 위험을 감수하거나 목숨을 건 적도 있었다. 솔직히 말하면, 추위가 강화시킨 뇌 화학물질의 혼합물로 인해 전혀 두려움을 느끼지 못하는 상태가 조금 두려울 정도다.

하지만 그 효과만큼은 부인할 수 없다. 야생으로 가는 내 여정은 말 그대로 추위에 뛰어드는 것이었지만, 그 덕분에 편안함의 대가에 대해 성찰해볼 수 있었다. 나는 스스로에게 묻기 시작했다. 이 사회가 찬물에 들어가며 활력을 얻는 것보다 온도가 쾌적하게 조절되는 생활을 택할 때 무슨 일이 일어날까? 불편함을 좀 더 견디는 법을 배울 수 있을까? 그렇게 했을 때 어떤 깨달음이 기다리고 있을까?

불편함에 대한 혐오감 때문에 우리는 너무 많은 것을 놓친다. 결국 고통은 잠깐이고, 한계란 여러 면에서 환상에 불과하며, 처음 3분을 넘어서면 경이로움과 발견의 삶이 있다.

수십만 년 동안 인류의 조상들은 거의 보호받지 못한 채 극한의 온도를 견뎠다. 그들은 한데 모여 잠을 자며 체온을 공유하여 살아남았다. 함께 있어야만 추위를 막을 수 있었고, 함께 있어야만 생존에 필요한 식량을 찾아 사냥하고 채집할 수 있었다. 혼자서는 아무도 오래 살아남을 수 없었다. 조상들의 지혜를 되짚어보는 일 역시 마찬가지다. 혼자의 몫이 아니라, 함께 나아가야 할 길이다. 우리가 오늘날 누리는 안락함은 지구를 위험에 빠뜨릴 만큼 지속 불가능해졌을 뿐 아니라 서로 간의 연결마저 끊어놓고 있다. 지나치게 따뜻한 집에 혼자 틀어박혀 클릭 한 번으로 무엇이든 사들이며 화면 속의 자신을 잃어가는 사이, 늑대는 문을 긁어대며 인간에게 밖으로 나와 야생의 형제들과 함께하라고 손짓한다.

불이 내뿜는 따스함은 편안하고 쾌적하지만, 졸음이 밀려오기 시작하면서 추위가 그토록 아낌없이 주었던 야생의 생명력을 모닥불이 태워버렸다는 사실을 깨닫게 된다.

여기 너무 오래 머무르면 모든 것을 잃게 될지도 모른다.

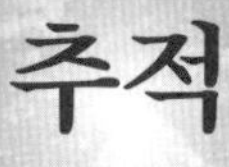

추적

Track

바다숲 한쪽에 펼쳐진 평평한 해저 모랫바닥을 떠올려보자. 깊이는 4.5미터 정도로, 큰 바위가 해수면까지 솟아 있다. 바닥과 바위가 만나는 지점에는 사람 키만 한 작은 동굴이 있는데, 그 끝은 팔 하나 들어갈까 말까 한 좁은 틈으로 이어진다. 갑오징어가 살기에 완벽한 은신처다. 해초가 추가로 보호막 역할을 하고, 곱고 깨끗한 모래가 동굴 안으로 빛을 반사한다.

내가 가장 좋아하는 장소 중 하나인 이곳에 갑오징어 동굴이라는 이름을 붙였다. 어느 날 아침 밴쿠버에 거주하는 탐험가이자 강연자, 팟캐스터인 내 친구 아런 프리드랜드Aaron Friedland를 동굴에 데려갔다.

아니나 다를까, 무늬갑오징어 다섯 마리가 작은 은신처에서 부드럽게 떠다니고 있었다. 그냥 갑오징어라고도 불리는 종이지만, 이처럼 탁월한 위장 예술가에게는 너무 무미건조한 이름이지 않은가. 이들의 껍질은 각도에 따라 달라지는 무지갯빛을 띠며, 다양한 색으로 빠르게 바뀌어 어떤 배경에도 자연스럽게 섞인다. 크고 휘어진 눈과 W 자 모양의 동공, 여덟 개의 다리로 가득 찬 얼굴, 용수철처럼 불쑥 나타나 먹잇감을 잡아채는 촉수 두 개를 지니고 있다. 위협을 느낄 때는 다리 두 개를 머리 위로 들어 올려 뿔을 흉내 낸다.

무늬갑오징어는 1년 중 4~5개월 정도만 바다숲에서 발견된다. 나머지 기간에 어디로 가는지는 아무도 모른다. 이곳에 있는 동안에는 파자마상어와 동굴을 공유한다. 파자마상어는 문어의 주요 천적이지만 갑오징어와는 잘 어울려 산다. 갑오징어의 맛과 냄새는 (적어도 사람에게는) 문어와 아주 비슷한데 상어에게는 그렇지 않은 모양이다.

어쨌거나 갑오징어는 상어보다 더 빠르고 능숙하게 움직인다. 또한 놀라울 정도로 예민해서, 아주 작은 기척에도 날듯이 사라진다. 아무리 빠른 파자마상어도 최고의 수영 선수도, 결코 따라잡을 수 없다.

아런은 뛰어난 운동선수지만 다이빙이 처음이라 헤엄이 서툴렀다. 나는 물을 휘젓지 않으려고 조심하면서 갑오징어

쪽으로 앞장섰다. 그러자 갑오징어는 움직이지 않았다. 모든 것이 완벽했고, 갑오징어의 얼굴 불과 몇 센티미터 앞까지 렌즈를 가져갈 수 있었다.

얼굴 앞에 다리를 늘어뜨린 갑오징어는 흡사 지혜로운 늙은 마법사 같았다. 실제로 갑오징어는 아주 오래된 동물이다. 이 동물의 두족류 선조는 바다에 최초의 상어가 나타나기 훨씬 전인 5억 년 전에 진화했다. 사촌인 문어처럼 갑오징어도 뇌가 크고 지능이 매우 높다. 이들은 영혼이 담긴 표정으로 대단히 궁금한 듯 나와 내 카메라를 살폈다.

물론 이들이 보는 풍경은 인간이 보는 것과 다르다. 알려진 바에 따르면 갑오징어는 흑백만 볼 수 있다고 한다. 그런데도 다채로운 색으로 위장을 해내다니 놀라운 능력이다. 이들은 W 자 모양의 동공을 이용해서 사물의 가장자리 주변으로 흐릿한 색 번짐을 만들어낸다. 이를 '색수차chromatic aberration'라고 한다. 내 오래된 싸구려 카메라 렌즈도 비슷한 현상을 보였다. 이 기묘한 동공 덕분에 빛이 사방에서 들어오면서 이미지가 흐릿해지고, 엄밀히 따지면 색맹임에도 색을 구분할 수 있다.

또한 다른 동물보다 편광을 잘 구별해서 시각에 또 다른 차원이 추가된다.[1] 인간에게 편광은 그저 선글라스로 차단하는 눈부신 빛이다. 갑오징어에게 편광은 사실상 비밀 언어다. 의사소통을 도와주고, 대비가 높게 사물을 보고, 먹잇감을 찾을 수 있게 시각 정보를 전달한다.

잠깐의 촬영을 마치고 아런에게 가까이 오라고 신호를 보냈다.

그는 열심히 헤엄쳤지만, 다가오면서 긴 물갈퀴가 바닥을 긁는 바람에 거대한 모래 기둥이 주변을 강타했다.

순식간에 갑오징어가 흩어졌다.

육지로 돌아온 아런은 무척 실망해 있었다. 하지만 지난 몇 년 동안 내가 발차기로 일으킨 모래 기둥은, 겁주어 쫓아버린 두족류는 또 얼마나 많았던가. 다르게 움직이는 법을, 우리 안에 있지만 현대의 삶과는 너무 멀어서 외국어처럼 느껴지는 언어를 배우려면 시간과 인내가 필요한 법이다.

이해의 표면을 스치며

처음 바다숲에 돌아왔을 때는 감각 그 자체에 푹 빠져드는 느낌이었다. 모든 요소에 완전히 몰입했고, 바위 아래마다 숨어 있는 신비로운 발견에 마음을 열었다.

하지만 매일 다이빙하며 몇 년이 지나자 몰입 이상의 무언가가 필요했다. 나는 이해하고 싶었다. 자연의 치유력과 아름다움을 감상하는 관광객에 그치고 싶지 않았다. 자연의 언어를 말하고 싶었다. 야생의 어휘를 익히고 싶었고, 매일 그 언어를 사용해 땅과 물, 동물을 읽어내고 상상 너머의 세상을 들여다보고 싶었다.

하지만 방법을 몰랐다.

나는 최고 수위선 아래 작은 집에 살았고 매일 조간대에서 헤엄쳤다. 자연과 거의 하나 되어 자란 셈이다. 다만 가까이 있었다고 해서 속속들이 아는 건 아니다. 인류 최고의 과학자들도 조상들이 가졌던 추적 기술을 배우지 못한 경우가 있다. 야생의 아이라면 누구나 걸음마를 하자마자 받았을 가르침과 안내를 받지 못한 것이다.

럭비 유니폼을 겹처 입고 얼음장 같은 바다에 뛰어들던 내 아버지조차도 이 언어를 몰랐다. 나 역시 몇 년 동안 매일 아침 바다숲에 뛰어들었는데도 여전히 이해의 표면만을 스치는 것 같았다. 매우 좌절스럽고 심지어 고통스러운 기분이었다.

수년 동안 촬영했던 산족 추적자들은 이 언어를 힘들이지 않고 말했지만, 나에겐 침묵만 들렸다. 마음속 발자국을 따라갈 수만 있다면 추적의 전문가였던 고대 조상들에게 닿을 수 있을 것 같았다. 나는 내 존재의 가장 깊은 곳에서 누군가를 느낄 수 있었다. 내가 알아야 할 것들을 가르쳐주려 애쓰는, 본연의 자아를.

인간은 야생동물의 행동을 이해하고 험난한 지형을 넘나들며 수 킬로미터를 따라다니는 능력 덕분에 30만 년을 살아

남았다. 그러나 그 혈통의 맨 끝에 있는 나는 여전히 조상들의 타고난 어휘 중 두 단어도 제대로 잇지 못하고 있었다.

자연의 언어를 간절히 이해하고 싶었던 만큼 가능하기는 한 것인지, 이미 너무 늦은 건 아닌지 걱정이 컸다. 자연과 연결되고 싶다, 조상들의 방식을 배우고 싶다는 욕구를 처음으로 확인했을 때 이런 감정을 느끼는 사람이 많으리라 짐작한다. 현대 인류의 삶이 야생과 완전히 단절된 지금, 배워야 할 것은 너무 많은데 어디서 시작해야 할까? 성장한 후에 언어를 배운 사람이 어린 시절에 배운 사람처럼 편하게 말할 수 있을까?

길 찾기

얼마 전, 유명한 하와이 원주민 항해사인 나이노아 톰프슨Nainoa Thompson이 폴스 베이 해안으로 나를 찾아왔다. 폴리네시아 항해 협회Polynesian Voyaging Society 회장인 나이노아는 아침 다이빙을 마치고 야생과 더 깊은 관계를 맺기 위한 자신의 여정 이야기를 들려주었다.[2] 그는 항해의 달인 마우 피아일루그Mau Piailug에게 장비가 아닌 자연의 신호를 보며 드넓은 바다를 항해하는 법을 가르쳐달라고 했으나 마우는 회의적이었다. 당시 나이노아는 아직 20대 초반의 청년이었지만, 마우는 말했다.

"넌 나이가 너무 많아. 세 살 때 시작해야 해."

결국 나이노아는 전통적인 길 찾기 방법을 배우려는 진심을 전하면서 마우와 다른 스승들을 설득할 수 있었다. 그리고 몇 년 동안 구름 형성과 해류, 바닷새의 비행 패턴, 너울과 얕은 파도의 차이 등을 배웠다. 그에게 전해진 이 오래된 지혜를 활용하여 전통적인 이중 선체 카누인 호쿠레아Hōkūle`a를 타고 폴리네시아를 가로질러 수천 킬로미터를 항해했고, 현대 항해 장비의 도움 없이 3년 만에 지구를 일주했다.

별은 길을 알려주는 핵심적인 지표였다. 태양, 바람, 구름, 바다와 파도, 새와 물고기도 마찬가지였다. 바닷새가 보이다가 섬에 서식하는 새로 바뀌면 육지에 더 가까워진 것이었다. 새들의 습성에 대한 깊이 있는 지식 역시 길을 찾는 데 도움이 되었다. 예를 들어, 흰제비갈매기와 검은제비갈매기는 먹이를 먹고 저녁마다 육지로 돌아간다.

마우는 항해 중에 거대한 카누의 선체에 누워 몸으로 파도를 느끼며 잠이 들곤 했다. 나이노아가 항로에서 조금만 벗어나도 늙은 마우는 잠에서 깨어나 방향을 틀라고 지시했다. 몸 전체가 항해 장비가 된 것 같았다. 일종의 인간 레이더 시스템이라고 할까? 그는 이중 선체 카누에 부딪히는 파도의 각도와 세기를 느낄 수 있었다.

칼라하리의 산족 추적자들이 비슷한 방식으로 동물을 쫓

는 것을 보지 못했다면 나이노아의 말을 믿기 어려웠을 것이다. 어느 순간이 되면 추적자들은 눈에 보이는 흔적을 쫓는 대신 몸이 시키는 대로 동물을 따라간다.

그렇다. 인간의 몸도 귀소본능이 있는 비둘기나 대형 고양잇과 동물과 같은 방식으로 작동할 수 있다.

우리는 집으로 돌아가는 길을 찾을 수 있다.

하지만 바다숲으로 돌아왔을 때 나는 나이노아가 마우와 훈련을 시작한 나이보다 스무 살이 더 많았다. 추적의 강력한 언어를 배우기엔 너무 늙은 것이었을까? 이해에 가까워지고 있다고 생각할 때마다 단어들은 휙, 내 손에서 벗어나 떠내려갔다. 나는 어설프게 오리발을 버둥거리다 그 말들을 혼란의 구름 속으로 흩어버렸다.

신과의 대화

나는 자연 세계와 연결되고 싶다는, 그 치유의 지혜를 이해하고 싶다는 열망을 느끼는 사람들을 아주 많이 만났다. 인간의 영혼은 자연과 더 깊이 이어지고 싶어 한다. 백만 년이 넘는 진화의 세월을 거쳐 발전한 자연과의 연결을 갈구한다. 하지만 우리는 그 자연을 포기하고 돈이라는 비현실적인 물질과 권력, 지위, 안락함의 우상을 선택했다. 삶을 북돋우는 가장 실제적이고 근본적인 양분을 버리고, 물질적 부를 축적하고 천연자원을 고갈시키는 것이 행복의 열쇠라는 허상을 위해 살고 있다.

인류학자 웨이드 데이비스Wade Davis는 내셔널 퍼블릭 라디오NPR와의 인터뷰에서 전 세계의 수천 개 언어가 곧 소멸할 것이라며, 언어란 단순한 어휘와 문법 이상의 의미를 지닌다고 언급했다.

언어는 인간 정신의 섬광이자 각 문화의 영혼이 물질세계에 도달하는 수단이다. 모든 언어는 오래된 정신의 숲이자 사유의 분수령이며 영적 가능성의 생태계 그 자체다.

우리가 야생을 이해하고 자연과 소통할 수 있게 해준 인간 최초의 언어를 잃는다는 건 어떤 의미일까? 가장 초기 인류와의 연결 고리를 잃는다는 건 어떤 의미일까?

데이비스가 지적했듯 언어는 자연스럽게 사라지는 것이 아니라 강력한 억압의 힘 때문에 소멸한다. 하지만 그는 바로 이 점이 낙관의 근거가 될 수도 있다고 주장했다.

인간이 문화를 파괴하는 주체라면 문화를 살리는 촉진자가 될 수도 있다는 뜻이다.[3]

그래서 두려움 속에서도 나는 내가, 아니 *누구*든, 추적을 배움으로써 야생의 언어를 말하는 법을 다시 배울 수 있다고 굳게 믿었다. 흔적과 징후를 따라가고, 경고음과 냄새로 동물을 찾거나 포식자를 피하는 것은 인류가 태초부터 해온 일이다.

추적할 때 우리는 살아 있다고, 그 순간에 온전히 존재한다고, 쓸모 있다고 느낀다. 태초부터 우리 안에 있던 불씨가 되살아난다.

"추적은 신과의 대화와 같아." 산족 사냥꾼 응카테 크캄크베!Nqate Xqamxebe가 말했다.

추적이라는 고대의 기술은 자연과의 소통 방식이다. 비밀에 덮인 곳으로 잠수해 야생동물의 이야기를 수면으로 끌어올릴 수 있게 한다.

추적자를 꿈꾸다

나는 추적을 배우고 싶다고 생각하기 훨씬 전부터 추적자를 꿈꾸었다. 데이먼과 나는 과거와 현재의 위대한 추적자들의 이야기를 들으며 자랐다. 우리는 산족 사냥꾼이 수백 종 동물의 흔적을 알아보고 모든 동물의 울음소리를 식별하는 대단히 정교한 추적 기술을 가졌다고 배웠다. 그들은 땅 위에 남겨진 지극히 사소해 보이는 흔적이나 나무 몸통의 긁힌 자국 하나에서도 엄청난 정보를 알아낸다.

또한 산족 여성들은 야생 식물, 버섯, 열매 수천 종의 용도를 알고 있는 전문 채집가들이다. 식용인지 약용인지 의식용인지, 1년 중 언제 어디서 찾아낼 수 있는지도 알았다. 여성들은 뛰어난 추적자이기도 했다. 때로는 동물의 울음소리를 흉내 내어 사냥감을 끌어들이는 기술을 활용해 남성들과 함께 사냥하기도 했다.

우리는 이 모든 지식을 숭배했고, 가능한 많은 것을 배우고 싶었다.

10대 후반에서 20대 초반, 내게는 보언 보지어Bowen Boshier라는 친구가 있었다. 전설적인 비주류 인류학자 에이드리언 보지어Adrian Boshier의 아들이었다. 라이얼 왓슨Lyall Watson의 책《라이트닝 버드Lightning Bird》의 주인공이기도 한 에이드리언은 어린 나이에 자연 속에 살았고, 붐슬랭이나 거대 블랙맘바 같은 독사를 다룰 수 있었기 때문에 뱀의 아버지를 뜻하는 '라디노가Rradinoga'라는 별명을 얻었다. 에이드리언은 백인이었지만 레보와Lebowa 지역의 페디족Pedi과 7년을 함께 살았으며, 림포포Limpopo주에서 응가카ngaka, 즉 전통 의사가 되기 위한 훈련을 받았다.[4]

보언은 커다란 바위와 동굴 예술로 유명한 케이프타운 북쪽 세더버그 산악 지대를 탐험할 때 나를 데려갔다. 덩굴이 무성하게 우거진 계곡과 바위 절벽을 가로질러 걷다 마침내 한 동굴에 도착했다. 수천 년은 되었을 적갈색 손자국 수백 개가 빼곡하게 찍혀 있었다. 동굴 벽에는 산족 수렵채집인들이 붓으로 그린 인간과 동물의 모습도 보였다.

손자국은 알고 보니 샤머니즘 의식의 일부였다. 예술가는 황토, 동물 기름, 피, 식물 즙을 섞은 특별한 혼합물에 손을 적신 뒤 바위에 올려놓았다. 산족 주술사들은 바위에 손을 댐으로써 물속 세상과 매우 비슷한 바위 속 세계의 힘에 닿으려 한 것이다. 주술사는 의식으로부터 힘과 에너지를 얻어 치유가 필요한 사람들을 도왔다.

동생과 나는 중부 칼라하리 지역의 몇몇 작은 공동체에서 여전히 고대의 추적 방식을 사용하고 있음을 알게 되었다. 그것이 다큐멘터리 〈위대한 춤〉을 제작한 계기가 되었고, 여러 모로 내 인생의 방향을 결정한 전환점이기도 했다.

다큐멘터리를 제작한 시기에 나는 발자국을 보고 영장류인지 대형 고양잇과 동물인지 정도를 알아볼 수 있었다. 반면 웅카테나 카로하 랑와네Karoha Langwane처럼 숙련된 추적자는 동물이 지나간 지 얼마나 되었는지, 어느 방향으로 갔는지, 다쳤는지, 체력이 얼마나 남았는지까지 알아냈다. 그날 추적을 이어갈지, 아니면 야영지를 만들고 아침까지 기다리는 것이 나을지도 가늠해냈다.

놀라운 추적 장면을 수없이 목격했지만, 가장 강렬했던 순간 중 하나는 카로하가 쿠두kudu를 추적하다가 무아지경에 빠진 순간이었다. 쿠두는 나선형 뿔을 가진 영양이다. 덤불 속에 숨는 능력 때문에 '회색 유령'이라 불린다.

카로하는 맨발로 달려 쿠두를 쫓고 있었다. 타는 듯이 더운 날이었고, 그는 계속 쥐 굴에 걸려 넘어졌다. 우리는 덜컹대는 트럭을 타고 따라가며 사냥을 촬영했다. 갑자기 그의 눈빛이 변하더니 더는 질문에 대답하지 않았다. 중부 칼라하리는 덤불이 빽빽해서 멀리까지 보이지 않지만, 그가 더 이상 흔적을 따라가고 있지 않다는 사실은 알 수 있었다.

영적 추적spirit tracking을 처음 본 순간이었다. 당시에는 무슨 일이 벌어지고 있는지도 바로 알아차리지 못했지만 말이다.

카로하가 나중에 설명해준 바에 따르면, 그는 더 이상 쿠두의 물리적 흔적을 쫓은 것이 아니었다. 대신 동물의 마음으로 들어가 그 정신에 레이더 시스템처럼 접속한 상태였다고 한다. 추적하는 시간의 95퍼센트 동안 쿠두는 눈에 보이지 않았지만, 그는 정확히 어디에 있는지 알고 있었다. 그의 말은 사실이었다. 흔적을 따라가지 않고 있었음에도 몇 번이나 쿠두의 은신처를 찾아내 몰아냈기 때문이다. 동물이 되어 자신의 몸속에서 그것을 느끼는 인간의 특별한 능력을 직접 목격한 건 나를 바꿔놓는 경험이었다.

매일 밤 모닥불을 피우고 둘러앉아, 산족 추적자들은 낮 동안 보았던 모래 위의 아주 작은 긁힌 자국 하나로부터도 위대한 서사시를 만들어냈다. 그들이 쫓은 동물들의 이야기를 들려주는 이 능력은 야생의 형제들과 그들을 먹이고 기른 이 땅에 대한 존중을 반영했다. 그들은 필요한 만큼만 취했고, 사냥으로 생명을 죽일 때마다 반드시 회복해야 할 에너지의 교환이 일어난다고 했다.

카로하와 웅카테가 무려 네 시간이나 추적한 끝에 창으로 찔러 죽인 쿠두에 대해 이야기하던 기억이 있다. 나는 순진하게도 쿠두가 불쌍하지 않은지 물었다. 내 질문은 매우 이상하게 들린 듯했다. 그들에겐 아이에게 먹일 고기가 필요했다. 카로하는 동물의 세계, 사냥꾼이 곧 사냥감이 되는 이치에 대해 이야기했다. 자신들은 생명을 거두는 일을 축복한다고, 그러지 않는 것이야말로 생명을 모독하는 일이라고 설명하려 노력했다.

철통 보안 시스템

추적하는 법을 절대 배울 수 없을지도 모른다는 두려움은 점점 깊어졌다. 내 삶은 그저 카메라 렌즈 뒤에서 지나갔고 내가 진정으로 갈망하는 무언가는 반대편에 있는 것 같았다. 기술과 진보의 이름 아래 얼마나 많은 것이 사라졌는지, 식민주의가 얼마나 잔인하게 몇 세대의 원주민을 말살하고 그들이 지녔던 지혜와 땅, 생존 능력을 빼앗았는지에 절망감을 느꼈다. 산족 사냥꾼들은 내가 만난 가장 탁월한 존재들이었지만 그들의 삶은 믿을 수 없이 고되었다. 야생과의 단절은 여전히 옛 방식으로 살아가는 사람들에게 가장 큰 깊은 상처를 입혔다.

특히 물속에서의 추적에 관해서는 더 급한 마음이 들었다. 바다의 언어를 배우지 못한다면 물속의 지혜는 영영 사라질 위험에 처해 있었다. 우리 행성의 3분의 2는 결국 물로 이루어져 있다. 지구는 땅의 행성이라기보다 물의 행성에 가깝다.

그리고 또 하나의 꽤 현실적인 장애물을 극복해야 했다.

물속에서 정확히 어떻게 추적할 수 있을까? 1천분의 몇 초 사이에 동물의 흔적이 쓸려가고, 소리는 전혀 다르게 움직이며, 인간은 냄새를 맡을 수 없고, 아무리 날씨가 맑은 낮에도 몇 미터 너머는 보이지 않는다. 바다숲에서 낮의 시야는 평균 6미터 정도다. 그보다 멀리는 보이지 않는다. 안개 짙은 새벽에 울창한 숲을 걸으며 안간힘을 써서 앞을 내다보는 기분이다.

평생 잠수를 해왔지만, 해저 추적은 한 번도 본 적이 없었다.

육지에서는 지평선을 바라보면 새가 어느 정도 높이에 있는지 감을 잡을 수 있다. 하지만 시야가 흐린 바다 밑바닥으로부터 5미터 위, 파도 거품이 이는 표면으로부터 6미터 아래를 가늠하는 것은 다른 이야기다. 바다는 항상 움직이고, 그 말은 물속의 추적자 또한 항상 움직여야 한다는 의미다. 수심이 깊어지면 우리의 공간 감각 자체도 완전히 달라진다.

25년 동안 다큐멘터리영화를 제작하면서 나는 육지에서 최대한 동물을 놀라게 하지 않고 몰래 움직이는 법을 배웠다. 나만의 위장법을 개발한 것이다(갑오징어만큼 뛰어나지는 못하지만). 영상을 찍을 때는 인내와 절제가 너무나 중요하다. 촬영 대상을 방해하지 않고서 몸이 갈 수 없는 곳에 카메라 렌즈가 대신 다가가도록 해야 한다.

땅에서 이런 방식으로 움직이는 것은 훨씬 더 직관적이다. 바닥으로 몸을 낮추고, 조용히 움직이고, 추적자 친구 존 영_{Jon Young}의 용어를 빌리자면 '새 쟁기질_{bird plowing}'(숲을 훑고 지나가며 주변의 새를 모두 깨우는 행동)을 피하면 된다.

물속에서는 훨씬 더 섬세해야 한다. 진동을 아주 쉽게 전달하는 매질 안에 있기 때문이다. 물고기를 비롯한 주변 생명체의 움직임이 몸으로 느껴지고, 압력파가 물을 통해 퍼지며 눈으로 보기 전에 이미 생명체의 존재를 알려준다.

인간 레이더 시스템의 민감도가 수천 배 높다고 생각하면

걸리상어gully shark 같은 생명체의 놀라운 감각 능력을 조금은
이해할 수 있을 것이다.

다이빙 초기에 잠든 걸리상어를 발견한 적이 있다. 상어는
숨을 쉬려면 계속 헤엄쳐야 한다는 것이 오랜 통설이었지만,
그때 가만히 누운 걸리상어를 내 눈으로 보았다. 나중에 상어
전문가 제임스 레아James Lea 박사에게 들은 바로는 나선공spiracle
이라는 눈 뒤의 작은 숨구멍 여러 개를 통해 물을 빨아들여 숨
을 쉰다고 한다.[5] 나는 검은 반점이 흩뿌려진 짙은 회색의 몸
뚱이에 감탄하며 고요히 잠든 상어를 잠시 지켜보았다.

더 좋은 장면을 담고 싶어 가까이 다가갔지만, 작은 물고기
를 놀라게 하는 바람에 진동이 전해져서 렌즈가 미처 포착하
기도 전에 상어가 내 존재를 알게 되었다. 물고기가 일으킨 충
격파가 잔물결로 전해졌고, 잠에서 깬 상어는 떠나갔다.

오늘날에는 해초 잎 사이로 들어오는 빛이 장엄한 스테인
드글라스처럼 보이지만, 추적을 시도하던 초창기에는 미술관
의 철통 보안 시스템처럼 느껴졌다. 가장 위대한 보물, 간절
히 이해하고 싶었던 신비롭고 정교한 생명체들이 사방에 있었
다. 그러나 한번 잘못 움직이면 해초숲 전체에 경계경보가 울
리는 듯했다.

다르게 움직이고, 다르게 헤엄치고, 다르게 *생각하는* 법을
배워야 한다는 깨달음을 얻었다.

질문을 던지는 추적자의 마음

수중 추적은 어떤 형태여야 할지 의문이 많았지만, 스승들에게 배웠던 몇 가지 기본 원칙은 똑같이 적용되리라 생각했다. 내가 배운 것을 꼭 시험해보고 싶었고, 이 오래된 지혜를 친구와 가족에게 나누고 싶은 마음도 컸다.

추적은 언제나 공동의 언어였다. 지혜와 자원을 공유하는 수단이다. 실제로 사랑하는 이들과 동료들에게 새로운 발견을 나누는 일은 깊은 만족감을 주었을 뿐만 아니라 내가 야생 세계를 이해하는 방식을 끊임없이 확장해주었다. 추적을 함께하면서 새로운 친구들이 생겼고, 오랜 우정은 더 돈독해졌다.

가장 좋아하는 추적 파트너 중에 크레이그 마레Craig Marais가 있다. 학창 시절 럭비팀 동료였고 지금은 텔레비전 기자로 일하고 있다. 몇 년 동안 연락이 끊겼었지만, 둘 다 자연과 더 깊은 관계를 맺고 싶어 한다는 것을 알게 되어 다시 친해졌다.

우리가 만난 건 남아프리카공화국 최초로 흑인, 백인, 혼혈 학생이 함께 다니는 학교 중 하나였던 비숍 학교에서였다. 처음엔 한두 번 추적을 함께하리라 예상했지만, 막상 만나자 멈출 수가 없었다. 학창 시절과 럭비, 정치, 남아프리카의 인종과 정체성에 관한 이야기가 이어졌다. 우리는 하루하루 바다숲을 함께 헤엄치며 남아프리카공화국이 여러 인종 사이에 만든 인위적인 장벽을 무너뜨리고 친형제처럼 가까워졌다.

크레이그는 자연과 다시 교감하고 싶다는 간절한 바람을 갖고 있었고, 끈질기고 집중력이 좋았다. 그 점에 감사한다. 이제는 매주 함께 바다 다이빙을 나간다.

어느 날 아침 우리는 난파선을 향해 거칠게 뻗은 해안선을 따라 걸으며 육상 추적의 기본기를 되짚어보고 있었다. "여기 뭔가 지나갔던 것 같지 않아?" 내가 물었다.

"이 자국 말하는 거야?"

"응. 뭘로 보여?"

그는 쭈그려 앉아 자세히 보았다. "잘 모르겠어."

"더 자세히 봐. 어떤 느낌이야? 동물 크기가 어떨까?" 내가 물었다. 이때쯤 크레이그는 발자국 사이 간격이 좁으면 작은 동물, 넓으면 큰 동물이라는 사실을 알고 있었다. "느낌이 오지 않아?"

"개코원숭이 아닐까?" 그가 말했다.

"왜 그렇게 생각해?"

"그 정도 크기인 것 같아서."

"아하. 그럼 발가락을 좀 더 자세히 봐봐. 어떻게 생겼어?"

그는 더 가까이에서 보고는 고개를 저었다. "아, 아니다. 개코원숭이 같진 않네."

"발톱은?"

"음, 발톱이 없어. 손가락처럼 생겼네." 그가 말했다.

“그럼 뭘까?”

“민발톱수달!”

“바로 그거야!”

추적자의 마음은 질문을 던진다. 그리고 우리가 꾸준히 인내심을 발휘하면 야생은 언젠가 답한다.

일단 흔적을 알아보게 되면 흔적을 파악하는 과정은 훨씬 명확해진다. 하지만 그 전까지는 온통 뒤엉킨 긁힌 자국과 선으로만 보일 뿐이다. 끊임없이 반복하는 과정을 거쳐야만 추적 과정이 몸에 밴다.

그날의 짧은 여정에서 호저, 줄무늬들쥐, 그리고 영양 세 종류의 흔적을 발견했다. 작은 스틴복steenbok, 덩치 큰 엘란드eland, 희귀한 본트복bontebok이었다.

그리고 조금 특이한 흔적도 하나 있었다. 밀물에 밀려왔던 커다란 다시마 더미가 다시 바다로 끌려가며 모래에 거대한 문어가 지나간 듯한 모양을 남긴 것이다. 이런 건 동물의 흔적이 아니기 때문에 처음에는 추적의 단서로 인식하기 어렵다. 그러나 추적자라면 야생동물의 언어뿐 아니라 땅과 바다가 보내는 신호 또한 알아들어야 한다는 사실을 점차 배우게 되었다.

지질학적 추적

우리는 물가를 벗어나 마지막으로 밀물이 들어왔던 위치까지 올라갔다. 바닷물이 광활한 해변으로 넘쳐흐르며 수천 개의 부석이 밀려온다. 화산재로 만들어진 숭숭 뚫린 돌은 해안에서 약 200~300미터 떨어진 식물 지대까지 운반된다. 먼바다의 해저화산 폭발로 생겨난 이 가벼운 돌들은 몇 년 동안 수면 위를 떠다니다가 해안으로 밀려오기도 한다. 구멍 뚫린 이 돌들은 아주 서서히 물을 머금다 결국 가라앉는데, 어떤 돌은 1년 반까지도 떠다닌다.

봄철에 가장 높아진 밀물이 이 돌들을 해안가로 끌어올려 특이한 흔적을 해안에 새기는 모습이 마음속에 그려졌다.

나는 늘 이 지역의 땅과 연결되어 있다고 느끼기 때문에 동물의 흔적보다 이런 종류의 지질학적 흔적을 더 쉽게 알아보았다. 해변에 밀려온 구멍 뚫린 돌무더기 같은 것은 그냥 지나칠 법하다. 아예 어떤 흔적이라는 생각조차 들지 않을 수 있다. 하지만 나는 해안 멀리까지 밀려온 부석을 보면 그것을 밀어낸 바다의 에너지, 폭풍우가 몰아쳤을 그날의 힘을 느낄 수 있다. 마치 그 순간을 살아보는 느낌이 들 정도다.

이런 식의 추적에는 강도 높은 집중력과 에너지가 필요하다. 우리가 마주치는 모든 대상은 많은 질문을 불러일으킨다. 이건 어디에서 왔을까? 바다에서 얼마나 오랜 시간을 보냈을까? 얼마나 오래전에 해안으로 밀려왔을까?

심지어 인간이 만든 물건들도 나름의 이야기를 품고 있다. 자세히 들여다보면 유리와 강철로 집을 짓거나 플라스틱 장난감을 붙들고 떠다녔을 동물들의 흔적이 보인다.

이런 방식으로 야생과 교감하면서 많은 정보를 수집할 수 있다. 육지와 바다의 언어를 해석할 수 있게 되면 지루하게 느껴지던 산책이 놀랍도록 흥미진진해지고, 관찰하는 것마다 놀라운 발견으로 이어진다.

호기심이 열쇠다

조간대를 따라 걷던 크레이그와 나는 또 이상한 광경을 목격했다. 해변에서 바위로 이어지는 타조 발자국이었다. 다칠 위험을 감수하며 미끄럽고 위험한 바위 위를 걷는 타조 다섯 마리가 보였다.

추적자의 마음이 *왜?*라고 물었다.

왜 저런 위험을 감수하는 걸까?

곧바로 답의 실마리가 보였다. 타조들은 바위 사이에서 뭔가를 뜯어먹고 있었다.

"모래벼룩일 수도 있어." 나는 조간대 상부에 사는 작은 갑각류를 떠올리며 말했다.

크레이그가 쌍안경을 꺼냈다. "글쎄. 저쪽 식물을 뜯어먹는 것 같은데."

가까이 다가가자 그의 이론이 옳다는 현장 증거가 나타났다. 작게 뜯긴 식물 조각이었다. 한 조각 먹어보니 꽤 맛있었다. 브로콜리 같았지만 단맛은 덜했다.

하지만 조금만 더 올라가면 덜 위험한 평지에 핀보스가 널려 있는데 왜 굳이 이렇게 위험한 장소에서 먹이를 찾는 걸까?

다시 바위틈을 들여다보니 물에 떠밀려온 해초 조각이 보였다. 그 순간 이 추적의 수수께끼가 풀렸다. 해조류가 강력한 비료 역할을 하면서 작은 식물의 맛과 영양 밀도를 높이고 있었던 것이다. 영리한 타조들도 이 사실을 알았다. 영양이 부족한 고지대의 하얀 모래에서 자라는 핀보스에 안주하는 대신 위험을 감수하고 이곳 식물을 먹을 가치가 있었다.

생각해보라. 지구상에서 가장 거대한 날지 못하는 새가 바다 밑 금빛 해초숲에서 자란 식물로 영양을 공급받고 있었다. 이 발견의 만족감으로 우리는 다음 발걸음을 뗐다.

첫 번째 흔적

호기심이 이끄는 대로 물속 추적에 나서면서 나의 감각이 깨어나기 시작했다.

이곳은 바닷바람이 요란하게 불어 새들의 소리를 덮어버리기 때문에 냄새가 가장 지배적인 감각이다. 적어도 물에 들어가기 전까지는 그렇다. 이 해안에 살았던 초기 인류는 후각이 고도로 발달해 있었을 것이다. 부서지는 파도의 백색소음에 청력이 손실됐을 테니까.

아침마다 초기 인류가 맡았을지도 모를 수많은 냄새를 느끼곤 했다. 묘하게 갑각류 냄새 비슷한, 부패하는 파자마상어의 냄새. 물개와는 전혀 다른 고래 냄새. 수달의 짙은 사향 냄새. 해안의 공기는 습도와 염도가 높아 냄새가 더 선명하게 느껴진다. 건조한 사막에서는 냄새가 상대적으로 크게 줄어든다.

인간은 수중에서 냄새를 맡을 수 없으니, 물에 들어가면 사정이 달라진다. 스노클로 들어오는 새똥 냄새 정도가 전부다. 이때는 시야가 핵심적인 탐지기 역할을 한다. 물속에서는 눈이 작은 신호를 찾는다. 수수께끼를 풀어내는 감각은 시각이다.

어느 아침, 바다숲에서 잠수하다가 바위에서 희미한 선들을 발견했다. 더 가까이 가보니 모래 입자로 이루어진 선이었다. 모래의 흔적을 따라갔더니 수수께끼의 주인공이 등장했다. 나선형의 껍데기를 가진 바다달팽이인 쇠고둥whelk이었다. 쇠고둥이 지나가며 남긴 끈적한 점액질에 모래가 달라붙은 것이다.

경이로운 작은 나선형 껍데기를 살펴보다가 마침내 내가 얼마나 대단한 것을 발견했는지 실감했다.

이건 흔적이었다!

그렇게 오래 잡히지 않던 뭔가를 드디어 찾은 것이다. 몇 년간의 추적 끝에 처음으로 수중에서 흔적을 찾아냈다.

이런 흔적이 존재한다면 다른 것들도 있으리라.

미묘한 신호들

한번 눈이 뜨이자 수중 흔적들이 수백 개씩 모습을 드러냈다. 어떤 것은 희미하고 미세했지만, 분명 존재했다. 탐험이 더욱 흥미진진해진 건 그때부터였다.

다음으로 파자마상어에게서 또 다른 모래 점액질 흔적을 발견했다. 동굴에서 잠든 상어의 머리 위를 터번달팽이가 기어간 것이었다. 그리고 잠자는 거대한 노랑가오리의 등에서 모래를 밀어내며 기어간 연체동물의 흔적을 발견했다. 가오리가 얼마나 오랫동안 쉬었는지 짐작할 만했다.

나중에는 바다 밑바닥 해초 사이에서 발견한 작은 연체동물들의 껍데기에 난 구멍이 보였다. 처음에는 모두 똑같아 보였지만, 눈이 날카로워지면서 미묘한 차이를 알아차릴 수 있었다. 살짝 타원형인 작은 구멍은 문어가 뚫은 것이고, 좀 더 크고 둥근 것은 쇠고둥의 흔적이었다. 이러한 모든 포식의 흔적은 기본적으로 추적의 단서였다. 하나하나가 그 동물의 천적과 습성을 알려주었다.

일종의 감각 과부하가 찾아왔다. 야생에서 배우지 않은, 모든 것을 겉핥기식으로 지나치던 호모사피엔스의 둔한 정신에 충격이 왔다. 마치 그 전까지 눈가리개를 쓰고 있어서 눈앞에 있는 것도 보지 못했던 것 같았다.

물에 들어갈 때마다 추위와 호기심이 내 정신을 예리하게 가다듬었다. 나는 흔적들을 영상으로 찍기 시작했고, 새로운 것을 보면 기록을 남겼다. 그리고 그 흩어진 기록들은 시간이 지나면서 머릿속에서 패턴을 형성했고, 마침내 이해에 닿았다.

매일의 의식

물이 유난히 거칠었던 어느 날 아침이었다. 나는 강하고 살아 있다는 느낌을 받으며 야생의 바다에서 혼자 열심히 헤엄치고 있었다. 물론 '혼자'라는 건 인간으로 한정했을 때의 이야기였다. 자연의 형제자매이자 선생님인 여러 생물들에 둘러싸여 있었기 때문이다. 문득 왼쪽을 보니 수면 몇 미터 위의 바위에 물고기 한 마리가 딱 붙어 있었다.

도대체 뭘 하는 걸까?

내 존재 전체가 그 거대한 빨판물고기clingfish와 함께였다. 물고기의 동기를 이해하고 싶어 온 마음을 모았다. 이 물고기도 인간처럼 (일정 시간이지만) 물에서 벗어나도록 진화한 존재다. 습기만 유지된다면 다섯 시간까지도 물 밖에서 숨 쉬는 것을 본 적이 있다. 적응력이 뛰어나고 강인한 이 물고기는 색이 바뀌는 점액질의 위장용 피부뿐 아니라 몸무게의 300배를 견딜 수 있는 '흡착판'도 가지고 있다.

빨판물고기는 점점 높이 올라가, 삿갓조개 가까이까지 도달했다. 삿갓조개는 바위에 달라붙는 강력한 연체동물이다. 인간이 떼어내려면 본격적인 도구가 필요하다. 이 미끈미끈한 물고기는 뭘 하려는 것일까? 답을 하듯 잠시 후, 파도가 바위를 세게 때리는 순간, 물고기는 큰 이빨로 삿갓조개를 물고 근육질의 몸통을 100도 정도 비틀었다. 그리고 그대로 파도를 타고 바위를 내려가며 한입에 삿갓조개를 껍데기째 삼켜버렸다.

나는 공기 호흡을 하고 파도를 타며 사냥하는 압도적 포식자의 비밀을 목격한 셈이 되었다! 육지로 돌아오니 온몸이 떨렸다. 추위 때문이 아니라 일종의 각성 때문이었다. 조상들의 세계에 다시 초대받은 느낌이었다. 온전한 마음과 무한한 에너지가 내게 가득했다.

매일 바다와 숲의 영혼을 가진 이 물고기를 더 이해하려고 노력했다. 깊은 바위틈에서 은신처를 발견했고, 해초 잎과 바위 밑에 낳아둔 수천 개의 작은 알을 보았다. 그리고 수달 배설물과 문어 굴에서 빨판물고기의 턱뼈를 발견했다. 아하! 주요 천적을 알아낸 것이다.

자라나는 치어의 은색 눈을 찍었고 부화 현장을 지켜보았다. 짝짓기 의식도 보았다. 어두운 갈색에서 밝은 노란색까지 몸 색깔을 자유롭게 바꿀 수 있다는 것도 그때 확실히 알게 되었다. 암컷만 가지고 있는 작은 피부 덮개로 수컷과 암컷을 구분하는 법도 알아냈다. 암컷은 이 덮개로 알을 빈틈없이 나란히 놓는다.

이렇게 작은 삶의 비밀들을 모으는 데는 몇 년이 걸렸다. 몇 달이고 매일같이 커다란 수컷 빨판물고기가 사는 바위틈에 찾아갔다. 물고기는 내게 익숙해져서, 마침내 카메라를 자기 눈 옆에 갖다 대고 환상적인 클로즈업을 할 수 있게 해주었다.

도로 표지판을 이해하려 애쓰는 관광객처럼 몇 년 동안 바다숲을 돌아다닌 끝에 나는 이제 어떤 흔적이 어떤 의미인지, 어디에 마법이 숨어 있는지, 어디로 친구들을 데려가야 열광할지 알게 되었다. 편광 시력으로 탁한 물속을 나아가는 갑오징어처럼 나는 마침내 모래 위 민달팽이가 지나간 길, 해초에 난 별 모양의 성게 이빨 자국, 그리고 삿갓조개가 긁고 지나간 흔적을 볼 수 있었다. 아프리카 바다숲의 비밀 세계에 대한 수백 개의 미묘한 단서였다.

오늘도 청록색의 바닷물로 미끄러져 들어가거나 야생의 해변을 걸을 때 마음 깊은 곳에서부터 짜릿한 흥분을 느낀다. 무엇을 보게 될까? 어떤 수수께끼를 풀게 될까? 오늘은 무엇을 배우게 될까? 삶에 즉각적인 의미와 목적이 생긴다. 땅 위의 흔적, 공기 중에 녹아 있는 소리와 냄새는 동식물의 세계로 가는 비밀의 문을 여는 열쇠다. 그 황금 열쇠는 야생의 생명들뿐 아니라 내 마음의 복도를 열어준다. 그곳으로 나 자신의 야생성이 밀려 들어오며 때로 두렵기 그지없는 길들여진 복도를 식히고 달래준다.

미묘한 변화를 관찰하며

추적은 단순히 동물을 따라가는 일만은 아니다. 생물학적 정보의 파편들을 모으고 사이의 공백을 채워 흥미진진한 이야기를 만들어내는 것이기도 하다. 어떤 날은 특정한 동물을 찾아나선다. 또 어떤 날은 우연히 무언가를 발견하는데, 아무것도 아닌 것처럼 보이지만 그 비밀을 풀고 보면 매우 흥미로운 경우도 있다.

어떤 추적의 수수께끼는 풀기까지 수년이 걸리기도 한다.

이럴 때는 매일, 매년 같은 장소를 다시 찾는 전략이 좋다. 같은 곳으로 돌아가 미묘한 변화를 관찰하고 계속 질문을 던지다 보면 새로운 호기심이 일어나곤 한다.

나는 이런 식으로 결국 그물무늬불가사리reticulated sea star의 비밀 세계를 열었다. 밝은 다홍색을 띤 두꺼운 피부에 벌집무늬가 있어서 붙은 이름이다.

몇 년 동안 이따금 팔을 바람개비처럼 말고 있는 그물무늬불가사리가 눈에 띄었다. 생물학자 친구들에게 이 이상한 자세의 이유를 물었지만 아무도 대답해주지 못했다. 어느 날 집 앞 동굴로 다이빙을 나갔는데 그것이 다시 나타났다. 바람개비처럼 휘어진 다홍색 불가사리.

그 전에 워낙 자주 보았고 이유를 알아내는 것도 포기한 상태였기에 무심코 지나칠 뻔했다. 하지만 그때 뭔가가 눈길을 끌었다. 한쪽 팔 가장자리에서 아주 작은 밝은 노란색의 무언가를 발견하고 심장이 쿵쾅거리기 시작했다.

설마? 말려 있던 한쪽 팔을 살며시 들어 올렸다. 흥분이 솟구쳤다. 불가사리 전체가 수많은 새끼를 덮고 있었다. 나는 곧바로 깨달았다. 새끼를 품은 불가사리의 흔적을 발견한 것이다.

이제 바람개비처럼 말린 자세가 완벽히 이해되었다. 새끼가 지낼 보금자리가 필요했기에 어미는 몸쪽으로 팔을 접어

둥그런 보호구역을 만든 것이다.

일주일 정도에 걸쳐 어미 밑에서 새끼들이 자라는 모습을 지켜보았다. 처음에는 형태 없는 덩어리처럼 보이던 새끼들은 조금씩 작은 불가사리 모양을 갖춰갔다.

2주쯤 지나자 새끼들은 어미의 보호막을 벗어나 한동안 주위를 어슬렁거리더니 어느 순간 자취를 감췄다. 어디로 갔을까? 다른 서식지를 찾아 떠났을까?

그러던 중 놀라운 일이 또 일어났다. 나는 그물무늬불가사리를 더 자세히 살펴보기 시작했는데, 몇몇 개체는 새끼를 품던 어미 불가사리보다 훨씬 컸다. 심지어 몸집이 세 배에 달하기도 했고 모양도 약간 달랐다.

나는 그 순간 물속에서 깨달았다. 어쩌면 세상에 알려지지 않은 새로운 생물종을 발견한 건지도 몰랐다. 야네스에게 이 사실을 알리면 유전자 검사와 해부학적 분석 등 자연과학적 방법을 통해 새로운 종이 불가사리임을 증명할 수 있을 것이었다.

추적자로서 야생을 걷는 일은 매우 흥미롭다. 볼 것이 너무 많아서 온종일 추적해도 모자랄 때가 많다. 땅 위를 걷거나 바닷길을 헤엄칠 때 아무것도 보이지 않는 것 같다가도, 추적자의 눈으로 바라보면 모든 곳에서 이야기가 펼쳐진다.

온도로 추적하기

사람들은 흔히 상어처럼 바닷속 어딘가에 도사리고 있을지 모를 그림자를 두려워한다. 나 역시 드물게 상어가 무서울 때가 있지만, 내가 취약한 상황일 때만 그렇다. 중요한 건 해저지형과 상어가 이를 이용하는 방식을 이해하는 것이다. 최근 나는 수온을 이용해 상어를 추적하기 시작했다. 몇 년간 관찰한 결과 상어들은 따뜻한 수역을 선호한다. 확실하지는 않지만 임신 상태의 개체에 도움이 되는 듯하다. 그래서 크레이그 마레가 상어에 대한 공포를 극복하고 싶다며 내게 도움을 요청했을 때 나는 점박이걸리상어를 함께 찾아보자고 했다.

그날 물은 매우 흐려서 크레이그는 조마조마한 눈치였다. 다리에 스치는 해초에도 흠칫 놀라는 모습이었다. 나는 몇 년 사이 걸리상어에게 익숙해졌기 때문에 여유로웠다. 점박이걸리상어는 고양이 같은 눈과 뾰족한 이빨이 꽉 들어찬 넓은 입을 가져서 겉모습이 꽤 위협적이지만, 인간에게 전혀 해를 끼치지 않는다. 우리는 해초가 무성한 얕은 물에 있었기 때문에 공격적인 백상아리와 마주칠 가능성은 거의 없었다. 과거 폴스 베이에는 백상아리가 꽤 많이 살았지만, 천적인 범고래가 있는 데다 남획으로 먹잇감이 줄어든 탓에 대부분 이곳 서식지를 버리고 떠났다.

상어 몸통이 시야에 들어왔다가 순식간에 사라졌다. 점박이걸리상어는 주로 모랫바닥과 가까운 암초 주변을 유영한다. 몸놀림이 놀라울 정도로 민첩하고, 긴 지느러미 덕분에 먹잇감을 쫓을 때 급격히 방향을 전환할 수 있다. 성체가 되면 길이가 180센티미터 정도에 무게는 45킬로그램이 넘는다.

크레이그는 내 몸짓으로 상어가 나타난 걸 눈치챘지만 놀라지 않았다. 다행히 두려움을 잘 견뎌냈다.

20분쯤 지나고 나는 물이 따뜻한 부분으로 천천히 이동했다. 점박이걸리상어들이 안개처럼 흐린 흙탕물 속으로 나타났다 사라졌다. 몸통이 늘씬한 근육질의 비단뱀처럼 물결쳤다. 상어들이 무리 지은 모습은 경이로울 정도였다. 상어들이 공격적이지 않다고 느낀 크레이그의 두려움도 누그러졌다. 한 마리가 그를 스치고 지나갔지만 조금도 움찔하지 않았다. 실제 상어는 그 이미지만큼 무섭지 않다.

상어와 함께하며 우리는 특별한 느낌에 휩싸였다. 마치 아주 먼 옛날의 형제자매, 4억 년 전의 조상 할머니, 할아버지를 마주한 느낌이었다. 고대의 상어들은 그런 존재다. 나무보다도 더 오래되었다. 그들과 함께 있는 것은 닳고 바랜, 아주 오래된 거울 속에서 한때 우리가 지녔던 야생의 모습을 비추어 보는 것과 같다.

다이빙을 마치고 나면 크레이그는 종종 땅 위에서 추적을 이어가고 싶어 한다.

1년 넘게 매일 혼자서 추적을 훈련한 끝에 크레이그는 특히 한 동물에게 마음을 빼앗겼다. 카라칼caracal이었다. 긴 털북숭이 귀를 가진 민첩한 고양잇과 동물로, 야행성인 데다 은밀하게 움직여서 추적하기 어렵기로 악명이 높다.

하지만 크레이그는 집중적인 훈련으로 눈이 예리해져 광활한 관목 지대에서도 카라칼의 흔적을 알아볼 수 있게 되었다. 카라칼은 누런빛을 띤 적갈색 털 때문에 비슷한 색 군용 장갑차의 이름인 루이캣rooikat이라고도 불린다. 나는 아주 미세한 붉은빛의 움직임을 찾는 크레이그에게 합류했다. 그가 추적하는 카라칼은 공중으로 3미터를 뛰어올라 갈고리 모양의 발톱으로 날아다니는 새를 잡을 수 있는 동물이었다. 그는 매우 찾기 힘든 그 고양잇과 동물이 자기 앞에 모습을 드러내주길 간절히 바라며 미소 지었다.

아침 다이빙을 마친 뒤라 나는 춥고 배고팠지만, 크레이그는 우리가 마지막으로 카라칼을 보았을 때 하루가 얼마나 행복했는지 생각해보라고 했다. 그때 카라칼은 황금두더지를 날쌔게 덮치는 참이었다.

카라칼은 능숙한 사냥꾼이지만 사람을 공격하지는 않으며

오히려 접촉을 최대한 피한다. 수줍음 많은 중형 고양잇과 동물로 새, 도마뱀, 생쥐 같은 소동물을 먹고 살아간다. 생존 능력이 탁월한 이 동물이 사자와 표범이 오래전에 사라진 곳에도 여전히 존재하는 건 은신과 위장의 명수라는 증거다.

크레이그가 눈을 크게 뜨며 멀리 어딘가를 가리켰다. 내 눈에는 바람에 흔들리는 풀만 보였지만, 그는 다시 손을 뻗었다.

이번에는 가슴이 철렁했다. 흔들리는 풀 사이로 검은 털북숭이 귀가 불쑥 솟아 있었다. 카라칼이었다!

크레이그는 이 동물과 관계를 만들어온 덕분에 다른 사람들 눈에는 보이지 않는 풍경에서도 발견할 수 있었다. 그는 시간을 투자했고, 그림자처럼 움직이는 이 동물을 추적하는 데 필요한 열망과 호기심을 키웠다. 아주 미세한 시각적 단서를 따라가며 타고난 추적의 본능을 깨워 주의를 집중했다.

이 본능은 우리 모두에게 있지만 다시 시동을 걸기 위해서는 훈련이 필요하다.

우리는 카라칼이 몸을 낮추고 해안선을 따라 낮은 포복으로 걷는 모습을 지켜보았다. 뒤쪽의 해초숲 위로 거대한 대서양의 파도가 부서졌다. 우리의 시선을 느끼고 멀어지려던 것일까, 아니면 새들을 따라간 것일까? 가끔 카라칼이 사냥한 흔적을 발견한다. 깃털 더미나 땅 위에 남겨진 날개뼈 등이다.

카라칼을 향해 빙 둘러 걸어가면서 크레이그와 카라칼을

연결하는 실타래가 점점 단단해지는 것을 느꼈다. 불과 6미터 거리에 있던 카라칼이 손을 뻗으면 닿을 듯 가까이 우리를 지나쳐 뛰어갔다. 그러고는 낮은 덤불 속으로 사라졌다.

이 아름다운 동물과 가까이 있다는 기쁨이 감각을 넘치게 적시며 추위와 배고픔을 모두 지워버렸다. 우리는 욕망의 대상을 추적하고 찾아내는 데서 오는 아주 오래된 희열에 사로잡혔다. 태초부터 인간의 조상들이 해왔던 일을 야생의 풍경 속에서 친구와 함께하며 충만함을 느꼈다.

동물 스승들

동물 추적에 동물보다 좋은 스승은 없다는 사실을 점점 느끼게 되었다. 실수하면(물론 지금도 실수하지만) 민감한 생명체들은 달아나고, 나는 그 대가를 고스란히 치러야 한다. 하지만 주의를 기울이면 동물들은 내게 움직이는 법을 가르쳐준다. 그들의 경보 시스템을 건드리지 않도록 온몸의 근육을 이완하고 부드러운 움직임으로 조용히 다가가는 법을 배운다.

때로는 실수가 훌륭한 스승이 되기도 한다. 아런은 다시는 갑오징어 동굴에서 발을 차서 모래 기둥을 일으키지 않을 것이다. 나 역시 잠자는 걸리상어에게 세심한 주의를 기울이며 다가간다. 모든 동물이 자기만의 방식으로 민감하며, 자기만의 방식으로 우리에게 움직이고 행동하고 생각하는 법을 가르쳐준다.

문어에게는 위에서 다가가면 안 된다. 몸을 작게 웅크리고 천천히 움직이며 포식자가 아니라는 신호를 보내야 한다.

사냥하는 파자마상어를 방해해서는 안 된다. 그 징후는 미세하지만 분명 존재한다. 살짝 웅크린 자세, 헤엄치는 속도, 예민한 코끝을 세운 방식을 보면 먹잇감을 찾고 있다는 걸 알 수 있다.

그리고 거대한 가오리처럼 잠재적으로 위험한 동물에게는 항상 충분한 공간을 줘야 한다. 그들을 몰아세우면 안 된다. 가만히 있으면서 먼저 다가오기를 기다리자.

깊은 대화

어느 아침, 나는 폴스 베이에 있는 보호구역으로 나갔다. 밀물과 썰물 사이였고, 잔잔한 파도를 타고 해초가 천천히 오르내렸다. 나는 구역마다 천천히 눈을 움직여 살피며 커다란 해초 더미에서 작은 단서를 찾았다.

그때 물속에서 꼬리가 번뜩 사라졌다. 수달이었다. 울창한 해초 속에서 동물들은 여기서 퍼뜩 나타났다 저기서 사라지며 마치 유령처럼 움직인다. 오랫동안 그들을 전혀 따라갈 수 없었지만, 몇 년에 걸쳐 야생의 언어를 습득하고 나니 사라진 동물들이 어디로 가는지는 훨씬 잘 알게 되었다.

수달을 가장 잘 관찰하는 방법은 위에서 내려다보는 것이지만, 나는 날 수 없다.

과연 정말 그럴까?

나는 만으로 헤엄쳐 나가 갈매기들을 유심히 관찰했다. 갈매기들도 수달을 따라가고 있었다. 수달이 사냥 중인 걸 눈치채고 흘린 먹이라도 가로채려는 것이다. 나는 팔을 젓지 않고 오리발만 부드럽게 움직이며 천천히 헤엄쳤다. 그리고 정신을 공중으로 던져 갈매기들의 눈을 빌려서 새들이 보는 곳을 보았다. 그들이 고개를 돌리는 방향, 날카로운 눈의 시선을 주시했다.

잠시 갈매기들을 관찰하고 나니 곧 다음 신호가 나타나리라는 예감이 들었다. 그러자 보였다, 거품의 흔적이! 수년간의 관찰을 통해 수달의 빽빽한 털이 물속에서 기포를 만들어내며 자취를 남긴다는 사실을 알고 있던 터였다. 심장이 흥분으로 요동쳤다.

거품은 수달이 사냥하고 있다는 신호였다. 섬세한 손가락으로 아주 작은 동굴과 틈새를 탐색하는 것이다. 나는 수달을 놀라게 하지 않으려고 멀리 떨어진 채 그 속도와 물속에서의 민첩함에 감탄하고 있었다.

마침내 수달이 좁은 바위틈에서 물고기를 움켜쥐고 나왔다. 두색쥐치two-tone fingerfin였다. 순간 아찔했다. 몇 년 전에 발견한 거꾸로 뒤집힌 물고기였기 때문이다. 정상적으로 헤엄치던 이 물고기는 동굴에 들어가면 배를 위로 하고 천장에 달라붙어 두꺼운 이끼 사이에 숨는다.

이것이 포식자를 피하기 위한 전략이었음을 드디어 알게 되었다. 보통 때처럼 등을 위로 한 채 숨으면 위험이 다가올 때 보이지 않기 때문이다.

수수께끼가 풀려가고 있었다. 바다숲의 비밀이 드러났다.

수달은 바위 위로 기어올라가 물고기를 꽉 붙들고 먹기 시작했다. 갈매기들은 위를 맴돌며 한 조각이라도 달라는 듯 울었다. 나는 바위 위로 몸을 끌어올려 더 가까이 다가갔다. 몸을 웅크리고 앉아 최대한 작고 위협적이지 않게 보이려고 애썼다. 100킬로그램에 달하는 나로서는 쉽지 않은 일이었다. 수달보다 여섯 배는 무겁다. 하지만 수달은 내 존재를 참아주었고 저녁 식탁에 함께 앉게 해주었다.

수달이 수컷이고 이빨이 많이 닳아 있다는 것이 보일 정도로 가까운 거리였다. 수달은 최대 수명인 15살에 가까운 것 같았다.

나중에 피파에게 영상을 보여주자 코에 난 초승달 모양의 작은 흉터를 가리켰다. 우리는 곧바로 몇 년에 걸쳐 촬영한 영상을 다시 살펴보았다. 우리가 몇 년 동안이나 추적한, 이미 알고 있던 수달이었다! 이 생명체를 안다는 사실이 얼마나 기뻤는지 모른다. 몇 년에 걸쳐 천천히, 물속에서 사냥하는 수달을 추적하는 방법을 알아냈다는 기쁨이었다.

나는 수없이 보아온 수달의 흔적을 통해 그를 알았다. 그가 남긴 자국을 통해 그를 알았다. 그를 과거의 삶에서부터 알았던 셈이다. 환생의 의미에서가 아니라, 내가 그 수달에 대해 아는 거의 모든 사실이 몇 시간 혹은 며칠 전에 남긴 흔적에서 비롯되었기 때문이다.

추적은 온전히 그 순간에 존재해야 가능한 일이지만, 동시에 이야기이고 기록이며 과거를 살아 있는 그대로 보존하는 방식이기도 하다.

이렇게 야생의 언어는 인간의 조상과 동물 형제들을 불멸의 존재로 남긴다.

수달이 내게 남긴 가장 깊은 기억은 바위 위에 먹으로 찍은 듯한 완벽한 발자국이었다. 어떻게 먹물 그림을 남겼는지 한참을 고민했지만, 발자국을 자세히 보니 알 수 있었다. 갑오징어를 사냥해 잡아먹으면서 발에 온통 먹물이 묻은 것이다. 수달이 떠나면서 남긴 완벽한 먹물 발자국은 시간이 흐를수록 점점 희미해졌다.

나는 다시금 깨달았다. 야생의 추적 언어는 지구상에서 가장 오래된 언어이며, 우리 안과 밖에 존재하는 야생의 신과 나누는 심오한 대화였다. 우리가 태초의 어머니에게 말하고 답을 들을 수 있는 방법이었다. 동물 형제들을 가까이 품고 그 비밀스러운 삶을 마음에 간직하는 방법이었다.

그 발자국들이 지금도 내 마음속을 걷고 있다. 수달은 오래전에 세상을 떠났지만, 언제나 내 안에 살아 있을 것이다.

4장

사랑

Love

눈을 감고 숨을 깊이 쉬어보자. 숨을 들이쉬고 내쉬면서 귀에 들리는 소리에 집중하자. 자동차가 빠르게 지나가는 소리, 이웃이 잔디를 깎는 소리, 머리 위로 날아가는 비행기 소리가 들릴 수도 있다. 눈을 감기 전에 무엇을 보았는지 떠올려보자. 포장된 도로, 하늘을 반으로 가르는 전선, 나비 날개처럼 화려한 식당 간판들. 깊은 숲속 시골집에서 이 글을 읽고 있다고 해도, 조금만 움직이면 길들여진 세계가 아찔할 만큼 빠르게 돌아가는 풍경을 마주하게 될 것이다.

잠시 멈춰서 생각해보자. 길들여진 세계는 얼마나 *새로운* 것인지, 수많은 조상들이 주위를 둘러보며 보고 들었을 세상과 얼마나 다른지.

이제 그들이 바라보았을 세계를 경험해보자. 마음의 눈으로 야생의 세계를 볼 수 있는가?

천둥처럼 땅을 울리며 달리는 영양 무리를 그려보자. 지나가는 데 몇 시간이 걸릴 만큼 거대한 무리다. 수만 마리, 어쩌면 그보다 더 많은 영양이 하나의 거대한 에너지 덩어리가 되어 땅을 가로지른다. 그들이 일으키는 먼지기둥과 발굽의 진동을 느껴보라.

이제 고개를 들어보자. 커다란 날개를 가진 새들로 가득 찬 하늘을 상상해보라. 가장 가까운 바다로 마음을 뻗어 그물을 알지 못하는 물고기들로 가득 찬 바다를 상상해보라.

그런 세상에서는 야생동물이 낯설지 않을 것이다. 입을 떡 벌리고 볼 만큼 특이한 존재도 아니고, 부동산 개발의 희생양이 되지도 않을 것이다.

가족처럼 깊이 알고 지낸 친척 같은 존재일 것이다.

지금도 그럴 수 있다. 동물을 길들여서가 아니라, 우리가 야생에 더 가까워짐으로써.

스프링복 부르기

웨스턴케이프를 지나 노던케이프로 접어들면 숨이 멎을 듯 탁

트인 공간감이 밀려온다. 하늘은 끝없이 열려 있다. 광활하고 건조한, 인간의 산업이 거의 닿지 않은 야생의 풍경이다. 태양에 그슬린 평평한 바위 능선이 수평선까지 뻗어 있고 누르스름한 풀 더미가 군데군데 솟아 있다. 이 지역은 남아프리카에서도 도로가 가장 적고 밤하늘은 장관을 이룬다. 전 세계에서 빛 공해가 가장 적은 지역 중 하나다.

어느 날 스와티와 나는 고고학자 자네트 디컨Janette Deacon이 몇 해 전에 보여준 암각화를 탐사하려고 북쪽으로 차를 몰았다. 우리는 '바위 징rock gong'에 경탄했다. 산족 주술사들이 기우의식에 사용하던 물건이었다. 번개에 반으로 쪼개진 거대한 현무암질 바위로, 표면을 두드리면 무려 22가지 소리를 낸다. 주술사들은 이 소리로 비의 동물을 불러냈다고 한다.[1]

그 지역을 탐험하다가 아래를 내려다보니 아름다운 보물이 있었다. 스프링복Springbok의 휘어진 검은 뿔이었다. 스프링복은 가젤과 비슷하게 생긴 영양으로, 수직으로 3미터 이상 뛰어오를 수 있어서 그런 이름을 갖게 되었다. 남아프리카공화국을 상징하는 동물이자 럭비 국가대표팀의 명칭이기도 하다. 스프링복은 비를 따라다니기 때문에 산족 사이에서는 비의 동물이라는 신화적 지위를 갖게 되었다. 주술사가 바위 징을 이용해 스프링복을 부르는 광경을 상상하는 것도 어렵지 않다.

우리는 뿔을 자세히 살펴보았다. 고리처럼 생긴 마디는 날렵한 끝으로 향할수록 작아졌다. 스와티와 나는 번갈아 홈이 파인 표면을 손으로 쓸어보았다.

"싸우다가 부러졌나 봐." 내가 말했다. 짝짓기 철이면 수컷 스프링복들 사이에서 흔하게 싸움이 일어난다. 수컷들은 자기 영역을 지키려고 뿔을 맞대고, 때로는 피비린내 나는 전투를 벌인다.

광활하고 메마른 풍경을 둘러보며 전투 광경을 상상했다.

나는 언제나 스프링복과 특별한 유대감을 느꼈다. 로런스 G. 그린Lawrence G. Green의 1955년작 《카루Karoo》를 읽은 후부터였다. 책에는 19세기 후반 스프링복의 대이동을 바라보는 헬트 반 데르 메르베Gert van der Merwe의 경험이 담겨 있다. 당시 아프리카 땅은 아직 울타리 없이 열려 있었고, 거대한 스프링복 무리는 비를 따라 자유롭게 이동했다.

헬트와 그의 아내, 그리고 세 아이들은 양 떼와 소 떼를 몰며 초원을 가로지르고 있었다. 그때 수 킬로미터 떨어진 지평선에서 거대한 먼지기둥이 솟아올랐다. 땅을 울리는 발굽 소리의 진동도 밀려왔다.

거대한 먼지구름이 짙게 이는 가운데 전속력으로 달리는 말보다도 더 빨리 달리는 스프링복 무리의 선두가 보였다.

그 엄청난 수에 헬트는 두려움을 느꼈다. 앞줄만 해도 최소 5킬로미터는 되어 보였고 얼마나 이어져 있는지는 가늠할 수조차 없었다.

헬트의 가족은 마차에 몸을 숨긴 채 치이지 않기만을 기도했다.

저자는 다음과 같이 글을 이어간다.

소리는 압도적이었다. 셀 수 없이 많은 발굽이 미세한 먼지를 일으켜 다들 숨쉬기 힘들어했다. 헬트의 아내는 달려오는 무리를 겁에 질린 눈으로 지켜보다 아이들과 함께 담요를 뒤집어썼다. 모두 먼지에 질식할 뻔했다.[2]

스프링복 무리가 헬트 가족의 야영지를 지나가는 데 한 시간이 넘게 걸렸다. 길목에 있던 가축은 물론 뱀, 거북, 토끼, 심지어 달리다 쓰러진 스프링복까지 짓밟혔다.

때때로 거대한 무리가 해안까지 밀려오기도 했다.[3] 선두에 선 스프링복들은 멈추려고 했겠지만, 뒤따라오는 무리가 멈추지 않아 그대로 파도 속으로 떠밀려 들어갔다. 상어를 비롯한 포식자들은 그 틈을 타 사냥을 시작했다.

한때 사람들은 그렇게 살았다. 현대의 우리가 상상할 수 없는 수준으로 야생을 마주했다. 200여 년 전만 해도 하늘은 새들로 가득했다. 새 떼가 지나가기까지 몇 시간 동안 햇빛이 가려졌다. 바다도 수많은 생명으로 가득했다. 거대한 물고기 떼, 용솟음치는 고래 떼. 수면은 끓는 냄비처럼 요동치고 거품을 일으켰다.

나는 그런 광경을 결코 볼 수 없으리라 생각하니 마음이 아팠다.

야생의 형제들을 그리며

오늘날 진정한 야생은 점점 줄어드는 조각 안에만 존재한다. 스프링복은 여전히 많지만, 대규모 이동은 기억에만 남아 있다. 무분별한 개발, 대량 포획, 울타리, 도로, 농업에 밀려 사라져버린 것이다.

이런 상실은 인간의 영혼에 깊은 영향을 미친다. 인류는 수십만 년 동안 동물과 함께 진화했다. 조상들은 주변 자연환경과 동물에 관한 방대하고 깊은 지식을 갖고 있었다.

동물 형제들과 동떨어진 삶의 고통은 많은 사람에게 자연과 감정적으로 연결되고 싶은 갈망으로 나타났다. 우리의 정신은 표류하며 동족을 찾고 있다. 그것이 인간이 늘 해왔던, 항상 알고 있던 일이기 때문이다. 인류는 태초부터 자연과 관계를 맺어왔다. 야생 인류는 최소한 백여 종 이상과 탄탄한 관계를 유지했다. 오늘날 동물의 개체 수가 급격히 감소하고 많은 종이 멸종하면서 우리가 바라는 온전함은 사라지고 있다.

야생동물과 다시 가까워지고 싶다는 인간의 욕망은 파괴적인 결과를 초래했다. 도시의 동물원에서는 비좁은 우리에 동물을 가두고, 갇혀서는 살 수 없는 외국의 애완동물이 인기를 끌며, 코끼리나 낙타 타기 같은 동물 관광이 성행하고 서커스에서는 동물들에게 모욕적인 재주를 부리게 한다. 하지만 이런 경험은 우리를 공허하게 만든다.

야생동물을 소유하거나 길들이지 않고도 유대감을 형성할 수 있다. 우리는 야생과 다시 만나는 법을 찾을 수 있다. 초기 수렵채집인처럼 살자는 것이 아니라, 조상으로부터 물려받은 야생 형제와의 연결 고리를 되찾자는 것이다.

갇히지 않고, 묶이지 않고, 원래 서식지에서 원래 방식대로 살아가는 야생의 생명체를 알아가는 과정에는 즐거움과 더불어 치유의 힘이 있다. 야생에서 동물과 시간을 보내면서 나는 마음을 열고 다시금 자연과 사랑에 빠졌다.

그리고 뭔가를 사랑하면, 보호하고 보살피고 싶은 법이다.

일대일로, 눈 맞추며

나는 언제나 자연을 사랑했고, 어디서나 그 심장박동을 느낄 수 있었다. 자연은 내게 수많은 부분으로 이루어진 하나의 거대한 생명체 같았다. 그러나 큰 차원에서 자연과 깊은 관계를 맺길 갈망하던 나에게 하나의 생명과 일대일로 눈을 맞추고 교감하는 법을 가르쳐준 사람은 스와티였다. 그녀가 어릴 때부터 배운 방식이었다.

스와티는 어린 시절 비범한 멘토들과 가족의 오랜 친구들 사이에서 자랐다. 그중 아버지의 가장 친한 친구는 위대한 철학자 지두 크리슈나무르티Jiddu Krishnamurti의 제자였고, 그는 종종 스와티를 데리고 자연 탐험을 떠났다. 스와티의 아버지와 멘토는 모든 동물이 지성을 가진 개별적인 존재라고 믿었다.

스와티는 너무나 귀여워하던 이웃집 닥스훈트에게 물린 일을 선명하게 기억한다. 평소 온순한 개였는데 그날은 물린 상처가 심해서 병원에 가야 할 정도였다. 아버지는 집에 돌아온 스와티를 조용히 불러서 왜 그런 사고가 일어났는지 그날의 행동을 돌아보라고 했다. 어떤 행동이 개를 자극했던 건 아닐까? 어쨌든 닥스훈트에겐 그녀를 물 만한 충분한 이유가 있었을 것이다. 아버지는 개에게 사과하라고 제안했다.

그 이야기는 내게 깊이 남아서, 동물들과 상호작용하는 방식을 변화시켰다. 상호작용이 깊어질수록 나도 변하고 있었다. 우리는 종종 야생을 흉포함과 동일시한다. 물론 야생동물은 사납다. 그래야만 하니까.

하지만 내가 촬영한 포식 장면이 1분이라고 하면 같은 동물이 쉬고, 새끼를 돌보고, 생존 활동을 하는 데 보내는 시간은 수백 분이다. 그런 영상을 처음 보면 이렇게 생각할지 모른다. *지루해 죽겠네. 아무 일도 안 일어나!*

하지만 야생에 가까워질수록 인내심에는 지성이, 멈춤에는 지혜가 있다는 것을 알게 된다. 속도를 늦추고 치열한 사냥 장면 사이의 순간들에 주의를 기울이면 나와 이 생명체들과의 연결, 그리고 야생의 신비와의 연결이 깊어지며 꽃을 피우기 시작한다.

바다 너머

나는 영국 브리스틀에서 열린 다큐멘터리영화제에서 스와티를 처음 만났다. 사람들로 붐비는 커다란 방에 앉아 있는데 한 여자가 어두운 바다의 불빛처럼 내 시선을 끌었다. 왜 그토록 끌렸는지는 설명하기 어렵다. 아름답다고 생각한 건 확실하지만 외모 때문만은 아니었다. 윤기 나는 긴 머리, 따뜻한 눈빛, 금으로 된 코 피어싱. 편안하지만 세련된 옷차림이었다. 내 안의 무언가가 그녀를 알아보았다. 질문이 있다는 사실도 모른

채 답을 찾고 있던 것처럼. 그녀를 보는 순간 방 전체가 고요해진 것 같았다.

그날 늦게 인사하게 된 그녀는 인도의 숲에서 벵골호랑이들과 일하고 있다고 했고, 내 안의 야생성이 영혼의 동반자를 만났는지도 모른다고 속삭였다. 그녀는 내가 산족의 추적 활동 이야기를 하자 진심으로 관심을 보였고, 인도의 정글에서 청각 추적을 했던 자신의 경험도 들려주었다.

첫 만남 이후 연락처를 주고받은 우리는 각자 남아프리카와 인도에서 다섯 달 동안 매일 연락을 이어갔다. 그 후 초봄에 나는 비행기표를 끊어 그녀를 찾아갔다.

긴 비행 끝에 델리 공항에 도착하자 마중 나온 스와티가 나를 태우고 부모님과 함께 사는 복층 아파트로 차를 몰았다. 오랜 시간 떨어져 지내다 마침내 스와티를 보고 이야기하게 되니 온몸에 전율이 흘렀다. 놀라운 그림이 그려진 동굴 속을 일렁이는 불꽃이 비춘 것 같았다. 어둠 속에서도 그림은 늘 그 자리에 있었지만, 깜박이는 불꽃은 멈춰 있는 그림을 춤추게 한다.

14시간의 비행과 시차 때문에 피곤했지만 우리의 대화는 첫 만남에서처럼, 문자와 전화를 주고받던 수많은 낮과 밤처럼 막힘 없이 흘러갔다. 스와티의 부모님과 이모, 삼촌과도 깊은 유대감과 따뜻함을 느꼈다. 방금 만난 낯선 사람들이었지만 친척처럼 느껴졌다.

　며칠 후 스와티와 함께 라자스탄의 란탐보르 국립공원 Ranthambore National Park으로 가는 침대 열차에 올랐다. 이미 여러 번 이곳을 다녔고 공원 책임자와 잘 아는 사이였던 스와티가 안 내해주어 행운이었다. 기차 객실의 좁은 침상에 몸을 누이고 잠을 청하면서 창밖으로 흘러가는 낯선 풍경을 바라보았다. 마치 내 집처럼 마음이 평화로웠다.

신성한 마주침

수 세기 동안 란탐보르는 자이푸르에 있는 황제들의 사냥터였 다. 지금은 벵골호랑이 80마리와 표범, 곰, 몽구스를 비롯해 수 많은 종이 서식하는 야생동물 보호구역이 되었다. 공원의 중 심에는 란탐보르 성채의 무너져가는 잔해가 있다. 왕족의 궁 전과 힌두교 사원, 뜰로 이루어진 이 복합 유적지는 이제 새와 박쥐, 원숭이의 터전이 되었다.

　공원 책임자인 라구비르 싱 셰카와트 Raghubir Singh Shekhawat는 콧수염을 기른 깔끔하고 활기찬 남자였는데, 며칠 동안 차로 공원을 안내해주겠다고 했다. 그가 모는 작은 집시 지프를 타 고 숲으로 들어갔다. 스와티는 울창한 녹색 덤불과 엉키고 늘 어진 덩굴, 땅을 덮은 녹색 이끼 때문에 시각 추적이 쉽지 않을 거라고 설명했다.

"차에 탔을 때는 '퍼그' 자국을 찾는 게 제일 좋아." 스와티는 호랑이의 발자국을 말한 것이었다. 퍼그는 힌디어로 '발'을 뜻하며 모든 동물에겐 특유의 퍼그 자국이 있다. 발자국의 모양과 방향을 보면 동물이 얼마나 오래전에 어느 방향으로 갔는지 짐작할 수 있다.

보호구역으로 더 깊이 들어가자 은은하게 퍼지는 빛이 도크나무의 은빛 몸통을 비추었고, 머리 위로 드리운 찔라나무에는 불타는 듯한 진홍빛 꽃이 피어 있었다. '숲의 불꽃'이라고도 알려진 꽃이다. 붉은 흙에서 먼지가 피어올랐고 완만한 언덕들이 멀리까지 이어졌다. 붉은 흙길 양옆에는 오래된 반얀나무들이 줄지어 있었고, 공기 중으로 드러난 뿌리가 빽빽한 장막을 이루고 있었다. 사방에서 새들이 지저귀는 소리가 들려왔고, 나는 익숙한 소리를 찾아보았다. 앵무새 떼의 밝은 재잘거림, 딱따구리의 톡, 톡, 톡 소리, 굴뚝새의 휘파람 같은 울음. 지프가 덜컹거리며 나아가는 사이 스와티는 땅을 유심히 살피며 흔적을 찾았다.

세카와트는 지금 도착한 호수 주위의 땅이 인도에서 가장 유명한 암컷 호랑이 마찰리의 영역이라고 했다. 마찰리는 힌디어로 '물고기'라는 뜻인데, 얼굴의 얼룩 모양 때문에 붙은 이름이었다.

스와티는 크게 고개를 끄덕였다. 7년 동안 공원을 방문하면서 스와티는 호랑이들의 여왕으로 알려진 이 멋진 호랑이와 두터운 인연을 맺었다. 마찰리는 다른 호랑이들로부터 자신의 영역을 맹렬히 지키고 있었을 뿐만 아니라 번식에도 적극적이어서 공원을 자기 후손들로 가득 채웠다. 가뭄이 심해 먹잇감이 부족했던 해에는 자신의 영역을 침범한 악어와 몇 시간 동안 사투를 벌인 끝에 송곳니 두 개를 잃었지만 결국 승리했다.

스와티는 마찰리가 너무나 상징적인 존재이며, 보는 것만으로 *다르샨*darshan, 즉 신성한 마주침을 경험하게 된다고 설명했다. 영어 사전에서 다르샨이라는 단어를 찾아보니 '성인이나 신을 볼 수 있는 기회'라는 의미였다.

마찰리에 관한 이야기는 내 상상력에 불을 붙였지만, 그날 도로에서는 발자국을 찾을 수 없었다. 스와티는 그래도 추적할 수 있다며 자신만만했다.

"눈에 보이는 단서가 없을 때는 정글의 소리를 들어야 해." 스와티가 말했다.

"인도 정글의 소리를 듣는 건 사실 아주 간단해. 호랑이처럼 큰 포식자를 추적할 때 들어야 할 소리는 크게 세 가지야."

그녀는 머리 위로 드리운 나뭇가지를 가리켰다. "첫 번째는 랑구르원숭이야. 정글에서 무슨 일이 일어나는지 높은 곳에서 보고, 아주 특이한 소리로 위험을 알리지. 랑구르의 경보가 울린다는 건 대형 포식동물이 움직인다는 확실한 신호야."

나는 한마디 한마디를 귀담아들었다. 산족과 함께 지내면서 나는 추적에 모든 감각이 얼마나 중요한지 알게 되었다. 스와티가 설명하는 방식은 '소리로 보기'에 가까웠다. 모든 소리는 잔잔한 연못에 떨어지는 물방울 같은 것이다. 응카테는 보이지 않는 곳에서 표범 한 마리가 지나갔다고 말한 적이 있다. 나중에 새로 생긴 흔적을 보여주었다. 초자연적 능력이라도 있는 줄 알았지만, 알고 보니 새의 경고음이 만들어낸 깊은 파동을 들은 것이었다.

이제 태양은 머리 꼭대기에서 이글이글 타올랐다. 우리는 물통에 손을 뻗어 꿀꺽꿀꺽 마셨다. 스와티와 나는 이곳의 모든 것을 뒤덮는 붉은 먼지를 막기 위해 얼굴에 반다나를 두르고 있었다.

세카와트 씨와 짧게 상의한 후, 스와티는 소리로 보는 법을 계속 알려주었다. 청각 추적에 매우 중요한 두 종류의 사슴, 늘 긴장 상태인 작은 치탈chital과 대형 고양잇과 동물을 만났을 때만 경고음을 내는 커다란 삼바르sambar에 대해 이야기하는데, 울부짖는 소리가 들렸다.

"치탈이야." 스와티가 흥분했다. "가짜 경보일 수도 있지만."

하지만 이렇게 말하자마자 랑구르원숭이의 짧고 날카로운 울음이 들렸다.

"믿을 수가 없어. 확실해! 표범이나 호랑이, 아무튼 뭔가 움직이고 있어." 스와티가 외쳤다.

이미 경고음이 들리는 쪽으로 핸들을 튼 세카와트는 가속 페달을 밟았고 지프는 바퀴 자국이 난 흙길을 덜컹거리며 빠르게 질주했다.

그때 훨씬 더 깊고 울림이 큰 소리가 들렸다. 기침 같기도, 자동차 경적 같기도 한 소리였다.

"삼바르야. 확실히 호랑이야." 스와티가 말했다. 무게가 130~320킬로그램에 이르는 거대한 사슴 삼바르는 웬만해선 흥분하지 않는다.

스와티는 도로가 두 갈래로 갈라지는 지점을 가리켰다. "갈림길이 나오면 왼쪽을 잘 봐."

지프가 커브를 돌자 위험을 알리는 울음소리는 점점 더 크고 강렬해졌다. 지프가 멈추는 순간 거대한 암컷 호랑이가 수풀을 헤치고 모습을 드러냈다.

우리는 넋을 잃고 호랑이를 바라보았다. 세계에서 가장 전설적인 호랑이, 마찰리였다. 청각 추적을 하며 고도로 활성화된 감각 때문인지 붕 떠 있는 느낌마저 들었다. 현실 같지 않은 생명체가 오렌지빛과 검정, 흰색이 엮인 태피스트리처럼 풍경 속을 부유했다.

믿을 수 없는 희열이 나를 휩쓰는 것을 느끼며 스와티의 얼굴을 바라보았다. 항상 어둠 속의 빛과 같은 그녀였지만, 지금은 영혼이 불꽃처럼 타올랐다. 강력한 실로 연결된 호랑이 앞에서 그녀의 눈과 얼굴이 빛났다.

이제 나는 *다르샨*의 의미를 이해할 수 있었다.

다른 종류의 사랑

우리는 다른 대륙, 다른 문화권에서 자라났지만, 자연과 추적에 대한 사랑을 공유하는 서로를 알아보았다. 그때껏 만난 그 어떤 사람보다도 가깝게 느껴졌다. 인도를 떠나기 전부터 또 언제 만날 수 있을지 생각하고 있었다.

여행이 끝나고 2주쯤 지나서 전화를 걸어 스와티의 계획을 물었다.

"음, 6월이나 7월에 다시 갈 것 같아." 그녀가 말했다.

"아니. 앞으로 평생 말이야." 내가 말했다.

아들 톰과 가까이 있는 것이 나에게 얼마나 중요한지 알고 있었던 스와티는 남아프리카로 이주할 계획을 세웠다. 그해 말, 나는 청혼했다. 나중에 그녀는 두 번 생각할 필요도 없는 결정이었다고 했다. 나도 마찬가지였다.

노던케이프에서 발견한 스프링복 뿔로 결혼반지를 만들며 우리 사이의 연결, 우리가 공유하는 야생에 대한 사랑을 곰곰이 생각했다. 흑갈색 표면이 반짝일 때까지 갈아낸 다음 은으로 감쌌다. 아름답고 변하지 않는, 완벽한 야생의 결혼반지가 될 것이었다. 작업한 반지를 손에 들고 살펴보는 순간, 과거와 미래가 스프링복 뿔의 고리 무늬처럼 하나로 녹아들어 서로 얽힌 기억과 꿈이 되었다.

흐름 속으로

스와티의 도움으로, 나는 '끔찍한 느낌'에 지나치게 사로잡혔을 때 야생과의 연결뿐 아니라 사랑하는 사람들을 포함한 주변 세계와의 연결을 끊는다는 사실을 깨달았다.

나미비아에서 처음으로 스와티와 촬영을 함께했다. 〈위대한 춤〉의 후속작을 위해 무아지경에 빠진 산족의 춤을 촬영하러 간 것이다. 스와티가 함께해준 건 정말 기분이 좋았지만, 내 작업 방식을 조정해야 한다는 뜻이기도 했다. 그때쯤 데이먼과 나는 함께 촬영하는 것에 너무 익숙해져 거의 한 몸처럼 움직였다. 말 한마디 없이도 소통할 수 있었다. 하지만 스와티와는 아직 그런 본능적인 리듬을 맞출 시간이 없었다.

그날 밤, 춤이 시작되고 얼마 지나지 않아 내가 마주한 경험의 힘에 완전히 휩쓸리고 말았다. 의식의 열기가 고조되는 밤늦은 시간까지 촬영이 계속되었다. 불을 둘러싼 여자들의 노래와 박수의 리듬이 끊어지지 않는 소리의 가닥처럼 오르내렸다. 춤꾼들의 발목에는 나방 고치로 만든 방울이 묶여 있었고, 그 안에는 깨진 타조알 조각이 들어 있었다. 그들이 발을 구르는 진동이 전해졌다.

나는 그 경험을 한순간도 놓치고 싶지 않았다. 그래서 테이프가 다 되면 허겁지겁 교체하러 달려갔다. 스와티와 나도 금방 호흡을 맞췄다. 내가 다 쓴 테이프를 꺼내서 건네면, 그녀는 새 테이프를 넘겨주었다. 모든 것이 어둠 속에서 아주 빠르게 진행되었고, 우리 앞에서는 놀라운 춤이 펼쳐지고 있었다.

그리고 의식이 절정에 이르렀을 때, 주술사가 몇 시간 동안 춤을 추다가 무아지경에 빠졌을 때, 내가 건넨 테이프가 스와티의 손에서 미끄러져 모래 위에 떨어졌다.

"맙소사!" 나는 양손으로 머리를 감싸고 비명을 질렀다. 공황 상태에 빠졌다. 그 테이프에는 극소수의 사람만이 목격한 장면이 담겨 있었다. 테이프가 망가졌을까? 모래 때문에 영상을 못쓰게 되었을까? 무엇으로도 대체할 수 없는 역사적인 순간이 영원히 사라진 걸까?

폭군 같은 뮤즈에게 완전히 먹혀버린 내 머릿속에는 특별한 기회를 얻어놓고도 결국 실패했다는 생각만 가득했다. 머릿속이 복잡해졌다. 당장이라도 심장이 터질 것만 같았다.

스와티가 테이프를 집어들어 아무런 문제가 없다는 것을 확인하고 나서야 끔찍한 저주가 풀렸다. 나는 새 테이프를 집어넣고 촬영을 이어갔다.

며칠이 지나고 잠도 좀 잔 뒤에 스와티와 이야기를 나누었다. 거의 공황 상태에 빠졌던 내가 부끄럽다고 솔직히 말했다.

그녀는 오랫동안 내 눈만 바라보며 말을 아끼다가, 마침내 대답했다. "우리가 계속 함께하려면, 이런 식으로는 안 돼."

그 말을 들은 순간 처음으로 내 입장에서 벗어나 내가 그런 상태에 빠졌을 때 다른 사람들이 어떤 영향을 받는지 볼 수 있었던 것 같다. 내 광적인 행동 때문에 스와티가 떠날 뻔했다. 나 자신에겐 창작에 몰입한 거라고 변명할 수 있었다. 하지만 광기의 뮤즈에게 통제할 수 없는 구석이 있으며, 건강하지 않고 경직되어 있다는 사실은 나도 알았다. 게다가 스와티와는 처음 촬영을 함께했다. 어떻게 데이먼과 내가 20년이나 함께 다큐멘터리영화를 제작하며 쌓아온 호흡과 같은 수준을 기대할 수 있겠는가?

물론 그보다 훨씬 더 근본적인 문제가 있었다.

미친 듯이 일하는 나의 방식, 즉 광기에 가까운 에너지 폭주와 그 이후 필연적으로 찾아오는 탈진과 붕괴의 반복은 바

뛰어야 했다. 스와티는 영화를 만들면서도 미치지 않는 방법을 찾을 수 있다고 했다. 테이프 하나가 땅에 떨어지는 사소한 일도 견딜 수 없을 정도로 에너지를 소진하면 안 된다는 것이다.

내가 또 주변 모든 것과의 깊은 연결에, 특히 그토록 간절히 알고 싶었던 야생의 생물들에게 마음을 열기 위해서는 내 안의 폭군 같은 뮤즈를 길들여야 했다. 어쩌면 자연과 단절되었기 *때문에* 내 창작의 에너지가 균형을 잃었는지도 모른다.

스와티는 내 삶에 수많은 새로운 차원을 열어주었다. 모든 것을 너무 심각하게 받아들이지 않는 법을 가르쳐주었다. 절대적인 완벽함에 대한 욕구, 제대로 된 장면을 잡아냈다는 확신이 들 때까지 몇 번이고 찍고 또 찍어야 하는 강박을 내려놓으라고 했다. 스와티의 격려 가운데 일과 삶에서 안정감이 자리 잡으면서 오랫동안 나를 지배했던 고된 패턴을 서서히 내려놓을 수 있었다. 그리고 놀랍게도, 기존의 촬영 방식을 내려놓자 결과물은 더 나아졌다. 덜 찍으면서 더 몰입할 수 있었다.

항상 해답을 찾으려는 내 안의 과학자-연구자 성향과 적당한 균형을 유지하는 데 도움이 되었고, 자연의 신비와 엄청난 즐거움을 있는 그대로 누릴 수 있었다.

한번은 다이빙을 마치고 점심을 먹으려 앉았는데, 용감한 개코원숭이 한 마리가 뒤에서 몰래 다가오더니 우리가 정성스레 준비한 대추야자, 치즈, 비스킷이 든 도시락을 들고 도망쳤다. 나는 도둑을 잡겠다고 벌떡 일어난 반면, 스와티는 원숭이가 한 수 위라며 숨넘어가게 웃었다. 잠깐이라도 화를 낸 내가 바보처럼 느껴졌다.

우리는 걸어온 길은 달랐지만 비슷하게 자연을 사랑하게 되었다. 나는 부모님과 함께 바다숲의 자연스러운 추위에 뛰어들며 생태계와 먼저 사랑에 빠졌다. 그 후 추적에 대한 욕망이 자라났다. 야생의 언어를 배우면서 해초숲의 수많은 생명체와 인사를 나눌 수 있게 되었다. 하지만 스와티가 동물을 대하는 법을 관찰하면서 하나하나의 생명에 대한 사랑이 내 안에 피어나는 것을 느꼈다.

동료 추적자들과 그 사랑을 나누고 싶다는 마음이 들었다.

숨바꼭질

야네스와 나는 잠수하던 중 이전에 본 적 없는 물고기를 발견했다. 퉁퉁한 몸에 입술은 두툼하고 눈이 튀어나와 있었다. 일주일 동안 매일 비슷한 구역에서 그 수수께끼의 물고기를 볼 수 있었다.

처음에 그 물고기는 매우 경계심이 많아 가까이 접근해서 사진을 찍는 것이 불가능했다. 하지만 서서히 우리에게 익숙해져서, 다가가도 도망치지 않게 되었다. 마침내 야네스는 그것이 남아프리카공화국을 대표하는 상징적인 물고기 중 하나인 검은홍합까개black musselcracker의 치어임을 알아보았다. 이 물고기는 남획으로 인해 폴스 베이에서 거의 자취를 감춘 상태였기 때문에 우리는 몹시 흥분했고 최대한 많은 정보를 알아내기로 했다.

검은홍합까개는 모두 암컷으로 태어나고, 살다가 수컷으로 변한다. 어린 암컷을 보며 아마도 몸집이 아주 컸을 그 부모를 상상해보았다. 성체는 거의 1.5미터까지 자라고 무게는 34킬로그램 정도, 최고 수명은 45세에 달한다. 이름에서 알 수 있듯이 강력한 턱으로 성게, 조개, 게, 불가사리처럼 껍질이 딱딱한 먹잇감을 으스러뜨린다. 혹시 폴스 베이에 검은홍합까개 성체도 있을까? 그러길 바랐지만 빠르고 강력한 아굴라스해류에 치어가 우연히 쓸려온 것인지도 모른다.

이 영리한 물고기는 점차 우리가 위협이 아니라는 걸 알아차렸고, 마침내 가까이에서 소중한 사진을 찍을 수 있었다. 어느 날은 검은홍합까개가 수직으로 몸을 세우고 모래 속 한 지점을 겨냥하여 회전했고, 우리는 숨죽인 채 지켜보았다. 모래에는 아무것도 보이지 않았다. 그러나 검은홍합까개는 갑자기 곤두박질치며 거의 눈까지 주둥이를 모래에 파묻었다.

이윽고 모래를 뱉어내며 튀어나온 입에는 엉킨벌레
tangleworm가 몇 가닥 물려 있었다.

몇 주가 흐르면서 야네스는 그 검은홍합까개와 특별한 유
대감을 쌓아갔다. 물고기를 만나러 갈 시간을 매일 손꼽아 기
다렸다. 그쪽에서도 야네스에게 호기심을 보였지만, 처음에는
안전거리를 유지했다. 멀리서 바라보다가도 가까이 다가가면
숨었다.

야네스는 검은홍합까개가 모래 속에서 먹이를 찾는 모습
을 관찰하며 그늘에 숨는 것을 좋아하는 성향과 앞뒤로 자유
롭게 헤엄치는 능력을 파악했다. 천적으로부터 몸을 숨기는
장소를 추적하고 습성을 연구하면서 야네스는 천천히, 아주
천천히 검은홍합까개에게 이끌려 우리 조상들이 가지고 있던
자연과의 연결로 빠져들었다.

물고기와 함께하는 시간이 쌓이면서 야네스는 물속에서의
움직임이 강해지고 자연과 연결된 느낌이 조금씩 다시 깨어나
는 것을 느꼈다. 영법을 더 부드럽게 바꿨고, 검은홍합까개가
도망가지 않도록 조용히 움직이는 법, 물속에서 거품이 생기
지 않게 호흡하는 법도 익혔다.

며칠, 몇 주가 지나는 동안 검은홍합까개는 야네스를 물속
으로 계속 불러들였다.

다이빙을 마치고 돌아온 뒤에는 촬영한 사진들을 살펴보며 행동을 분석하고 과학 문헌을 찾아보곤 했다. 다른 일이 많아 지친 날에도 늦은 오후에 물에 들어가 또 한 시간을 보내며 검은홍합까개의 영리한 숨바꼭질 놀이에 감탄했다.

야네스는 어느 순간 미묘한 에너지 변화를 감지했고, 관계의 완전한 변화를 느꼈다. 더는 해초숲을 헤엄치며 검은홍합까개를 찾아다닐 필요가 없었다. 야네스를 먼저 찾아왔기 때문이다! 검은홍합까개가 다가와 그의 곁에서 해초숲을 헤엄쳤다.

야네스는 그 물고기와 함께 있는 매 순간 이루 말할 수 없는 사랑과 감사의 감정을 느낀다고 했다. "함께 있으면 감각이 최고조에 달해요. 다른 어떤 것도 그 순간에 끼어들지 못하죠."

고대의 유대

검은홍합까개 같은 물고기가, 또는 어떤 야생의 생명체가 인간의 존재를 받아들이는 이유는 무엇일까? 어쩌면 우리가 그들을 볼 때 느끼는 것과 같은 느낌을 받는지도 모른다. 우리가 형제라는 느낌. 문득 어떤 기억이 떠올랐다. 지구상에서 가장 무시무시한 포식자 중 하나인 나일악어는 자신의 수중 공간에 들어간 우리의 존재를 받아들였다. 그래서 강바닥에 누워 쉬는 모습을 촬영할 수 있었다. 추위 노출 훈련 중 만난 민발톱수달은 경계심이 극도로 높은 동물인데도 내게 곁을 허락했을 뿐 아니라 반기는 모습까지 보였다. 란탐보르의 여왕, 야생 호랑이 마찰리는 사람을 그다지 경계하지 않는 태도로 유명하다. 사진 촬영에 응하듯 포즈를 취했으며, 가까이에서 행동을 연구하게 해주었다.

이런 마법 같은 만남을 어떻게 설명할 수 있을까? 우리에게 공통된 역사가 있기 때문이지 않을까? 아마도 야생동물들은 마음 깊은 곳에서 과거의 모습으로 인간을 기억할 것이다. 자유롭게 떠도는 야생의 존재, 길들기 전 대대로 이어지던 인간의 모습으로.

칼라하리에서 만난 산족 추적자들은 이러한 고대의 유대를 정확히 인식하고 있었다. 나는 카로하가 일종의 무아지경에 빠지는 모습을 보았다. 인간과 동물의 의식이 섞였고, 하나 됨의 감각이 생겼다. 단순히 추적하는 데 그치지 않고, 동물의 희생에 대한 존중과 에너지의 순환 속에서 생명을 거둘 수 있었다. 나는 그 놀라운 능력에 감탄했고, 카로하가 그 상태에서 무엇을 경험했는지 궁금했다.

그러던 어느 날, 나는 이해에 한발 다가섰다.

촬영 중, 남아프리카의 외딴 지역 카루 한가운데서 젊은 농부를 만났다. 그는 부모를 잃은 스프링복을 막 태어났을 때부터 키웠다. 이제는 다 자라서 야생으로 돌아갔지만, 여전히 안을 수 있을 정도로 가까이 다가오곤 했다.

이런 신뢰 관계 덕분에 우리는 스프링복에게 초소형 카메라를 달 수 있었다. 작업치료사인 데이먼의 아내 로런이 특수 하네스를 제작한 덕분에 스프링복이 달리고 뛰어오를 때 땅을 밟는 다리와 발굽을 광각으로 촬영할 수 있었다. 하지만 진정 놀라운 일은 그 영상을 산족 추적자들에게 보여줬을 때 일어났다.

"바로 이거예요! 동물의 마음으로 들어가면 이런 장면이 보여요." 카로하는 스프링복의 발굽이 흙을 박차는 영상을 가리키며 외쳤다.

산족의 바위그림에는 동물의 마음으로 들어가 그 몸을 취한 체험을 암시하는 이미지들이 가득하다. 그들의 정신세계에서 동물이 단지 식량의 원천이 아니라 강력한 역할을 했음을 보여주는 예술이다. 산족이 묘사한 동물화된 인간, 즉 영양, 코끼리, 개코원숭이, 표범, 새 등 동물의 머리가 있는 인간의 모습은 무아지경 상태에서 동물로 변신할 수 있는 주술사의 능력을 나타내는 것이다.

그 아름다운 그림을 보며 야생의 마음을 갖는다는 것이 어떤 의미인지 깊이 생각하게 되었다. 인간과 동물의 정신이 어떻게 같고 다른지 고민했고, 동물이 우리의 내면에 대해 얼마나 많은 것을 가르쳐주는지 새삼 감사했다.

이런 생각을 친구들과 나누었는데, 얼음장처럼 차가운 물에서 수영을 마친 어느 날 피파는 남부바위도마뱀southern rock agama의 의식에 들어간 느낌을 경험했다고 머뭇거리며 입을 열었다. 이 동물은 남아프리카 웨스턴케이프에 서식하는 유명한 도마뱀이다. 짝짓기 철에 수컷 도마뱀의 머리에만 강렬한 밝은 청록색이 나타나고, 팔굽혀펴기로 기량을 과시하며 회갈색 암컷을 유혹한다. 도마뱀의 의식과 하나가 되면서 피파는 온전히 지금 이 순간에 존재하는 듯한 느낌을 받았다고 한다. 과거의 기억이나 미래에 대한 걱정에서 벗어나 오로지 뱀이나 독수리 같은 포식자를 인식하는 감각만 예리하게 살아 있는 상태였다. 해방의 경험이었다고 했다.

피파의 짙은 눈동자가 내 눈을 똑바로 보았다. "정말 제가 팔굽혀펴기를 하는 느낌이었다니까요!" 피파는 단어 하나도 신중하게 고르는 진지하고 사려 깊은 사람이다. 정말 그런 경험을 했다는 사실을 단번에 알 수 있었다.

동물의 지능

수년간 야생동물을 추적하고 관찰하고 사진에 담으면서 나는 인간이 저마다 다르듯 동물도 모두 고유한 존재라는 사실을 알게 되었다. 우리는 상호작용할 때마다 서로의 삶을 자극한다. 파충류나 양서류 동물들은 언뜻 일차원적으로 보이지만 모든 동물은 사실 매우 복잡하다. 그리고 지능이란 인간이 맨 위에 있고 단세포 박테리아가 맨 아래에 있는 위계 구조가 아니다.

내가 가장 좋아하는 동물인 문어만 해도 동물 지능의 복잡성을 대표적으로 보여준다. 문어와 인간의 지능을 비교하면 인간이 월등해 보이지만, 문어의 놀라운 운동 능력과 분산된 신경계를 살펴보면 결론은 달라진다. 문어의 인지 활동 중 3분의 2는 뇌가 아닌 각각 독립적으로 움직이는 여덟 개의 다리에서 일어난다.

손가락 2천 개를 움직인다고 상상해보자. 문어의 흡반 2천 개는 각각 미각이 있고 악력이 강한 손가락과 같다.

주변 환경에 따라 피부색과 밝기를 조절하는 것을 상상해보자.

눈으로 보지 않고도 딱딱한 먹잇감 스물다섯 종류의 껍데기를 정확히 뚫어내는 기하학적 판단을 한다고 상상해보자.

그뿐 아니라 같은 종 안에서도 모든 개체가 고유한 개성을 지니고 있다. 나는 문어 수백 마리를 만났는데, 외향적이고 친근한 문어부터 겁 많고 내성적인 문어까지 모든 문어가 달랐다.

물론 짓궂은 문어도 있었다.

어느 날 아침, 스와티와 해초숲에서 수영하고 있었다. 썰물 때였고 스와티는 잠수복 차림이었다. 해초숲을 둘러보니 우리만 있는 것이 아니었다. 작은 문어 한 마리가 호기심 가득한 눈으로 우리를 바라보고 있었다. 훗날 내 삶을 영원히 바꿔놓은 문어와의 인연이 시작되기 몇 년 전이었지만, 이때도 스와티와 나는 이 영리한 생명체들에게 감탄하곤 했다.

나는 문어가 스와티의 발에 기어오르는 모습을 지켜보았다. 문어는 이어서 발을 놓고 팔 쪽으로 다리를 뻗었다. 나는 가만히 있어보라고 했다. 그러자 문어는 춤추듯 팔을 감쌌다가 허리를 한 바퀴 감고 다시 팔을 잡았다. 스와티는 가만히 서서 문어가 마음껏 탐색하게 두었다. 5분쯤 지나자 문어는 헤엄쳐 사라졌다.

호기심 많은 문어가 멀어진 후에야 스와티는 문어가 빈손으로 떠나지 않았다는 사실을 알아챘다. 결혼반지를 가져간 것이다. 내가 스프링복 뿔로 아주 공들여 조각한 반지였다. 반지를 빼앗긴 충격이 지나가자 우리는 실컷 웃었다. 어쨌든 바다로부터 워낙 많은 걸 받았으니, 결국 공정한 교환 같았다.

정신, 성격, 감정

우리 집 고양이들을 보면 동물마다 성격이 다른 것을 알게 된다. 솔직히 말하면 스와티가 좋아할 걸 알기에 찬성했을 뿐, 집에서 고양이나 다른 반려동물을 키우는 데 별로 마음이 내키지는 않았다. 그래서 고양이들에게 별로 관심을 기울이지 않았고, 그들은 나에게 큰 영향을 미치지 못했다. 레온이 나타나기 전까지는.

레온은 몸집이 크고 힘이 센 고양이였지만, 동시에 용감함과 다정함이 절묘하게 어우러진 존재였다. 말라리아와 전쟁을 치른 뒤 수시로 찾아오던 폐 감염으로 고생할 때면 레온은 내 가슴에 누워 골골거렸다. 집안에 아픈 사람이 생기면 바로 달려갔다. 누군가에게 위로가 필요할 때도 항상 알아챘다.

어느 날 급히 외출할 일이 생겨서 침대 밑에 있는 레온을 먹이와 물이 있는 다른 방으로 옮겨야 했다. 침대 밑으로 몸을 밀어넣고 팔을 뻗었지만 레온은 더 멀리 달아났다. 결국 나는 유일하게 손이 닿는 앞다리의 어깨 쪽을 잡고 내게로 끌어당겼다. 레온이 하악질을 했다. 그 순간 이빨과 발톱으로 나를 사정없이 긁어놓을 수도 있었지만, 레온은 자기를 들어 올려 다른 방으로 데려가도록 허락했다.

그렇게 크고 힘센 동물이 감정을 억누르는 모습은 감동적이었다. 레온은 너그러웠다.

예상치 못하게 레온과 교감하면서 길들여진 동물도 여전히 야생성을 간직하고 있음을 상기하게 되었다. 인간과 다를 바 없다. 야생 연구에 수십 년을 바친 내 친구 제인 구달Jane Goodall도 어린 시절 키우던 반려견 러스티를 가장 훌륭한 스승으로 꼽으며 이런 글을 썼다. "러스티는 동물에게도 정신, 성격, 감정이 있다는 사실을 내게 증명했다."[4]

물론 동물도 저마다 겪는 삶의 경험을 타고난 성격에 덧입히며 전반적인 행동과 태도를 형성해 나간다. 스와티와 나는 자연 수영장을 지은 지 얼마 지나지 않아 그곳에 자리 잡은 케이프강개구리 한 마리를 알게 되었다. 우리가 심은 골풀과 갈대 사이에 보금자리를 마련했는데, 아마 개구리알이 새 발에 붙어 옮겨진 듯했다.

이 커다란 개구리는 왜가리처럼 얕은 물가를 걸으며 먹이를 찾는 새들이 가장 좋아하는 먹잇감으로, 조금만 낌새가 이상해도 바로 물에 뛰어든다. 개구리와 함께 연못 가장자리에 앉으면 양서류의 세계를 잠시나마 공유할 수 있다는 것이 특권으로 느껴졌다. 내가 연못에 몸을 담그면 개구리는 겁먹은 기색도 없이 아주 가까이에서 헤엄치곤 했다. 밤마다 연못에서 함께할 짝을 찾는 개구리의 거친 울음소리를 듣는 것도 좋았다.

어느 날 집에 돌아와 보니 개구리가 배를 드러내고 다 죽어가는 채 고양이 밥그릇 옆에 누워 있었다. 나는 충격에 휩싸여서 미동도 없는 몸을 들어 다시 물에 풀어놓았다. 기적적으로 개구리는 살아남았지만 성격이 완전히 바뀌었다. 고양이의 공격으로 트라우마가 남은 개구리는 더 이상 내 곁에 다가오지 않았다.

파리와 사랑에 빠지다

위풍당당하거나 영리하거나 귀여운 생명체를 사랑하는 건 비교적 쉽다. 하지만 쫓아버리라고 배운 생물이라면?

나는 파리를 좋아한 적이 없다. 특히 남아프리카공화국에서 나미비아까지 뻗은 거대한 가리엡강Gariep river에서 몇 년 전 겪은 일 이후로는 더욱 그랬다. 당시 나는 대지 예술land art(1960년대 후반부터 시작된 현대미술의 한 경향으로, 흙, 돌, 식물 등을 야외에 설치하거나 개입하여 이루어지는 예술 활동 - 역주)을 시도해보고 있었다. 앤디 골즈워시Andy Goldsworthy의 작품을 보고 마음이 끌려서였다. 처음에는 무척 애를 먹었지만 결국 나만의 단순한 스타일을 찾아냈다. 뼈, 돌, 조개껍데기, 해초 같은 자연물을 바닥에 배열해 패턴을 만들고 주변 풍경에 녹아든 그 모양을 사진으로 남기는 것이었다.

가리엡강에 도착하자마자 막 알에서 깨어난 작은 파리 수백만 마리가 거대한 무리를 이뤄 몰려들었다. 다른 사람들은 몸을 피해 파리 떼가 지나가기를 기다렸지만 나는 예술에 대한 일념으로 용감히 나아갔다. 온몸을 물렸고 아무리 나뭇가지를 머리 위로 휘둘러도 소용없었다.

결국은 모기장으로 머리를 감싸 묶었는데도 태양 빛을 가릴 정도로 몰려든 파리 떼를 견디기는 힘들었다. 드넓은 야생의 풍경을 오롯이 차지한 것만이 유일한 위안이었다.

그런 나였기에 파리를 사랑하는 것은 상상할 수도 없었다. 하지만 파리의 삶을 들여다보면서 생각이 완전히 달라졌다. 어느 날 오후 야네스와 밖에 나갔을 때였다. 바닷물이 밀려올 때만 젖는 조간대 상부 화강암 바위에서 이상한 작은 흔적을 발견했다. 구불구불한 흰 선이었다. 야네스에게 묻자 바위 틈에 남은 소금 자국 같다고 했다. 걷다보니 비슷한 흔적이 또 있었다.

당시 추적에 집중하던 시기라 내 눈은 패턴 인식에 최적화돼 있었다. 무언가 직감적으로 단순한 소금 자국이 아닐 거라는 생각이 들었다. 야네스와 나는 무릎을 꿇고 손으로 땅을 짚은 채 가까이에서 들여다보았다.

가죽 주머니 같은 것이 있고 작은 모래 입자가 붙어 있었다. 야네스가 크게 숨을 들이켰다. "세상에. 애벌레예요."

어디에나 널린 바위로 보였던 곳에 숨어 있는 건 수백 마리의 생명체였다. 아직 유충 단계라서 어떤 종인지는 알 수 없었다.

"딱정벌레가 아닐까요?" 야네스는 궁금한 눈치였다.

나도 전혀 짐작할 수 없었다. 케이프타운대학교의 찰스 그리피스Charles Griffiths 교수에게 사진을 보냈다. 해양생물학과 관련해서라면 믿을 수 있는 멘토다. 해양파리marine fly의 유충일 거라는 답이 돌아왔다.

"해양 곤충은 드물죠. 가능하면 변태 후에 성체를 찾아봐 주세요. 학계에 보고되지 않은 생물일지도 모르니까요!" 찰스가 덧붙였다.

이런 점이 추적을 사랑하는 이유다. 자연의 탐정이 될 수 있다는 것.

그래서 나는 매일 같은 장소를 찾았다. 피파의 도움을 받아 부화한 자리에 남은 빈 껍질들을 발견했다. 그리고 피파는 날개가 말리고 접힌 채 아직 고치에 붙어 있는 이상하게 생긴 파리 한 마리를 찾아냈다.

움직임을 기다렸지만 그날은 아무 일도 일어나지 않았다. 다만 유충 상당수가 얕은 웅덩이에 잠겨 있는 것을 보았다. 해양 곤충이 맞다는 뜻이었다.

이 보잘것없는 파리의 생애 주기에 대해 더 찾아보면서 매력적인 면을 발견했다. 파리는 알을 낳고, 그것이 유충으로 부화한다. 이 유충은 죽은 물질을 양분으로 바꾸는 위대한 자연 퇴비 제조기다. 먹는 기계라고 할 수 있다. 하지만 정말 홍미로운 부분은 이 생명체가 유충기를 끝내고 성체 파리가 되기 전의 전환 단계다. 나는 변태 과정에서 애벌레에게 날개와 다리가 자라는 줄 알았지만, 현실은 전혀 달랐다.

유충은 먼저 액체로 변한다. 그리고 놀랍게도, 그 액체는 중력을 거스르며 날 수 있는 생명체를 만드는 법을 알고 있다. 액체 상태에서 원자들은 스스로 재배열되어 작고 완벽한 비행체를 만들어낸다.

최고의 과학자들을 모아놓고 10억 달러를 쥐여줘도 파리를 처음부터 만들어낼 수는 없을 것이다.

자연은 값을 매길 수 없다.

야네스와 나는 일주일 후 다시 베일에 싸인 파리를 찾아나섰다. 바람이 얼어붙을 만큼 차가운 한겨울이었다. 찾을 수 있을지 자신이 없었다. 우리는 모든 곳을 샅샅이 뒤졌고, 포기하려던 찰나 마지막 웅덩이에서 해초에 앉아 쉬고 있는 완벽한 파리 한 마리를 발견했다. 나는 황급히 카메라를 접사 모드로 조정했고 바람이 불어 파리가 날아가기 전 몇 초 사이 사진을 찍을 수 있었다.

종이보다 부드러운 물질로 만들어진 생명체가 작은 것에 그토록 가혹한 환경에서 어떻게 살아남고 번성하는 것일까?

바다에는 바위를 때리는 거대한 파도가 치고, 온도가 심하게 요동치며, 포식자는 넘쳐난다.

불과 일주일간 다리 긴 은빛 파리를 추적했을 뿐인데, 그 안에서 웅장함과 마법 같은 생명력을 엿볼 수 있었다.

불가능할 거라고 생각했지만, 나는 파리와 사랑에 빠졌다.

문을 여는 힘

바다는 때로 이질적이고 낯선 공간으로 느껴진다. 우리와 너무 달라 보이고 다르게 행동하는 생명체들이 산다. 하지만 바다에서 시간을 보낼수록 깨닫게 된다. 모든 생명체는 삶의 발현이며, 하나하나가 자연이라고도, 원한다면 신이라고도 할 수 있을 빛나는 전체의 조각이다. 지구상의 모든 생명체는—인간, 개, 개구리, 해삼, 검은홍합까개, 바나나, 반얀나무, 그렇다, 심지어 파리까지—바다에서 기원한 공통 선조의 후손이다. 우리는 모두 동일한 물질로 만들어졌고 동일한 생명력에 의해 움직인다.

우리를 둘러싼 이 살아 있는 행성과 사랑에 빠지는 것, 이 땅에 온전히 나를 내맡기는 것은 태고의 자연을 알아가는 좋은 시작이다. 뜻밖의 통찰과 발견을 인위적으로 만들 수는 없지만, 끊임없이 솟아나는 호기심을 유지하다보면 가볍게 밀었는데 거대한 문이 열릴 때가 많다. 내게 그런 순간이 여러 번 있었기에 부인할 수 없다. 이러한 신비스러운 경험은 자연 세계를 더 깊이 사랑하게 한다.

동물 형제들의 섬세한 행동을 이해하게 될 때, 내 마음은 깊은 존중과 경이로움으로 가득 찬다. 그것은 진화적 본능이 갈망해 온 양식이며 원초적 정신을 채워준다. 다른 종에 대한 해박한 지식이 있으면 음식을 찾는 방법도 알게 되고, 그것은 자급자족의 능력이 되며 삶의 터전에 대한 감각과 소속감을 안겨준다. 뒷마당에 사는 생물도 모른다면, 자신이 태어난 세계에 속한다고 말하기 어렵다.

자연은 우리에게 최초의 어머니이며 우리는 자연에서 분리될 수 없다. 인간 어머니와 마찬가지로 자연은 우리를 낳았다. 우리는 자연의 뼈와 피로 만들어졌으며 하나로 얽혀 있다. 숨 쉴 때, 마실 때, 먹을 때도 우리는 자연의 어머니를 받아들인다. 자연은 가장 먼 조상들과 동물 형제들을 길러냈고, 삶의 매 순간 우리를 길러냈다.

바다숲을 더 긴밀히 알아갈수록 몸과 마음이 자연에 녹아들고 더 깊은 차원에서 사랑에 빠지는 것을 느낀다. 내 존재로부터 펼쳐져 야생으로 뻗어나가는 무게 없는 덩굴을 느낄 수 있다. 그 덩굴이 생명력으로, 생명체와 이 땅에 대한 가르침으로 고동친다. 위대한 어머니가 내 이름을 부른다. 내가 아는 이름이 아니라 아주 오래된, 신비롭고 이해하기 어려운 또 다른 이름이다. 그 속삭임을 듣고 실마리를 따라가려면 주의 깊게 귀를 기울여야 한다.

5장

조상

Ancestry

어느 날 아침, 가파른 절벽에 바다 동굴이 여기저기 뚫린 거친 해안을 카약으로 이동하고 있었다. 아름다운 곳이었지만 위험하기도 했다. 바람과 너울이 너무 강해서 카약을 타거나 헤엄을 치기 힘든 날이 많았고, 물이 깊어 고래와 상어가 절벽 바로 옆까지 헤엄쳐 들어왔다.

평소보다 해안 가까이에서 노를 젓던 나는 곶을 돌아 나가려다 한 번도 본 적 없는 동굴을 발견했다.

마침 바다가 잔잔해서 작은 파도를 타고 카약을 동굴 앞의 평평한 바위로 서핑하듯 미끄러뜨릴 수 있었다. 카약에서 뛰어내려 카약을 바위 위로 끌어 더 높은 곳에 놓았다. 그리고 딱 내가 들어갈 수 있을 너비의 동굴 입구로 몸을 숙였다. 발밑에서 모래와 조개껍데기가 으적으적 소리를 냈고 동굴 벽에는 산처럼 쌓인 조개 더미가 늘어서 있었다.

동굴 입구로 쏟아지는 빛줄기에 의지해 조개껍데기를 살펴보았다. 여기 살았던 생명체에 대해 어떤 이야기를 들려줄지 궁금했다. 무릎을 꿇고 더 자세히 보려는데, 조개껍데기와 바다표범 뼈 사이로 인간의 두개골이라고밖에 할 수 없는, 너무나 익숙한 형태의 무언가가 튀어나와 있었다.

인간의 해골과 마주하는 건 묘한 일이다. 갑자기 모든 감각이 예민해졌다. 나는 아무것도 건드리지 않도록 조심하며 천천히 해골에 다가갔다. 두개골에서 조금 떨어진 무더기에 아래턱뼈가 있었다. 자세히 보니 대퇴골과 갈비뼈도 눈에 들어왔다.

언뜻 보기에는 얼마 안 된 유골 같았다. 익사한 어부일 수도 있겠다고 생각했다. 그러나 더 가까이에서 살펴보자, 치아가 납작하게 닳아 있었다. 모래가 묻은 음식을 먹고 껍질을 씹어 부드럽게 만들던 수렵채집인의 전형적인 치아 마모 형태다. 충치 하나 없이 깔끔한 건 설탕을 먹지 않았다는 증거다.

완전히 야생에서 살았던 사람이었다.

뼈에는 사망 원인을 짐작할 단서가 없었다. 500년에서 1천 년 정도 되었다고 추측했지만 어쩌면 그보다 더 오래됐을지도 모른다. 조개껍데기의 석회 성분 덕분에 뼈는 놀라울 정도로 잘 보존되어 있었다.

유골 주변에는 마지막으로 먹은 몇 끼 식사의 증거가 놓여 있었다. 조개껍데기와 바다표범 뼈 무더기였다. 이 동굴에 닿기가 얼마나 힘들었는지 떠올리며, 엄청난 수영과 잠수 실력을 가진 사람이었으리라 짐작했다.

나는 두개골의 빈 눈구멍을 들여다보며 이 사람의 삶이 어땠을지 그려보았다. 조상들은 우리가 상상할 수 없는 것들을, 자연의 가장 무시무시한 모습을 보았다. 수십만 년에 걸쳐 땅과 바다, 그리고 생명들과 깊은 관계를 맺었다. 야생은 생명을 주었고, 지탱했으며, 다시 거둬갔다. 거기서 그렇게 순환이 반복되었다.

깨달음은 해일처럼 밀려왔다. 5천 세대에 걸친 사람들이 이 땅에서 살아온 것이다. 고고학이 그렇듯 확실히 말하기는 어렵지만, 내가 아는 한 이토록 오랜 세월 바다와 끊임없이 관계를 맺으며 살아온 인간 집단은 지구상의 어디에도 없었다. 깨달음에 온몸이 떨려왔다. 나는 운명처럼 이 장엄한 조상과 접촉하게 되었으며 야생의 계보가 시작된 곳을 목격하고 있었다. 나는 아무것도 건드리지 않고 물러났다. 뼈를 발견한 그대로 남겨두고 떠나야 한다는, 그 사람을 방해하지 말아야 한다는 강한 느낌이 들었다.

그와 단 하루라도 함께 보낼 수 있다면 얼마나 좋을까. 평생 배운 것보다 더 많은 걸 그날 배울 수 있을 것이다.

하지만 조상들은 이미 떠났고, 수 세대를 내려온 야생의 지혜도 함께 사라졌다.

그들과 다시 연결될 방법이 있을까?

끊어진 실

추적 훈련에 본격적으로 나서면서 머릿속에 떠다니던 퍼즐 조각들이 맞춰지기 시작했고, 그렇게 드러난 그림은 나를 초기 인류와 연결해주었다. 수천 년 전 땅과 바다에서 먹이를 찾으며 동굴에서 불을 지피던 내 안의 어떤 부분을 느낄 수 있었다. 내가 자연에 뿌리박힌 이곳의 일부라고 느끼기 시작했다.

하지만 지금 이곳의 야생에서 배우는 모든 것에도 불구하고, 수천 년 동안 이 해안을 걸었던 이들, 어릴 때부터 나를 치유해준 이 바다에 처음으로 두려움 없이 뛰어들었던 이들에 대해서는 여전히 알지 못하는 것이 많았다. 천 년 전에 이곳에서 태어났다면 조상들이 가졌던 지식은 내게 전해졌겠지만, 그 연결 고리는 이미 끊어졌고 엄청난 지혜도 사라져버렸다.

산족은 이러한 조상과의 연결을 '실'이라고 부른다. 나미비아 북동부에서 〈코스믹 아프리카Cosmic Africa〉를 촬영하면서 주

술사 크사오 타미|Kxao Tami와 쿤타 부|Kunta Boo를 만났다. 의식을 고조시키는 의례를 치름으로써 그들은 이 실을 실제로 인식할 수 있었다. 쿤타 부는 이 과정을 반짝이는 거미줄을 타고 조상들이 있는 환한 세계로 올라가는 것과 비슷한 경험이라고 설명했다.

심리치료사이자 작가인 브래드퍼드 키니|Bradford Keeney는 나미비아에서 몇 년 동안 이들과 함께 지냈고, 나중에 저서 《로프 투 갓|Ropes to God》에 그 경험을 기술했다. 주술사들이 관대하게도 치유 의식을 시행해준 덕분에 키니는 무아지경에 들어가 그 연결의 일부분을 몸소 느꼈다고 한다.

이 연결을 잃어버린 적이 없는 사람들도 있다. 하지만 오늘날 대다수의 사람들, 특히 조상의 땅이나 공동체를 떠나서 살아가는 사람들은 이 끊어진 실을 다시 잇고 싶은 갈망을 점점 크게 느낀다. 다양한 나이, 다양한 배경의 사람들이 이러한 갈망을 호소했으며, 야생과 다시 유대를 맺도록 도와달라고 내게 부탁해왔다.

예를 들어 내 젊은 친구 개즈|Gaz는 남아프리카공화국에서 서구식 교육과정을 이수한 해양생물학자다. 그는 부모님의 종교와 단절되면서 길을 잃은 느낌이라며, 더 깊은 의미에 목말라 있다고 했다. 이 세상에서 그의 자리는 과연 어디인지, 거대한 그림에 어떻게 섞여 들어갈지 알고 싶다고 했다. 그는 과

학자로 훈련받은 사람도 받아들일 수 있는 수준에서 자기 삶의 영적인 차원을 찾으려 노력했다.

야생의 조상에 대해, 그리고 인류가 지구에서 보낸 대부분의 시간 동안 살아온 방식에 대해 배우면서 개즈는 모든 것이 맞물리기 시작한다고 느꼈다.

해안선을 따라 추적하다가 석기시대 패총을 발견했다. 초기 인류가 조개류와 동물을 먹고 버린 껍데기와 뼈 무더기다. 나는 그에게 골수를 파먹기 위해 반으로 쪼개놓은 일런드영양eland의 뼈를 보여주었다. 오래된 조개껍데기와 뼈 무더기 사이에서 개즈는 수천 년은 족히 되었을 목걸이에 꿰어진 타조알 껍데기 구슬 세 개를 발견했다.

타조알 껍데기 구슬은 현재까지 알려진, 인류가 만든 가장 오래된 장신구 중 하나다. 여러 세대를 거치며 여러 사람이 이 작고 하얀 원반형 구슬을 착용했을 것이다. 불과 수천 년 전 완전한 야생의 인간이 착용했던 타조알 껍데기 구슬을 손에 들고, 개즈는 조상과의 연결을 실감했다.

이건 책도, 영화도, 박물관도 아니었다. 우리는 우리를 인간으로 만들어준 용광로 속에 서 있었다. 우리는 초기 인류가 풀었던 것과 똑같은 추적의 수수께끼를 풀려고 노력하고 있었다. 우리는 묵은 해초, 짠 공기, 금속성 오존의 냄새를 그들과 똑같이 맡을 수 있었다. 우리는 같은 바다에 뛰어들고 있었다. 불현듯 개즈는 더 이상 길을 잃었다고 느끼지 않게 되었다. 의지할 곳이 생긴 것이다. 나란히 걷는 조상들을 느낄 수 있었다.

우리는 해변에 작은 모닥불을 피우고 음식을 구우면서 이야기와 농담을 나눴다. 그 순간, 우리는 더 큰 인간 이야기의 일부가 되었다.

조상들의 삶, 기술, 다른 생명체들과의 관계를 이해한다면 인류라는 종으로서 내가 누구인지, 어디로 향하고 있는지 좀 더 깊이 이해할 수 있다.

최초의 바다와 숲의 영혼

해골을 찾았던 동굴을 나와, 인간의 조상들을 생각하며 바다에 뛰어들었다. 그 무중력의 감각을 즐겼다. 수영과 잠수는 가장 원초적인 활동이다. 인간이 물과 땅을 오간 기원은 선사시대 아주 먼 시점까지 거슬러 올라간다.

네안데르탈인Neanderthals은 9만 년 전쯤 이탈리아 해안에서 헤엄쳤을 가능성이 크다.[1] 고고학자들은 이들이 바닷속 약 3.5미터 깊이까지 잠수해서 매끈한 조개를 채집하여 식량과 도구로 활용했다는 증거를 찾아냈다. 네안데르탈인의 두개골에서는 '서퍼의 귀'라고도 불리는 청골증aural exostosis(귓구멍 안쪽 뼈가 비정상적으로 자라 돌출되는 현상. 보통 차가운 물에 반복적으로 노출될 때 생김.- 역주)이 발견되었다. 나도 양쪽 귀 모두 이 증상이 있다. 이들이 차가운 물에서 상당한 시간 수영과 잠수를 했음을 알 수 있다.

유럽 혈통을 가진 현대 인류에겐 네안데르탈인 유전자가 2~4퍼센트 정도밖에 없으므로, 나는 한때 유럽을 떠돌다 4만 년 전쯤 멸종한 이 지적 존재와 특별히 가까운 느낌을 받지는 않는다. 하지만 한때 아프리카 남단에 살았던 호모사피엔스Homo Sapiens 선조들은 훨씬 더 가깝게 느껴진다. 호모사피엔스가 해산물을 활용한 증거는 족히 10만 년 전으로 거슬러 올라가며, 나는 아프리카 해안을 따라 그들이 즐겨 먹던 조개류의 잔해로 만들어진 패총 수백 곳을 발견했다.

네안데르탈인이 9만 년 전에 이탈리아의 바다에 들어갔다면, 우리 종이 비교적 안전한 아프리카 해초숲에서 수영을 시작한 건 10만 년도 더 된 일일 가능성이 크다. 이 시기 전후로 인류의 인지능력이 급격히 향상되었고, 당시의 고고학적 유물을 보면 서서히 진화하던 우리 종의 사고력이 이때쯤 특별히 각성하기 시작했음을 알 수 있다.

인류와 바다의 관계가 깊어진 것은 아마도 10만~12만 년 전 사이, 인간이 호기심 많고 창의적인 존재로 진화할 때 일어난 일일 것이다. 탐구하는 정신을 가진 인간은 무섭지만 거부

할 수 없는 끌림을 느꼈을 것이다.

물에 들어간 데는 매우 실용적인 이유도 있었다. 주요한 동기는 식량이었겠지만, 강이나 하구를 건너는 능력은 삶을 훨씬 더 쉽게 만들어줬을 것이다. 해안에서 해산물을 채집하다 큰 파도에 휩쓸리는 사고가 종종 있었기에, 수영 능력은 생존에 큰 이점이 되었을 것이다.

그리고 무엇보다 더운 날 시원한 물에 몸을 담그는 순수한 기쁨을 이길 이유는 없다. 초기 인류에겐 놀고, 배우고, 실험할 수 있는 시간이 많았다. 하루에 몇 시간으로 식량과 주거에 필요한 것은 모두 얻을 수 있었다. 이렇게 거대한 인간의 뇌가 헤엄치는 동물들을 보고서 해볼 만한 일이라고 생각하지 않았을 리 없다. 실제로 무더운 날 해초숲에서 헤엄치는 개코원숭이를 몇 차례 목격했으며 1.5미터 깊이까지 잠수하는 원숭이도 있었다. 얕은 바위 웅덩이가 있고 해초숲이 보존돼 있으며 기후까지 온화한 남아프리카의 강 하구는 인간이 처음으로 물에 떠보고, 헤엄치고, 나중에는 잠수를 배우기에 완벽한 장소였을 것이다.

세계에서 가장 오래된 타임캡슐

야생 인류의 기원을 더 깊이 이해하고자 남아프리카의 고고학자 크리스토퍼 헨실우드Christopher Henshilwood의 지혜를 구했다. 그는 1990년대 남아프리카 해안 블롬보스 동굴Blombos Cave에서 놀랍도록 잘 보존된 초기 인류 행동의 증거를 발굴하는 역사적인 성과를 남긴 인물이다. 남아프리카에 정착하여 가족 대대로 살아온 크리스토퍼와 그의 파트너인 고고학자 카렌 판 니에케르크Karen van Niekerk는 가장 오래된 추상화(7만 3천 년 전), 전복 껍데기로 만든 가장 오래된 물감 용기(10만 년 전), 가장 오래된 가압박리 석기를 발견했다. 말하자면 이들은 선사시대 조상들이 6만 년에서 10만 년 전 사이 놀랍도록 정교한 혁신을 이어가고 있었음을 밝혀낸 것이다.[2]

처음에 크리스토퍼에게 연락하기가 무척 긴장되었다. 2미터에 육박하는 키에 깊은 중저음 목소리를 가졌고, 현대 인류의 기원에 대한 날카로운 통찰력과 놀라운 발굴 성과 덕분에 존재감이 대단한 사람이다. 하지만 그가 야생의 조상을 탐구하는 나의 진심을 알아보면서 우리는 친구가 되었다. 내가 동생 데이먼, 고고학자 페트로 킨Petro Keene과 함께 그의 연구를 바탕으로 한 다큐멘터리와 전시 프로젝트를 구상할 때는 일대일 자문위원이 되어주었다.

어느 날 오후 크리스토퍼는 인류 종의 메카라고 할 만한 블롬보스 동굴 중심부의 성소로 나를 초대했다. 대중의 출입이 엄격히 금지된 공간으로 연구 목적으로만 접근할 수 있으

며, 방문객들은 아무것도 건드리지 않도록 각별히 유의해야
했다.

우리는 자연보호구역을 지나 해안 절벽에 있는 동굴 입구
로 걸었다. 바위투성이의 험한 지형이었고, 거대한 아치형 구
조물이 있는 입구까지 가파른 오르막이 이어졌다.

동굴 안은 조용했다. 두꺼운 암벽 때문에 바람 소리는 차
단되었고, 여름이라 밖은 꽤 더웠는데도 동굴은 시원했다. 주
변에서는 과학자들이 거의 경건한 태도로 조용히 작업 중이었
다. 마스크와 장갑을 낀 연구원들이 유물을 봉투에 담고 디지
털 태블릿에 정보를 기록하고 있었다. 한 연구원은 레이저로
동굴 벽면을 스캔하여 유물 하나하나의 정확한 위치를 기록했
다. 발굴된 유물의 연대 추정에 쓰일 자료였다.

만에 하나 넘어져서 손이라도 잘못 짚었다간 선사시대 유
물을 파괴할지도 모른다는 생각에 한 발 한 발을 조심스레 옮
겼다. 이곳은 성지였고 고고학계의 알렉산드리아 도서관이라
고 할 만했다. 인류의 모든 열쇠를 품고 있는 곳이었다.

크리스토퍼는 나를 동굴 벽 앞으로 안내했다. 그는 치과
의사처럼 보이는 확대 고글을 쓰고 섬세한 도구들을 들고 있
었다. 바위층의 얇은 표면을 천천히, 공들여 닦아내서 그 아
래에 숨겨진 것들을 손상 없이 드러내야 했다. 그의 연구팀은
무려 30년에 걸쳐 이 바위층을 조심스럽게 한 겹씩 벗겨내며

시간을 되감아 과거를 들여다보고 우리 종의 가장 큰 비밀을 풀었다.

크리스토퍼에 따르면, 이 동굴을 사용했던 초기 인류는 끊임없는 유목 생활을 했다.

"무리 지어 동굴에 들어와서는 몇 주 정도 머물다가 떠났어요. 그리고 바람이 모래를 불어 넣었고, 모래는 그들이 남긴 것을 덮어 완벽하게 보존했죠. 몇 달, 심지어 1년이 지나고 다른 무리가 들어올 때까지요."

약 7만 년 전, 이 동굴은 모래언덕의 모래로 가득 차면서 타임캡슐처럼 봉인되었다. 산소가 돌에 새겨진 그림과 층마다 박혀 있는 유물을 부식시키는 것을 모래가 막아주어서, 발굴되는 유물은 모두 불과 며칠 전에 거기 떨어진 물건처럼 보였다.

"이것 좀 봐요. 이 뗀석기는 어제 만든 것 같지 않나요? 소라껍데기는 무려 10만 년 됐지만 겨우 몇 년밖에 안 되어 보이죠."

그는 동굴의 특별한 환경 덕분에 완벽히 보존된 10만 년 된 지층에 박힌 전복 껍데기를 보여주었다. 그 순간 나는 현실의 타임머신을 탔다는 사실을 깨달았다. 유물들은 중석기Middle Stone Age(아프리카의 구석기 중기에 해당 - 역주) 조상들의 삶을 아주 깊이, 친밀하게 엿볼 수 있게 해주었고, 그들의 사고방식까지 조명했다.

이 동굴에서는 지구에서 가장 오래된 화학 활동의 흔적도 발견되었다. 물감이 든 전복 껍데기 두 개와 붉은 황토, 숯, 뼛가루의 혼합물이 든 그림 도구 세트였다. 그 순간 나를 사로잡은 생각이 있다. 인간은 아주 오래전부터 복잡한 생명체였다는 것이다. 과학적으로 증명하기는 힘들지만, 의식용 도구라는 느낌이 강하게 들었기 때문이다. 전 세계 석기시대 문화에서 붉은색, 흰색, 검은색의 조합을 의식에 사용했고, 이집트의 피라미드 안에서도 비슷한 색 조합이 발견된 바 있다. 심지어 오늘날에도 광고회사들은 이 세 가지 강렬한 색이 인간의 심리에 가장 크게 영향을 미친다는 사실을 알고 있다.

크리스토퍼와 카렌의 발견은 우리 종이 어떻게 머릿속에 있는 정보를 외부에 기록하기 시작했는지, 즉 어떻게 상징을 사용하게 되었는지에 관한 이야기를 들려준다. 블롬보스 동굴에서 출토된 유물 중에는 황토 연필로 십자형 무늬를 그린 바위 조각이 있었다. 이것은 인간이 손으로 그린 최초의 추상화로 알려져 있다.[3] 그 외의 근거들을 종합해보면, 이것은 어떤 면에서 최초의 컴퓨터나 책과 비슷했다. 축적된 정보를 저장하고 대대로 물려줄 수 있는 상징적 언어의 발명은 인간 천재성의 시작이었다고 볼 수 있다. 이 발견은 선사시대에 관한 인류의 생각을 완전히 바꾸어놓았다. 한때 고고학자들은 현대적인지능력의 중심지가 유럽이라고 믿었지만, 지금은 가장 창조적인 혁신이 남아프리카에서 일어났다는 것이 중론이다.

블롬보스에 다녀온 경험은 내 바다와 숲의 영혼을 몇 주 동안 풍요롭게 했다. 그리고 크리스토퍼와 카렌이 그다지 멀지 않은 더 훕 자연 보호구역De Hoop Nature Reserve에 있는 클립드리프트 동굴Klipdrift Cave에서 발견한 또 다른 유물은 내가 야생에 대한 이해를 더욱 확장하는 계기가 되었다. 그것은 야생 형제들과 우리를 이어주던 끈을 끊어버릴 수 있으면서도 다시 이어줄 가능성까지 품은 인간 진보의 상징이었다.

활과 화살의 탄생

나는 장갑 낀 손으로 세계에서 가장 귀중한 유물 중 하나를 들고 있었다. 산성 물질이 들어 있지 않은 특수 보존지로 감싸고 뽁뽁이로 고정한 다음 세 개의 플라스틱 용기에 연속으로 밀봉해 놓은 포장을 하나씩 풀어내자니 마치 러시아의 마트료시카 인형을 여는 기분이었다.

마지막 포장을 걷어내고 안에 있는 물건을 보는 순간 숨이 멎는 듯했다. 초승달 모양의 정교한 뗀석기 두 개. 지금까지 발견된 가장 오래된 화살촉으로, 약 6만 6천 년 전의 유물이다.

이 무기에 담긴 기술은 놀라웠다. 작은 초승달 모양의 석기 두 개를 등을 맞대고 접착제 역할을 하는 수액으로 붙여 화살촉의 머리 부분을 만들었다. 충격이 가해지면 두 조각이 분리되어 화살촉이 벌어진다. 체내에서 터지게 만들어진 덤덤탄dumdum bullet과 비슷한 원리다. 남아프리카 해안의 다른 동굴에서도 비슷한 시기 비슷한 화살촉이 발견되었는데, 이는 사람들이 아주 먼 거리를 이동하며 기술을 공유했다는 증거다.

투사 무기의 발명이 인간과 동물의 관계, 그리고 야생에서 인간의 위치에 어떤 영향을 미쳤을지 생각해보자.

멀리서 사용하는 무기는 사냥꾼과 사냥감의 역학 관계 전체를 바꾼다. 사자나 표범 같은 대형 포식자와 인간의 전투를 상상해보자. 인간이 제아무리 창 같은 무기로 무장하고 있다 해도, 대형 고양잇과 동물이 승자가 될 가능성이 압도적으로 높게 점쳐지지 않는가?

하지만 인간이 활과 화살을 만들어낸 순간 사자나 표범은 50미터 밖에서 날아오는 작은 무기를 알아보고 피해야 하는 처지가 되었다. 이후 화살 끝에 독까지 발리자 맹수들의 상황은 더욱 악화되었다.

인간은 그야말로 치명적인 존재가 된 것이다.

멀리서 적을 죽일 수 있는 무기로 무장하면서, 이제 인간은 먹이사슬의 꼭대기로 치고 올라가 지구에서 가장 위협적인 포식자가 되었다.

산족 공동체에서 지내며 나는 이러한 기술의 진화가 어떤 의미이며 인간이 창조하고 사용하는 도구에 어떤 힘이 있는지 더 깊은 차원에서 이해하게 되었다. 운 좋게도 활 사냥꾼 클로아세와 함께 사냥한 적이 있는데, 그는 화살을 어떻게 준비하는지 보여주었다. 철조망용 철사를 돌로 납작하게 두드려 화살촉을 만들고 특수한 나무 고리로 갈대 살에 고정했다. 산족의 활은 보기에는 가볍고 약해 보이지만, 화살촉에 독을 바른 덕에 기린처럼 큰 동물에게도 치명적이다.

한 인류학자는 산족 사냥꾼들이 의도적으로 더 큰 활을 만들지 않았으리라는 가설을 제시했다. 큰 무기가 생기면 추적 기술에 덜 의존하게 되어 자연과의 관계가 바뀔까 두려워했다는 것이다. 야생과의 긴밀한 관계를 유지하기 위해 누군가는 의도적으로 기술의 확장을 억제한다는 것이 천재적인 발상으로 느껴졌다.

칼라하리에서 촬영할 때도 비슷한 장면을 목격한 적이 있다. 젊은 사냥꾼들이 덤불 속으로 뛰어들 준비를 하고 있었고, 개들은 냄새를 맡으며 흥분해서 주변을 뛰어다녔다. 나의 산족 스승님 웅카테가 나를 돌아보며 말했다. "저기 젊은이들 보이지? 추적에 개를 이용하려 하잖아. 하지만 개의 코에 의존하면 내 추적 기술은 망가져버려."

산족 공동체에서도 개를 이용한 사냥은 훨씬 더 흔해졌지만, 추적의 달인들은 여전히 같은 이유로 사냥개를 거부하기도 한다.

그들의 지혜로부터, 도구와 조력자를 활용하는 것도 좋지만 지나치게 의존하면 나 자신의 지능과 기술에서 멀어진다는 것을 배웠다.

원초적 도구 만들기

나는 도구를 만드는 일을 좋아한다. 손으로 도구를 만드는 것은 오랫동안 내려온 추적자의 계보와 연결되는 중요한 행위처럼 느껴진다. 어디에 살든 나는 작은 작업 공간을 꼭 마련하고, 뼈대, 도구, 장치, 예술품, 장신구를 만들 철사, 강철, 뼈, 돌 조각 등을 보관한다.

바다숲으로 이사하고 몇 년 후, 무거운 금속 조각으로 작은 다용도 도구를 만들었다. 주 용도는 삼각대였다. 몸통에 구멍을 뚫고 카메라를 고정할 수 있도록 나사를 박았다. 해저 가까이에서 촬영하고 싶을 때에는 허리띠에 매다는 무게추로도 사용했다.

톰과 함께 작업장에서 도구를 만들 때면, 자연에서 찾을 수 있는 모든 재료와 손을 사용해 더 나은 방법을 고안해냈던 인류의 초기 조상들과 깊이 연결되어 있다는 느낌을 받는다. 발명하고, 혁신하고, 만들고, 고치고, 땜질하려는 충동보다 더 인간적인 것이 또 있을까?

톰이 어릴 때, 우리는 바다숲 바닥에서 발견한 오래된 자동차 스프링으로 폭이 넓은 검을 만들었다. 이제는 톰이 나보다 뭐든 훨씬 잘 만든다. 더 꼼꼼하고 정교하다.

한번은 낡은 쟁기 날로 멋진 칼을 만들고 아름다운 가죽 칼집까지 만들었다. 나는 톰에게 금속 조각을 가공하는 법을 가르쳐주고 원하는 칼 모양을 설계하도록 이끌었다. 톰은 도면대로 칼날 모양을 잘라냈다. 내 도움을 받아 앵글 그라인더로 칼날을 갈자 불꽃이 튀었다. 톰은 오랫동안 광을 내고 사포질로 칼날을 매끄럽게 만들었다. 마지막으로 자기 손에 꼭 맞게 나무를 깎아 손잡이를 만들고 옆면에 못을 박았다. 그 후 며칠 동안 다시 광을 내고 나서야 연마기로 칼날을 세웠다.

우리가 만든 도구들은 전문 대장장이의 작품처럼 완벽하지는 않지만, 삼각대나 칼을 사용할 때마다 내 손으로 무언가를 만들었다는 만족감을 느낀다.

하지만 한편으론 도구에 너무 의존해서 내 감각이 가진 힘을 놓치지 않도록 유의한다.

실로 연결되다

때로 도구 제작을 마무리하며 산족 스승들을 떠올리다보면, 몇 년 전 칼라하리에서 본 불편한 광경도 함께 떠오른다. 촬영 중 쉬는 시간이었는데, 아프리카에 막 와서 아직 햇볕에 그을리지도 않은 신학교 졸업 겨우 몇 년 차일 젊은 사제가 산족 주술사들 앞에서 설교하고 있었다.

고작 성경을 2~3년 공부한 유럽인이 다중 의식multiple consciousness(동시에 여러 의식 상태를 경험하거나, 여러 인식의 층위에 접근하는 정신 상태. 샤먼 전통에서는 트랜스 상태나 신과의 접촉, 조상과의 소통에서 자주 언급됨 - 역주)의 복잡한 본질을 완전히 이해하고 우주의 저편을 수없이 오갔던 아프리카 원로들에게 무언가 가르치려 하다니 경악스러웠다. 원로들은 아주 어릴 때부터 의식 변화 상태와 현실의 본질을 배웠을 것이다. 신과 조상들과 깊은 연결을 맺었을 것이다. 하지만 그들은 사제가 성경을 읽어주는 동안 자리를 지켰다. 내가 보기엔 관용을 베푸는 듯했다.

은혜롭게도 내게 옛 방식의 지식을 전수해준 수많은 원주민 스승들 앞에서 나는 이루 말할 수 없이 겸손해졌다. 그 지식에는 인류를 포함한 수많은 종이 생존하게 할 잠재력이 있었다.

특히 나의 소중한 파트너였던 샤메인 조셉 과자Charmaine Joseph Gwaza에게 많은 것을 배울 수 있어 영광이었다. 샤메인은 나를 자신의 가문과 민족의 영적 문화 깊이까지 이끌었고 의식과 관습을 알려주었다. 줄루랜드Zululand를 방문해 몇 주 동안 샤메인의 가족이 사는 진흙과 짚으로 만든 전통 오두막에 머물며 약초를 채집했다.

줄루랜드에서 지내며 이 세상에서 어떤 삶이 가능한지 알게 되었다. 음식, 주거지, 도구 등 필요한 것은 모두 지역공동체에서 자급자족했다. 내가 본 바로는 설탕과 기름만 외부에서 들여왔다. 야생과 목축, 농사를 오가며 즐겁고 건강한 삶을 누렸으며, 기쁨과 여유의 감각이 있었다. 웃음이 자연스럽게 흘러나왔다.

반면 수천 킬로미터 떨어진 케이프타운의 타운십township(남아프리카공화국에서 아파르트헤이트(인종차별 정책) 시기에 흑인 등 비백인 거주민들을 강제로 이주시켜 형성된 도시 외곽의 열악한 주거지역 - 역주)에는 이와 대비되는 고된 생활이 있었다. 나는 한동안 샤메인과 타운십에 살았고, 샤메인은 작은 집 옆에 있는 원형 초가집에서 전통 의학을 수련했다. 이웃집 아이들은 늘 먹을 것이 부족했고, 타운십의 멈출 줄 모르는 소음에 귀청이 떨어질 것 같았다. 인종차별 정책과 식민주의가 남긴 상처를 매일 떠올리게 하는 가슴 아프고 분노스러운 현실이었다.

샤메인과 함께 지낸 3년 동안 우리는 야생동물과 함께하는 심오한 경험을 나누었다. 샤메인은 물의 정령 움다우Mdau와 깊

은 관계를 맺고 있었다. '물로 부르기calling to the water'라는 신비한
의식을 치르면 동물들이 내가 이해할 수 없는 방식으로 움직
이곤 했다.

어느 추운 새벽 케이프타운 동쪽 해안 마을 프링글 베이에
서 나는 샤메인이 면도날로 팔을 그어 피를 내는 모습을 지켜
보았다. 그녀는 해변에 앉아 아프리카 약초 임페포imphepho를
작게 쌓아 불을 붙이고 바닷물의 정수에 기도를 올렸다.

샤메인은 내 오른손에 자기 피를 몇 방울 떨어뜨리고는 그
것을 바다에 가져가달라고 했다. 바다는 잔잔했고, 나는 가슴
깊이까지 물을 헤치고 나아갔다. 왼손에는 해안에 방생할 살
아 있는 전갈을 든 채였다. 샤메인은 내게 바다에 기도하고,
감사의 표시로 피를 흘려보내라고 말했다.

나는 시키는 대로 하고 물 밖으로 걸어나가 전갈을 부드럽
게 풀어주었다. 등을 돌리자마자 첨벙이는 소리가 들렸다.

뒤를 돌아본 나는 입이 떡 벌어졌다. 얕은 물에 민발톱수
달이 떠 있었다. 흔들리지 않는 믿음을 가진 샤메인은 놀라지
않았다. 전통 치유사로 살면서 이미 특이한 광경을 많이 보았
기 때문이다. 우리는 천천히 수달에게 다가갔다. 그 전에도 그
이후로도, 나는 그런 광경은 한 번도 보지 못했다. 마치 보이
지 않는 무언가가 수달을 그 자리에 잡아둔 것 같았다. 수달
은 물을 마구 휘젓고 으르렁거리고 우리 눈을 쳐다보면서도,

떠나가지 않았다. 샤메인은 얕은 물가에서 옆에 앉으라고 손
짓했다. 수달이 튀기는 물에 흠뻑 젖은 채 샤메인은 물의 정령
움다우에게 감사를 표하는 긴 기도문을 읊조렸다. 그러자 수
달은 서둘러 헤엄쳐 떠났다.

내가 받은 서구식 교육으로는 그날 무슨 일이 일어났는지
설명할 길이 없었지만, 무언가 확신을 주는 강력한 경험을 했
다는 느낌을 받았다. 몇 년간 수달과 이해할 수 없는 만남을
여러 차례 겪으면서 그 느낌은 더 깊어졌다.

내가 목격한 많은 의식은 내가 속한 문화권의 것은 아니었
지만, 그로부터 배운 정신을 존중하며 살아가려고 매일 노력
한다. 매일 바다에 들어가는 것은 가장 중요한 의식이다. 그건
조상들과, 나의 기원과 연결되는 방식이다. 위대한 어머니에
게 감사하는 마음을 전하고 야생의 지성을 나눠달라고 바다에
부탁할 뿐인데, 나는 순식간에 길들여진 세계를 벗어나 경이
의 영역에 들어선다. 매일 밤 잠자리에 들기 전에 지금은 세상
을 떠난 샤메인과 웅카테 같은 스승들을 떠올리며 삶과 지혜
를 나누어준 그들에게 감사한다.

의식의 힘

야네스와 나는 해양생물학과 추적이라는 공통의 관심사와 관

련해 다양한 원주민 지식에 관해 이야기를 나눴다. 하지만 그가 성인식이 될 만한 의식을 설계해달라고 했을 때는 솔직히 놀랄 수밖에 없었다. 성인식은 모든 원주민 문화에 존재하지만, 야네스가 자란 독일 문화에는 결여되어 있다.

야네스는 연구와 생태학에 푹 빠진 해양생물학자였다. 소라게에 대한 논문으로 박사 학위를 취득했고, 점차 케이프바위게Cape rock crab에 대한 관심을 키워가고 있었다. 그래서 샤메인과 함께하며 배운 방식들을 활용하여 케이프바위게의 탈피 과정을 모방한 의식을 설계했다.

인간이 자라면 옷이 작아지는 것처럼, 갑각류도 자라면 껍질이 작아진다. 껍질은 늘어나지 않으므로 게는 주기적으로 껍질을 벗고 더 큰 새로운 껍질을 만들어낸다. 탈피 중에는 매우 취약한 상태가 된다. 단단하고 안전한 외골격을 벗어야 하며, 새로 자라난 갑옷이 단단해지기 전까지는 온몸이 무르고 연약하다. 단단한 껍질과 위협적인 집게가 있을 때는 감히 건드리지 않던 포식자들이 이때는 순식간에 게를 낚아챌 수 있다. 그래서 게는 탈피하는 동안 동굴 틈이나 모래 아래 깊은 곳에 몸을 숨기고, 은밀하게 보호막을 벗고 다시 만들어낸다.

우리 앞에 여러 차례 모습을 드러냈던 케이프바위게를 중심으로 의식을 만드는 것은 퍽 자연스럽게 느껴졌다. 우리는 게가 기어간 흔적, 노처럼 생긴 다리로 빠르게 헤엄치는 능력,

썰물 때 해초 위를 가로질러 달리며 천적인 문어를 피하는 요령, 떨어져나간 다리를 다시 자라게 하는 기적 같은 재생 능력을 관찰해왔다. 이 게의 특별한 집게는 강한 파도 속에서도 바위를 움켜쥘 수 있으며, 비슷한 크기의 다른 게보다 악력이 네 배나 강하다.

나는 야네스를 바닷가 옆 외딴 동굴에 내려주었다. 그는 그곳에서 음식 없이 하룻밤을 보내고 낮에는 홀로 해변을 거닐었다. 이상하게도 그때 자신의 미국 지도 교수와 이름이 같은 브랜드의 낡은 신발 한 짝을 발견했다고 한다.

다음 날, 야네스를 태워 집으로 돌아왔다. 스와티, 야네스의 어머니 안야와 그 동반자 해럴드, 그리고 나는 함께 노래를 불러주었다. 그리고 바위게의 집게로 야네스의 피부에 상처를 내고 바위게 껍질을 갈아서 만든 가루를 그 위에 문질렀다. 우리는 그를 꼭 끌어안았고, 그는 게가 탈피하는 모습처럼 천천히 밀치며 우리 품을 빠져나갔다. 오래된 껍질을 벗어내고 빛나는 모습으로 다시 태어나는 동작이었다.

다음 날 가장 좋아하는 바다 동굴까지 헤엄치는 것으로 의식을 마무리했다. 야네스는 수경 없이 어두운 동굴을 헤엄쳐 밝은 곳으로 나왔다.

2주 후, 야네스와 나는 새로운 생물종을 찾는 연구 활동의 일환으로 같은 동굴을 다시 찾았다. 동굴로 들어가는데 바위게 두 마리가 천장에서 떨어졌다. 바로 전에 스쿠버다이버 한 무리가 지나가며 흙탕물을 일으킨 터라 게들은 잘 보이지 않았다.

토사가 가라앉고 물이 맑아졌을 때, 두 마리라고 생각했던 게가 사실은 껍질을 벗으려 애쓰는 게 한 마리라는 사실을 깨달았다. 껍질 없는 연약한 게는 바닥에 닿자 오래된 껍질을 가까스로 벗어내고 안전한 곳으로 허둥지둥 달아났다.

나는 순간 멍해졌다. 35년 동안 다이빙을 했지만 케이프바위게가 탈피하는 모습을 실제로 보는 건 처음이었다. 하지만 야네스가 껍질을 벗고 삶의 새로운 단계로 나아가는 의식을 치른 지 몇 주 만에 자연에서 그 광경을 목격한 것이다.

자연에서 시간을 더 많이 보낼수록 뜻하지 않게 신비의 영역으로 끌려가는 일이 더 자주 생긴다. 나는 주의 편향attention bias(어떤 대상에 집중할수록, 그 대상이 더 자주 눈에 띄는 것처럼 느껴지는 심리 현상 - 역주)만으로는 설명할 수 없는 운명적 만남을 경험한 자연 다큐멘터리 촬영자들을 많이 만났다. 야생과 더 깊이 연결될수록, 마치 하나의 거대한 지성체와 상호작용하는 느낌이 든다. 무슨 일이 일어나고 있는지 인간이 정확히 알 수는 없지만, 야생은 우리가 생각하는 것보다 훨씬 생생하고 우리와 소통하는 듯하다.

우주 자체만 보아도 그렇다. 우주가 지구와 우리, 그리고 이 놀라운 생명체들을 모두 우연히 탄생시켰을 가능성이 얼마나 될까? 지극히 희박해 보인다.

서구의 과학적 사고방식으로 자라났다면 우연한 발견을 믿기 어려울 것이다. 확률을 계산하려는 통계적 사고가 고개를 든다. 하지만 내가 만난 원주민들이라면 전혀 의문을 품지 않을 것이다. 그들은 이것이 삶의 모습임을 이해한다. 자연이 살아 있고 지성을 가진 상호작용하는 존재이며, 우리가 알고자 하는 동물들이 때로는 우리를 돌아본다는 것을 알고 있다.

야네스와 나에게 우연이라 보기 힘든 일이 일어난 건 탈피하는 바위게가 처음은 아니었다. 어느 날 아침 수영을 마치고 사우나에서 몸을 녹이며 야네스에게 물었다. 가장 이상한 방식으로, 가장 예기치 못한 곳에서 질문의 답을 찾게 되는 기묘한 현상을 어떻게 생각하는지.

"어떻게 보면 사랑에 빠지는 것과 비슷해요." 그가 말했다.

좋은 비유라고 생각했다. 사랑은 예측할 수 없고 신비롭지만, 동시에 희미하고도 복잡한 공식이 있는 듯하다. 제때, 제자리에 존재하는 운도 필요하지만, 자신을 열고 취약해질 수 있어야 교감의 불꽃이 일어난다.

결국 사랑은, 두렵고 위험하더라도 우리를 지켜주던 갑옷을 벗어던지는 것이다.

동물과 광물 조상들

어느 날 아침, 산길을 따라 20분쯤 올라가 핀보스 군락 때문에 물이 짙은 적갈색으로 얼룩진 작은 웅덩이에 도착했다. 아프리카 끝자락, 더는 남쪽으로 갈 수 없는 곳에 있는 피파의 새로운 집을 방문한 참이었다. 가는 길에 거북이 한 마리, 거미줄을 친 크고 멋진 거미, 그리고 바람과 물이 수백만 년 동안 조각한 장엄한 사암 바위들을 만났다. 웅덩이에서는 양서류 세계의 기분 좋은 소리가 나를 맞이했다. 개구리의 울음이었다.

나는 개구리가 부럽다. 땅에서 공중으로 뛰어오르고, 물속에서 다섯 시간은 숨을 참을 수 있는 능력이, 내 눈으로는 형태조차 구별할 수 없는 칠흑 같은 어둠 속에서 색깔을 보는 능력이, 피부 아래 '수분 흡수 부위drinking patch(개구리가 피부를 통해 물을 흡수하는 복부의 특수한 부위. 입으로 물을 마시기보다는 이 부위를 통해 삼투압 방식으로 수분을 흡수한다 - 역주)'를 통해 물을 빨아들이는 방식이 부럽다.

개구리는 종으로서 3억 5천만 년의 역사를 가졌지만, 인간은 겨우 30만 년밖에 되지 않았다. 개구리는 다섯 번의 대멸종에서 살아남았으나 인간이 불러온 여섯 번째 멸종이 많은 개구리 종을 심각하게 위협하고 있다.

나는 목까지 물에 잠긴 채 바닥의 돌에 발가락을 다치지 않도록 조심하며 질척한 진흙 바닥을 천천히 걸었다. 발바닥에 흙이 닿는 느낌이 좋았다. 커다란 잠자리 유충 한 마리가 헤엄쳐 지나가, 나는 등에 막 돋아나기 시작한 반짝이는 날개와 먹잇감을 으스러뜨리는 인상적인 입 부분을 감탄하며 바라보았다. 물, 땅, 하늘—세 개의 세계에 속하는 이 생명체가 내 손으로 미끄러져 들어오더니, 살갗을 깨물고 어두운 물속으로 쏜살같이 사라졌다. 날카로운 통증이 있었지만 피는 나지 않았다.

개구리 소리를 따라 덤불 언덕 안쪽 깊숙이 들어가니 움푹 파인 작은 공간이 있었다. 커다란 눈으로 나를 뚫어지게 쳐다보는 케이프강개구리 여덟 마리를 발견하고 마음이 환해졌다. 나는 위협적이지 않은 느낌을 주려고 애쓰며 살금살금 가까이 다가갔다. 은신처에 그렇게 가까이 가도록 허락해주다니 감사한 일이었다. 왜 안전한 물속으로 뛰어들지 않았는지 모르겠지만, 개구리들은 가만히 앉아 있었다. 무늬가 점점이 박힌 목이 미세하게 움직이고, 눈은 금빛, 붉은빛, 검은빛이 섞인 작은 은하처럼 반짝였으며, 단단한 뒷다리 근육은 언제든 뛰어오를 준비가 되어 있었다.

강물의 품에 몸을 맡기고 깜빡이지 않는 여덟 쌍의 눈을 응시하던 그 순간, 나는 단순하면서도 심오한 통찰을 얻었다. 거북이도, 거미도, 개구리도 나의 형제들인 동시에 조상이라는 것.

나는 말 그대로 그들이 수천 년을 이어온 생명의 샘에서 태어난 존재였다. 게다가 우리는 모두 내가 방금 걸어온 길 위의 거대한 바위 속에 있는 물질로부터 태어났다. 바위 속의 광물과 같은 물질이 우리 몸에도 들어 있다.

이건 갑자기 떠올린 낭만적 상상이 아니었다. 이러한 사유는 캘리포니아통합학문연구소California Institute of Integral Studies의 진화우주학 교수이자 뛰어난 작가인 브라이언 스웜Brian Swimme의 연구에서 비롯되었다.

나는 오랜 친구인 루이스 허먼Louis Herman 교수 덕분에 브라이언을 만나면서 내면을 울리는 통찰을 얻었다. 마치 평생 다이빙을 해온 동료 모험가를 만난 것 같았다. 다만 그는 작은 바다숲이 아니라 우주 전체를 헤엄치는 사람이었다. 놀랍게도 내가 동물과 자연으로부터 받은 가르침은 그가 은하와 폭발하는 별을 깊이 탐구하며 얻은 결론과 섬뜩할 만큼 비슷했다.

브라이언은 저서 《코스모제네시스Cosmogenesis》에서 우리의 정신은 이전에 존재했던 모든 정신의 창조물이라는 깨달음을 나누며 다음과 같이 저술했다. "갈릴레오와 뉴턴, 아인슈타인의 사상이 나의 일상적인 인식을 형성한다. 이 생각을 확장하면 우리의 조상들이 오늘날 지구에 있는 모든 인간의 정신을 빚어냈다는 의미다. 나는 내 정신이 나의 것이라 여기지만, 실제로는 다른 이들이 만들어낸 것이다."[4]

그러니 어떤 면에서 우리는 동물과 인간을 포함한 조상들의 살아 있는 저장본인 셈이다.

수천 년 전 상징을 발명하고 블롬보스 동굴 벽에 그것을 새긴 아프리카 천재들의 생각이 오늘 나의 일상적인 감각과 사고에 영향을 준다. 지금 이 글을 쓰는 나의 손가락을 붉은 황토가 묻은 고대의 손길이 이끌어주는 느낌마저 든다. 위험을 감지하는 본능 같은 내 정신의 원초적인 부분은 동물 조상들이 만든 것이다. 다른 부분은 고대 인류의 조상에 의해 형성되었다. 매주 불에 음식을 조리할 때는 50만 년 전의 *호모에렉투스*Homo erectus 조상들이 만든 정신의 한 부분에 의지한다. 정교한 도구를 만들 때는 10만 년 전의 *호모사피엔스* 조상들이 내 손을 인도한다.

브라이언의 멋진 표현을 빌리면, 온 우주가 우리 안에 있고 우리 또한 우주 안에 있다.

나는 개구리들의 작은 보금자리에 웅크리고 앉아 모든 생명체, 동물, 식물, 그리고 우리를 살아 있게 하는 땅과 원소들에 깊이 연결되어 있다고 느꼈다. 우리는 모두 같은 물질로 이루어져 있고 그래서 어떤 은총의 순간에 나는 세상에 단단히 엮여 있다고 느낀다. 나는 개구리를 느끼고, 잠자리를 느낀다. 마음을 더 펼치면 바위도 느낄 수 있다.

나는 개구리-바위-거미-잠자리다. 나는 은하이고, 당신도 그렇다.

문어 마을

몇 달간 거의 보이지 않던 문어가 사방에서 보이는 시기가 왔다. 문어들이 초여름에 얕은 물로 돌아오는 이유도 방법도 여전히 수수께끼다. 일부 연구에 따르면, 나이가 들면 깊은 바다로 나갔다가 짝짓기를 위해 얕은 곳으로 돌아온다고 한다.

야네스는 문어가 요동치는 바다를 좋아하지 않는 것 같다고 했다. 굴에 모래가 차거나 벽이 무너지기 때문이다. 그래서 폭풍이 몰아쳐 물이 거친 겨울에는 더 깊고 잔잔한 곳으로 들어갔다가 폭풍이 가라앉는 여름에 얕은 바다로 돌아오는지도 모른다. 실제로 문어를 관찰해보니 파도와 바람을 막아주어 굴 관리가 편한 만 지형을 선호하는 것으로 보아, 깊은 물에 다녀온다는 이론은 일리가 있었다.

수면 위를 헤엄치며 문어의 포식 흔적을 찾아보았다. 그 무렵에는 내리 1.5킬로미터 정도는 거뜬히 헤엄쳤고 힘차되 조용히 팔을 저으며 해초숲을 지나다녔다. 물속 생물들을 놀라게 하지 않도록 압력파를 최소화하는 수영 기술을 개발했다. 물을 튀기지 않고 조심스럽게 손을 담갔고 발차기는 전혀 하지 않았다.

사방에 문어가 사냥한 흔적이 있었다. 해초숲 곳곳에 어떤 생물이 사는지 가르쳐준다고 느껴질 정도였다. 울창한 해초숲 얕은 곳에는 다판류 연체동물chiton과 전복, 서쪽의 탁 트인 모래 지대에는 꽃게, 동쪽 모래 지대에는 수달조개otter shell, 좀 더 깊은 모래밭과 해초숲의 경계에는 갈색조개brown bivalves, 온통 성게가 널려 있는 바위 지대와 주변 모래밭에는 헬멧달팽이가 있었다.

문어가 얼마나 다양한 능력을 지녔는지 놀라울 따름이었다. 한 마리 한 마리가 자신의 서식 지역에서 가장 흔한 먹잇감을 표적으로 삼고, 그에 맞는 최적의 사냥법을 찾아내어 전문가가 된다. 나는 문어 굴에서 굴로 헤엄쳐 다니면서 머릿속에 '문어 마을'이라는 지도를 그렸다. 이 지도는 숨은 동물이 많은 곳을 보여주었다.

야네스와 나는 어느 날 아직 덜 자란 파자마상어가 바위 밑에서 냄새를 맡고 있는 것을 발견했다. 가까이 가보니 작은 문어를 노리고 있었다. 아직 덜 자란 파자마상어는 어린 문어에게 특히 위험하다. 호리호리한 몸 덕분에 아주 좁은 틈으로도 주둥이를 밀어 넣을 수 있기 때문이다.

그때 뜻밖의 장면이 펼쳐졌다. 상어에게 거의 붙잡힐 그 순간, 영리한 어린 문어가 움켜쥐고 있던 미끄러운 조각을 상어의 입에 밀어 넣은 것이다. 녹황색을 띤 갈색의 질긴 해초였다. 상어는 반사적으로 해초 조각을 꿀꺽 삼켰고, 귀중한 탈출 시간을 번 문어는 그사이 모래 밑을 파서 도망쳤다. 먹잇감에게 속아 '채식주의자'가 되어 버린 상어는 결국 포기하고 미끄러지듯 헤엄쳐 떠나가야 했다.

문득 일주일 전 문어가 해초 조각을 씹고 있던 기억이 떠올랐다. 문어에 관심이 많은 나는 굴 밖으로 삐져나온 해초 잎을 보고 가까이에서 관찰했다. 문어가 해초를 놓았고, 둥둥 떠내려가는 잎에는 주둥이 모양과 크기에 딱 맞을 이빨 자국이 있었다. 내가 아는 한 문어가 해초를 먹는다는 기록은 없었다. 그때는 그냥 심심했던 건가, 아니면 해초에 영양분이나 약효가 있나 생각했다.

이제 다른 해석이 보였다. 문어가 해초를 도구로 사용했을 가능성 말이다.

문어가 씹은 해초 조각은 냄새와 탄력 있는 질감이 문어 살과 비슷했다. 상어처럼 시야가 좁아 후각, 미각, 촉각에 의존하는 포식자에게 혼란을 주는 도구로 사용될 수 있었다.

연체동물이 도구를 쓰다니, 게다가 그 도구가 해초라니 정말 놀라운 일이다. 문어가 해초를 몸에 둘러 약한 몸을 감싸는 일종의 갑옷을 만드는 건 이미 확인되었다. 하지만 내 추측이 옳다면 그날의 광경은 훨씬 더 놀라운 것이었다. 정말 정교한 속임수가 아닌가!

문어는 나에게 끝없는 가르침을 주고 사고의 경계를 확장시켜주는 존재다.

나는 들뜬 마음으로 나의 발견을 제인 구달에게 알렸다. 제인은 침팬지가 도구를 사용한다는 획기적 연구로 동물의 지능과 행동에 대한 인식을 바꿔놓았다. 한때 도구를 만들고 사용하는 능력은 오직 인간만의 특권으로 여겨졌으나, 1960년 제인은 데이비드 그레이비어드David Greybeard라는 침팬지가 개미집에 지푸라기를 꽂아 흰개미를 퍼먹는 장면을 목격했다.[5]

이후 동물 형제들의 놀라운 창의력을 다루는 연구가 쏟아졌다. 사냥할 때 주둥이를 보호하려고 해면을 물고 다니는 돌고래부터, 나뭇가지를 꺾어 갈고리를 만드는 까마귀, 물구덩이를 만드는 코끼리까지(상아로 땅을 파고 나무껍질을 씹어 만든 공으로 구멍을 막은 뒤 물이 증발하지 않게 모래로 덮고 나중에 이 자리로 돌아온다) 다양한 사례가 보고되었다.

블롬보스 동굴에서 발견된 유물이 중석기시대 호모사피엔스의 인지능력에 대한 이해를 바꿔놓았듯이, 문어의 도구 사용에 대한 나의 발견이 언젠가 문어의 지능과 능력을 바라보는 관점을 송두리째 바꿀 수 있을지 궁금할 따름이다.

양서류 나무

울부짖는 바다가 내려다보이는 절벽 위 높은 곳에 자리 잡은 동굴 입구에 서 있자니 거대한 만을 가로질러 물결치는 바람이 바다를 혀처럼 길게 들어올리며 흩뿌리는 물보라가 보였다. 짙은 구름과 멀리서 내리는 비는 햇살이 비집고 들어가려 애쓰는 은빛 바다의 배경막이 되었다.

동굴 바닥은 한때 이 해안에 살았던 야생의 인간들이 마지막으로 먹었던 조개껍데기로 뒤덮여 있었다. 조개껍데기를 밟지 않도록 조심하며 선반처럼 튀어나온 바위 밑으로 기어들어가 배를 땅에 댄 채 동굴 안으로 더 깊이 들어갔다. 몸을 스치고 지나가는 돌풍이 묘한 느낌을 주어 압력의 감각이 깨어났다. 물속에서는 자주 느끼지만 육지에서는 거의 겪은 적 없는 이상한 감각이었다.

좁은 공간에서 빠져나와 작은 야생 녹나무 세 그루를 향해 걸어갔다. 여태껏 보아온 다른 녹나무들과 달리 독특한 모양이었다. 두툼하고 울퉁불퉁하게 부푼 특이한 모양의 줄기와 밑동에서 뻗어 나온 작은 가지들 때문에 분재와 비슷해 보였다.

이 동굴에 살았던 마지막 야생의 인간들이 가지를 꺾은 걸까? 나뭇가지를 손으로 더듬자 내 마음 깊은 곳에서 두꺼운 굳은살로 덮인 오래된 손이 느껴졌다. 단지 내 상상일까? 아니면 정말로 인류가 이 나무와 맺어온 깊은 고대의 기억에 접속한 것일까?

녹나무는 잎과 껍질 모두 약효가 있어 초기 인류에게 중요한 나무였다.[6]

이 나무는 야생의 수렵채집인들에게 매우 유용했기에 일종의 영적 존재로 격상되었대도 놀랄 일은 아니다. 동굴 입구에서 자라고 있다는 점이 특히 눈에 띄었다. 수렵채집인들은 꽃처럼 보이는 녹나무의 열매 뭉치를 불쏘시개로 사용했기 때문이다.

그런데 여기 있는 이 세 그루의 나무는 과연 원시의 손이 닿았을 만큼 오래된 것들일까? 그런 의문을 품는 순간 어떤 기억이 떠올랐다. 뛰어난 민속식물학자인 내 친구 토니 커밍햄 Tony Cunningham이 말해준, '무성 재생clonal resprouting'을 통해 수천 년 동안 살아남는 나무들에 대한 이야기가.[7]

이 나무들은 씨앗을 퍼뜨리는 대신 기존 개체가 가지를 뻗어 번식하여 수천 년을 살아간다. 스코틀랜드 북부의 라임나무 한 그루는 이 방법을 통해 놀랍게도 4천 년의 수명을 누렸다고 한다.

이 나무들의 구불구불하고 뒤틀린 모양은 고대인들의 손이 남긴 자취일까? 아니면 이 독특한 성장 패턴은 단지 현대 어부들이 장작을 가져간 흔적일 뿐일까?

토니에게 묻자 내가 본 세 그루의 야생 녹나무는 실제로 무성 재생을 하는 *타르코난투스 리토랄리스*Tarchonanthus littoralis라는 종으로, 아주 오래되었을 수도 있다는 대답이 돌아왔다. 나는 그의 말에 고무되어 타르코난투스 리토랄리스에 대해 더 자세히 살펴보기로 했다.

어떤 면에서 이 나무는 양서류 같다. 바다를 건너는 여정에 적응한 존재다. 열매는 밀랍처럼 반들거리고 솜털이 많으며 씨를 품고 있다. 이 씨들은 해안을 따라 날아가고 물에 가라앉지 않기 때문에 살아남는다. 방수성의 솜털 덩어리는 해안을 따라 수 킬로미터를 여행하는 작은 배와 같으며 마침내 비옥한 해초 지대 위쪽에 내려앉는다. 물에 실려온 씨는 그곳에서 바람과 건조함에 강한 또 다른 녹나무로 자라난다.

이 야생 녹나무는 어느새 내 마음속에서 신화적인 지위를 갖게 되었다. 동굴을 방문할 때마다 질긴 생명력을 가진 나무들과 인사를 나눴고, 이 해안에서 가볍디가볍게 살았던, 세대를 거듭해 수많은 시행착오를 반복하며 동식물에 대해 알아갔던 우리의 먼 조상들을 추억하는 일도 잊지 않았다.

토니와 함께 녹나무 불쏘시개를 몇 번 시험해보았지만, 늘 뭔가 빠진 느낌이었다. 녹나무 불쏘시개는 석탄을 담은 듯 불꽃을 오래 유지했지만 점화제가 없으면 불이 붙지 않았다. 그런데 어느 날 해변을 거닐다가 그레이부리고래Gray's beaked whale

의 두개골이 떠밀려온 것을 발견했다. 고래 지방이, 빠져 있던 '뭔가'가 아닐까? 나는 이 허무맹랑한 가설을 실험해보기로 했다. 두개골에 남은 고래 지방을 겨우 긁어내어 녹나무 불쏘시개와 섞었다. 그 혼합물을 전복 껍데기에 넣고 숨죽인 채 부싯돌을 쳤다. 모든 게 느려진 듯한 그 순간, 불꽃이 고래 지방에 적신 보송보송한 불쏘시개에 닿았고 즉시 불이 붙었다. 몇 분 동안 강렬하게 타오르는 불을 보며 오랜 조상들과 아주 가까워진 느낌을 받았다.

나에게는 조상들의 천재성을 기억하고, 추적을 통해 그들의 삶과 이야기를 다시 수면으로 끌어올리겠다는 포부가 있다. 그들의 목구멍에서 피어오르는 하얀 연기, 그들의 웃음, 불꽃이 일렁이는 눈, 그리고 인간 의식의 수면에 떠다니는 바다와 숲의 씨앗들을. 그 씨앗들은 비옥한 토양에 다다라 먼 미래로 다시 자랄 날만을 기다리고 있으리라.

솟아나는 이야기

조상들의 도구와 전통을 마주하며 경이로움을 느낄수록, 내가 태어나기 수백만 년 전부터 존재했던 동물, 식물, 광물과 깊이 교감할수록, 문명 세계의 기술을 저주처럼 느끼게 된다. 우리를 자연으로부터, 또 선조들의 방식으로부터 멀어지게 하는 방해물 같았다.

하지만 이 도구들이 내 추적 과정을 어떻게 바꿔놓았는지도 인지하고 있다. 카메라는 선명한 기억을 안겨주고, 컴퓨터는 내가 본 장면의 분석을 도와준다. 반복해서 볼 수 있는 영상을 만들어 배운 것들을 빠르게 더듬어보면서 몇 년 동안 고민하던 수수께끼의 새로운 실마리를 발견하기도 한다.

또한 현대 기술이 있기에 여러 전문가들과 편하게 연락하며 집단 지식을 증폭할 수 있다. 야네스와 찰스에게 새로 마주한 생물학 수수께끼를 내놓거나, 크리스토퍼와 카렌에게 초기 호모사피엔스에 관한 새 이론을 제시하고 며칠, 때로는 몇 시간 안에 답을 받을 수도 있다.

생각이 가장 활발한 새벽 4시 기상 직후면 꼬리를 물고 일어나는 상념에 빠져들곤 한다. 어떤 새벽에는 흥미로운 연구를 파고들거나 내가 촬영한 영상을 뚫어지게 보면서 자연의 가르침에 경탄한다.

몇 년 동안 나는 영화제작자가 아니라 추적자로서 카메라를 사용했다. 그래서 카메라는 생태계를 더 잘 이해할 수 있게 도와주는 대단히 정교한 도구일 뿐이었다. 내가 모은 영상들은 그 자체로 경이로웠으나, 몇 년에 걸쳐 바다숲에 신체와 영혼을 담그는 치유의 과정을 거친 나는 더 이상 새로운 영화 프로젝트로 뮤즈를 다시 깨우고 싶지 않았다.

하지만 바다숲 생물들과 4~5년간 기적 같은 만남을 이어
가던 어느 날, 놀라운 이야기가 솟아나는 징후가 보이기 시작
하며 모든 것이 변했다.

6장

공포

Fear

둥그런 뭔가가 눈길을 끈다. 아버지 곁을 떠나, 좀 더 가까이 보기 위해 깊이 잠수한다.

커다란 접시 크기의 생명체가 모랫바닥을 천천히 미끄러지듯 나아간다. 움직일 때마다 지느러미 가장자리가 섬세하게 펄럭인다.

너무나 만져보고 싶다.

손을 뻗는다……

온몸에 전기가 흘러든다. 즉시 후회가 밀려온다.

40년도 더 지난 지금도 전기가오리를 처음 만난 순간은 생생한 기억으로 남아 있다. 전기가오리는 220볼트의 전기를 생산할 수 있다. 그날 느낀 충격은 콘센트에 손가락을 집어넣은 것과 비슷했다. 그 동물에게 다시 가까이 가기까지는 몇 년이 걸렸다.

그렇다고 사람에게 위험하다는 다른 동물에게 끌리는 마음까지 사라지지는 않았다. 내가 기억하는 한 나는 겁없이 자연을 향해 손을 뻗곤 했다. 좋다 나쁘다 말하기는 어렵지만, 야생과 가까워지려는 욕망이 항상 두려움보다 강했다.

그 욕망을 채우기 위해 몇 년 동안 바다숲에서 매일 다이빙을 했을 뿐만 아니라 케이프타운에서 차로 네 시간 정도 떨어진 주카니 야생동물 보호구역을 정기적으로 방문했다. 그 당시 보호구역은 사육장에서 태어나 야생에서 살아남을 수 없는 동물들을 구조하고 돌보는 데 특화되어 있었다.

방문객들은 원래 고양잇과 맹수들과 접촉할 수 없었다. 하지만 내가 몇 년간 촬영을 이어가자 당시 보호구역 운영자였던 유르크 올슨Jurg Olsen과 카렌 올슨Karen Olsen 부부는 특별히 특정 동물이 지내는 커다란 울타리 안에서 촬영할 특권을 주었다.

보호구역에 있는 모든 대형 고양잇과 동물 중 내 마음을 가장 사로잡은 건 재규어였다. 어느 날 오후, 나는 암컷 재규어가 돌아다니는 넓은 풀밭으로 안내되었다. 강인한 근육질

몸과 커다란 황금빛 눈이 매력적이었다.

그런데 오래 지나지 않아 위험한 상황이 벌어졌다. 재규어 꼬리가 나뭇가지에 낀 것이다. 고양잇과 동물에겐 공격성을 전이시키는 습성이 있다. 재규어의 고통은 언제든 나를 향한 공격으로 바뀔 수 있었다.

재규어가 쉭쉭 소리를 내고 으르렁거리며 불쾌감을 드러내자 나는 그대로 얼어붙었다. 면도날처럼 날카로운 원뿔 모양 송곳니의 크기와 두께를 보고 넋이 나갔다. 재규어는 대형 고양잇과 맹수 중 가장 강한 턱을 가지고 있다. 치악력이 호랑이의 두 배에 달한다. 사냥감의 목이나 척추를 노리는 다른 고양잇과 동물과 달리 재규어는 바로 머리통을 물어 으스러뜨린다.

나는 공포에 휩싸였다.

하지만 전에도 끔찍하게 두려운 상황을 겪어본 적이 있었다. 빠르게 머리를 굴렸다. 악어나 블랙맘바 같은 야생 포식자들을 만난 경험을 떠올렸다. 움직였다간 화만 돋울 것 같았다. 나는 죽은 듯 가만히 있었다.

쉽지 않은 일이었다.

재규어와의 거리는 불과 몇 센티미터였고 목구멍 깊은 곳에서 으르렁거리는 소리는 내 온몸을 울릴 만큼 강렬했다. 무사하기만을 기도했지만, 그 기도 안에는 일종의 받아들임도 있었다. 재규어의 행동을 통제할 수 없다는 걸 알기에 그 순간에 나를 맡길 뿐이었다.

그러자 믿을 수 없는 일이 벌어졌다. 꼬리가 빠져나왔고, 눈빛이 부드러워졌으며, 몸에 흐르던 전류 같은 긴장이 사라졌다. 재규어가 쉭쉭거리는 소리를 멈춘 순간을 놓치지 않고 나는 몸을 작게 웅크려 눈높이를 맞췄다. 그러자 재규어는 커다란 앞발을 내 어깨에 올렸다. 놀랍도록 부드러운 움직임이었다. 나보다 열 배는 더 힘이 센 녀석이라 마음만 먹으면 내 머리통을 순식간에 으스러뜨릴 수 있었을 텐데, 두 발은 어깨에 가볍게 얹혀 있을 뿐이었다.

동물이 먼저 접촉하지 않는 한 절대로 건드리지 않는 것이 내 철칙이다. 그러나 나는 본능적으로 포옹으로 응답했다. 내 몸은 충격으로 살짝 떨리고 있었다. 짧은 순간 여러 감정이 지나갔다. 경외감, 감사함, 놀라움.

그 느낌은 처음으로 백상아리와 함께 잠수했을 때와 비슷했다. 영화 〈죠스Jaws〉로 유명해진 동물 다섯 마리가 내 주위를 빙빙 돌았다. 가까이에서 보니 그들은 괴물이 아니었다. 그저 강인하고 아름다운 존재였다. 한 마리가 1톤에 가까웠고, 짙푸른 큰 눈과 거대한 등지느러미를 가졌다. 그들은 보이지 않는 힘에 이끌리듯 천천히 우아하게 유영했다.

시간이 조금 지나자 다섯 마리 중 한 마리가 입을 벌렸다.

이 행동을 '개핑gaping'이라고 하는데, 내 존재가 불편하다는 뜻이었다. 점잖은 첫 경고였다. 나는 천천히 물러나 물 밖으로 나왔다.

뭍으로 돌아오자 두려움에 대한 인식이 너무 줄어들어서 차에서 안전띠를 매는 것조차 힘들었다. 어떤 원초적인 공포와 새로이 맞서고 나면 다른 두려움들은 가라앉는다.

그건 삶을 바꿔놓는 듯한 경험이다. 하지만 때론 위험할 수도 있다.

생명을 주는 존재들

나에게 있어서 두려움—모든 두려움이지만 특히 야생에 대한 두려움—을 다스린다는 것은 두려운 대상을 알아가는 것이다. 또한 나의 한계를 알아가는 것이다. 두려움은 결국 미지에서 오니까.

우리 인간이 흔히 느끼는 두려움의 뿌리에 파고들어 보면 그곳에는 지성이 있다. 그건 야생의 인류와 동물들이 살아남을 수 있었던 탁월한 생존 메커니즘이었다. 깊은 물에 대한 두려움을 생각해보자. 바다의 상태를 잘 읽지 못하는 사람에게 바다는 매우 위험하다. 그러니 신중하게 다가가는 것이 지혜다.

하지만 바다의 변화를 이해하면 바람과 조수의 힘, 공기와 물의 온도, 자신의 힘과 에너지 수준을 고려한 결정을 내릴 수 있다. 그러면 불길했던 대상은 존중과 배려로 대해야 할 강력한 친구가 된다.

상어가 헤엄치는 바다에 들어가는 것에 대한 두려움은 매우 현실적이고 흔하며 물론 나 역시 경험한 적이 있다. 하지만 실제로 위험한지 합리적으로 분석하면서 극복할 수 있었다. 인간이 먼저 도발하거나 궁지로 몰지 않는 한 동물이 공격적으로 나오는 일은 드물다. 사실 상어보다 토스트 기계나 의자, 나무에서 떨어지는 코코넛에 다칠 확률이 훨씬 높다. 심지어 바다까지 운전해 가는 것조차 상어보다 수천 배는 더 위험하다.

그럼에도 불구하고 포식자에 대한 원초적 두려움은 인간의 마음을 꽉 움켜쥐고 있다.

그리고 우리의 두려움은, 언제나 두려움과 위험을 품고 살아가는 야생의 동물 형제들과 우리를 이어주는 것이기도 하다. 공포의 대상이 때로 생명을 앗아가는 것도 사실이지만, 그래도 원초적인 공포는 생명력을 준다. 야생의 힘—추위, 어둠, 거대한 포식자—이 우리 존재를 활기차게 한다는 사실이 여기서의 엄청난 아이러니다.

진짜 위험이든 진짜 같은 위험이든, 두려움은 살아 있음의 일부다. 그리고 야생의 존재로 살아가려면 무섭거나 어려운 경험에서 달아나는 것이 아니라 공포라는 자연스러운 생물학적 반응에, 통제할 수 없는 삶의 영역에 나를 맡겨야 한다. 두려움을 받아들이고 존중하는 법을 배워야 한다.

길들여진 세계는 모든 것을 통제하고 싶어 하지만, 자연을 통제할 수는 없다.

우리는 자연을 더 잘 알아갈 수 있다. 단, 통제하려는 목적이 아니라 좀 더 명료하고 차분한 마음으로 다가가기 위한 훈련이 목적이어야 한다. 그래서 추위가 그토록 강력한 도구인 것이다. 무섭고 위험하지만, 상대적으로 안전하게 대처할 수 있다. 얼음물 목욕이나 짧은 바다 입수를 마친 후 따뜻한 옷을 입고 뜨거운 물에 몸을 담그는 식으로 추위에 익숙해질 수 있다.

인간의 중추신경계는 통제된 추위와 통제되지 않은 추위의 차이를 모른다. 몸은 생명을 위협받는 상황과 똑같은 방식으로 반응한다. 따라서 일단 끝까지 해내기만 하면 두려움과의 관계가 완전히 달라지는 것을 느낄 수 있다.

물론 공황 상태에 빠지거나 심한 스트레스를 받거나 입으로 거칠게 호흡하면 코르티솔이 분비된다. 주요 스트레스 호르몬인 코르티솔은 불면증과 불안을 부를 수 있다. 하지만 시간을 두고 참을성을 발휘하면서 호흡을 따라가면 추위, 어둠,

깊은 물 같은 원초적 두려움에 익숙해지고, 몸이 그 감각을 인식하고 침착하게 대응할 수 있다.

나는 한 번도 나 스스로가 겁이 없다고 생각해본 적이 없다. 몇 년간 온갖 위험한 상황을 겪어왔지만, 내 안에는 여전히 어둠 속 환영과 소리를 두려워하던 작은 소년이 살고 있다. 위대한 모험에 그 소년을 데리고 다녔고, 어린 아들 톰이 어둠을 두려워할 때도 그 소년을 생각했다.

내면의 작은 소년은 마치 꿈꾸는 사람이 꿈을 보듯 내가 점점 더 깊은 어둠 속으로 뛰어드는 모습을 지켜보았다.

그러다 어느 뒤척이던 밤, 그는 깨어났다.

영감의 씨앗

내 바다와 숲의 영혼과 다시 연결되는 여정을 시작했을 때 단 한 가지는 확신할 수 있었다. 다시는 영화를 만들고 싶지 않다는 것. 악어를 다룬 다큐멘터리 세 편을 연달아 끝내고, 수십 년의 출장과 편집 과정을 거치고, 작품 하나가 끝날 때마다 대가를 치르듯 추락을 겪었다. 그 세월 전체가 피로와 소진의 그림으로 흐릿하게 뭉뚱그려지는 것 같았다.

이제 정말 끝이야, 나는 생각했다. *할 만큼 했어.*

내가 원하는 건 자연에 깊이 잠기는 것뿐이었다.

바다숲으로 돌아온 후 처음 몇 년 동안은 아프리카의 지혜와 야생성을 기릴 다른 방법들을 찾아 나섰다. 같은 뜻을 품은 사람들을 모아 아프리카 바다숲을 보전하고 보호하는 일에 전념하고자 '시 체인지 프로젝트Sea Change Project'라는 단체를 설립했다. 원주민의 지혜에서 영감을 얻어 과학과 스토리텔링을 결합하고, 자연을 스승으로 여기며 직접 몸으로 겪는 경험을 추구하는 단체다.

믿기 힘들 만큼 놀라운 여러 경험들 끝에, 나는 문득 깨달았다. 몇 년 전 몸과 영혼이 망가진 채 이 해안에 밀려온 사람과 나는 더 이상 같은 사람이 아니라는 것을. 차가운 바다에서 추적을 훈련하며 건강이 회복되고 정신은 또렷해졌다. 다가오는 환경 위기에 절망하는 날도 있었지만, 그 와중에도 바다숲 동물들과 맺은 관계는 내게 희망과 에너지를 되찾아주었다.

시간이 흐르자 영화제작에 대한 감정도 조금씩 바뀌기 시작했다. 찍어둔 영상을 자세히 들여다볼수록 익숙한 감정이 느껴졌다. 영감의 씨앗이 뿌리를 내리는 느낌. 바다숲의 이야기를 다른 사람들과 공유하고 싶었고, 내가 발견한 경이로운 생태계로 데려가고 싶었다. 특히 자신의 세계에 대해 너무나 많은 것을 알려준 호기심 많은 문어와의 우정 이야기를 들려주고 싶었다.

어느 날 오후, 예전에 악어 다큐멘터리를 함께 만들었던 천재 촬영감독 로저 호록스에게 짧은 영상들을 보여주었다. 로저도 동의했다, 정말 특별한 이야기가 될 수 있겠다고.

바다숲 생명체들을 더 넓은 세상에 소개하고 싶은 마음은 내가 야생을 탐험한 여정의 자연스러운 연장선처럼 느껴졌다. 오랜 세월 동안 우리 조상들은 야생으로 나갔다가 마을로 돌아와 이야기를 나눠주었다. 동굴 벽에 황토를 발라 몸과 영혼이 겪은 모험을 기록했다. 그 그림은 대대손손 그 자리에 남아 사람들에게 전해졌다. 나 역시 이 오랜 예술가와 이야기꾼의 계보에 나만의 방식으로 속해 있다고 느꼈다. 한동안 예술을 버려야만 안정되고 균형 잡힌 삶을 살 수 있다고 믿었지만, 그런 내 앞에 모습을 드러낸 너무나 매혹적인 이야기를 나눠야만 할 것 같았다.

게다가 이번 작업은 이전의 영화들과 완전히 다른 방식이 될 것 같았다. 몇 주나 몇 달씩 집과 가족을 떠나 낯선 촬영지에 머물 필요가 없었고, 이미 수천 시간에 달하는 촬영본과 훌륭한 팀이 있었다. 피파에겐 영화제작 경험이 없었지만, 야생의 생명체들에 대한 열정과 이야기를 풀어내는 감각이 있었다.

이 작업을 어느 환경운동가의 환경운동 다큐멘터리로 만들지 말자는 것도 피파의 아이디어였다. 그저 야생 생명과의 진실된 우정을 있는 그대로 이야기하자는 것이다. 로저는 정교한 카메라 시스템으로 촬영을 도와주겠다고 했다. 그리고 보이지 않는 곳에는 항상 스와티가 있었다. 지혜와 친절, 흔들리지 않는 강인함으로 우리 모두를 든든히 지지해주었다.

이 여정을 시작하는 순간에는 그 옛날의 끔찍한 기분이 다시 찾아올까 조금도 두렵지 않았다. 그것은 아주 멀리, 수면 아래 손닿지 않는 곳에 머물고 있을 뿐이었다.

그사이에도 나는 친구들과 함께 내면의 원초적 두려움을 계속 마주했다.

마법을 엿보다

처음 바다숲 생명체들을 만나기 시작했을 무렵, 나는 아침에 스와티가 함께 바다에 나갈 수 있기를 간절히 바랐다. 하지만 우리가 함께한 처음 몇 년간은 짧은 수영 한 번도 할 수 있을 것 같지 않았다.

스와티가 어릴 적 수영 강사가 머리를 물속에 넣어야 한다며 누르는 바람에 빠져 죽을 듯한 공포를 느꼈다는 것이다. 그 이후 수영을 배울 수 없었고, 한동안은 머리를 물에 넣기만 해도 깊게 뿌리내린 공포가 되살아났다.

그로부터 몇 년 뒤, 스와티는 바다와 더욱 끔찍한 만남을 갖게 된다. 우리가 만나기 12년 전, 인도네시아 해안에서 일어난 지진으로 쓰나미가 발생했다. 총 사망자가 23만 명에 달했고 스와티가 있던 스리랑카에서만 3만 5천 명이 목숨을 잃었다. 스와티는 기차가 터널을 지나는 듯한 굉음에 잠에서 깼다. 호텔 창밖을 보니 바다가 나무보다 높이 솟구쳐 있었다. 객실까지 바닷물이 밀려들었고 목까지 차올랐던 물은 기적처럼 빠져나갔다. 근처에 있던 다른 호텔들은 대부분 휩쓸려갔고 생존자는 거의 없었다.

물론 나는 스와티의 공포가 얼마나 심각한지 알았지만, 조금 편안해질 수 있도록 돕고 싶었다. 나는 내가 배운 것들을 알려주겠다고 했다. 호흡을 늦추고 가득 찬 폐의 부력에 완전히 몸을 맡기는 방법이었다. 바다가 잔잔한 날 함께 나가자고, 내가 곁에서 안전하게 지켜주겠다고 장담했다. 하지만 스와티는 마음이 내키지 않는 듯했다.

"크레이그, 나한테 공감해주려는 거 알아. 하지만 자기는 이런 공포를 느껴보지 않아서 이해 못 해. 배운다는 생각도 없이 헤엄치는 법을 배웠잖아." 그녀가 말했다.

맞는 말이었다. 나는 바다를 두려워한 적이 없었다. 바다는 나에게 육지와 다름없이 편안한 공간이었기 때문이다. 하지만 스와티는 신생아 때 바다에 던져진 적이 없었다. 이곳은 나의 고향이었지만 그녀의 고향은 아니었다. 스와티도 언젠가 바다 숲을 사랑하게 되길 바랐지만, 그건 강요하거나 통제할 수 있는 일이 아니었다. 스와티와 바다와의 관계는 그녀만의 것이었다. 그 관계가 나름의 방식과 속도로 자라나고 깊어지리라 믿는 수밖에 없었다.

위험의 너머

나와 바다의 관계는 오래되었지만, 밀물과 썰물처럼 오르내림이 있었다. 어릴 때는 나 자신의 한계를 받아들이지 못하는 경우도 많았고, 지금처럼 바다를 이해하지도 못했다.

처음으로 바다의 위력을 느낀 경험은 30년 전이었다. 동생 데이먼, 고등학교 시절 가장 친한 친구였던 존과 함께 해초숲에서 다이빙을 하는데 거대한 파도가 밀려왔다.

첫 번째 파도가 돌진해올 때 나는 5미터 아래로 잠수해 두꺼운 해초 두 줄기를 붙들었다. 파도의 어마어마한 힘에 해초가 뽑히면서 나는 산호초에 내동댕이쳐졌다. 어디선가 이상한 소리가 들렸다. 파도가 어찌나 강력한지 바다 바닥에 있던 거대한 바위들이 떠올라 이리저리 부딪히고 있었다.

결국 우리는 간신히 파도를 넘어 헤엄쳐 나올 수 있었다. 이제 해안선과 평행하게 헤엄쳐 평평한 바위 지대나 해변으로 나가는 것이 최선이었다. 하지만 우리는 매우 강한 해류를 만났고, 한 시간이 훌쩍 넘도록 힘겹게 해류를 거슬러 헤엄쳤다.

휩쓸렸다간 해안 절벽에 부딪혀 산산조각이 났을 테니까.

젊고 건강했으니 조금씩 나아갈 수 있었지만, 몸이 한계에 다다랐다. 30분이 지나자 다들 다리에 심각한 경련이 일었다.

우리는 말을 아끼고 한 팔, 한 팔 저으며 그저 헤엄쳤다. 말할 기운도 없었고, 오직 살아남겠다고 처절히 결심할 뿐이었다. 정말 무서웠다. 누군가는 살아남지 못할 것만 같았다. 경련의 고통이 너무 심해서 제대로 헤엄칠 수 없었고, 익사할지도 모른다는 공포 속에 이대로는 안 되겠다 싶어 해안으로 방향을 틀었다. 언제 물에 휩쓸릴지 모르는 탈진 상태에서 헤엄치는 건 끔찍했다.

그 순간 뒤를 돌아보니 무려 6미터 높이의 거대한 파도가 보였다. 수백 톤의 물이 무서운 속도로 밀려왔다. 그 거대한 물의 벽이 다가올 때 느낀 두려움이 아직도 생생하다.

파도가 닥치면서 우리는 나뭇가지처럼 휩쓸렸다. 나는 사랑하는 모든 사람과 모든 존재를 떠올리며 기도하고 공처럼 몸을 웅크린 채 팔로 머리를 감쌌다. 파도는 긴장한 우리를 절벽 너머로 끌어올려 산비탈을 올라 아카시아나무 위에 내려놓았다.

거품이 이는 물이 빠져나갔고, 우리 셋은 3미터 높이의 나뭇가지에 매달려 있었다. 흠뻑 젖고 지친 상태였지만, 기적적으로 다치지는 않았다. 멍한 상태로 말도 잊은 채 나무에서 내려와 후들거리는 다리로 땅을 디뎠고, 나의 낡은 차를 향해, 남은 삶을 향해 비틀거리며 돌아갔다. 내가 언제라도 죽을 수 있는 존재임을 느끼며 안전띠를 맸다.

그 후 몇 달은 조심스럽고 경건한 마음으로 두려움을 안고 바다에 들어갔다. 거센 파도와 강한 해류가 흐르는 구역을 피했다. 두꺼운 해초를 보호막으로 삼았고, 날씨를 관찰하고 바다에 영향을 미치는 대기의 변화를 알아차리는 법을 배웠다. 항상 파도가 오는지 수평선을 주시했다.

나는 바다의 원초적인 힘을 느꼈고, 맞서지 않고 함께 가야겠다고 결심했다. 바다는 완벽한 권위를 발휘했고, 그 앞에서 내 몸은 광란의 물살에 떠다니는 작은 코르크 마개처럼 어떤 통제력도 없이 자비를 바랄 뿐이었다.

원초적 기쁨

스와티가 마침내 자신의 두려움에 맞서기로 결심한 건 프링글 베이로 여행을 갔을 때였다. 내 부모님이 살고 계시는 곳이다. 우리는 칼라하리에서 2주를 보내고 막 돌아온 참이었다. 겨울이었고 수온은 10도가 채 되지 않아서 잠수복을 입고 장갑을 끼고 모자를 썼어도 스와티에게는 고문이라고 할 만큼 추웠다. 스와티는 용감하게 얕은 물로 걸어 들어갔지만, 곧바로 돌아서서 나왔다.

"살면서 이렇게 아픈 건 처음이야. 칼에 찔리는 것 같아!" 그녀가 숨을 헐떡이며 말했다.

불편함과 두려움을 정면 돌파하기로 결심한 스와티는 날이 조금 따뜻해지자 다시 시도했다. 호흡을 도와줄 스노클과 몸을 띄워주는 구명조끼, 잠수복, 오리발로 무장하고 나를 따라 물속으로 들어갔다. 나는 물에 떠 있도록 도와줄 수 있게 가까이 있었지만, 스스로 깨닫는 감각을 방해하지 않도록 거리를 유지했다. 마스크가 얼굴에 밀착되었는지 확인한 후, 스와티는 어린 시절 이후 처음으로 머리를 물속에 담갔다.

최근 학계에서는 스와티처럼 충격적인 경험을 하면 몸에 각인된다는 사실을 이해하기 시작했다. 아마도 그 순간 스와티의 원초적 지성이 '전에도 이런 적 있어, 위험했어, 탈출해야 해!'라고 소리치고 있었을 것이다.

하지만 그날 스와티가 받은 메시지는 그뿐이 아니었다.

스노클과 마스크는 동물 형제들로 가득한 완전히 새로운 바닷속 세상을 보여주었다. 아래 해초 사이로 점박이걸리상어 몇 마리가 지나가고 있었다. 길이가 1.5미터 정도에 우리를 전혀 위협하지 않는 아름다운 상어였다. 스와티는 고개를 돌려 상어들이 헤엄쳐 가는 모습을 바라보았다. 우리는 한참이나 넋을 잃고 상어들을 보았다.

해변으로 돌아와 내가 몸을 녹이도록 도와주는 사이 스와티는 걷잡을 수 없이 몸을 떨었다.

"정말 놀라웠어!" 스와티가 이를 덜덜 부딪치며 말했다. 내가 늘 말하던 마법 같은 순간을 상어들이 살짝 보여준 것이다.

"한 가지는 확실해. 잠수복 없이는 절대 못 하겠어." 그녀가 덧붙였다.

그날 이후 스와티는 여러 번 물에 들어갔다. 마스크, 스노클, 오리발을 착용하고 혼자 물에 뜨는 법을 익혀나갔다. 처음에는 발이 닿는 곳까지만, 또는 해초에 매달릴 수 있는 곳에만 들어갔다. 시간이 지나며 물에 대한 자신감이 붙었고, 자신만의 특별한 경험을 하면서 계속할 동기를 얻었다. 스와티는 동물들이 곁에 있을 때면 기운이 넘쳤고 물속에 더 머물고 싶어 했다. 다만 마음을 진정시키는 야생동물이 없을 때는 오래된 두려움이 다시 차오르는 듯했다.

어느 날 우리는 짧은꼬리가오리short-tailed stingray 무리를 마주쳤다. 다 자라면 4미터가 넘는, 세계에서 가장 큰 가오리다.

꼬리에 있는 독침은 치명적이지만, 공격적인 성향이 아니라서 방어용으로만 사용한다. 일곱 마리가 우리 주위를 우아하게 헤엄쳤다. 스와티가 처음 보는 광경이었다. 우리는 오전 내내 가오리와 함께 물속에 머물렀다. 나중에 스와티가 말하길, 가오리에 푹 빠져서 물에 빠질지 모른다는 두려움은 까맣게 잊었다고 했다. 원초적인 기쁨이 조금씩 어린 시절의 트라우마를 밀어내고 있었다.

어둠을 마주하다

나는 피파와 톰과 함께 지구상에서 가장 오래된 인류의 길을 따라 걷고 있었다. 우리의 초기 조상들이 한때 걸었던 길이다. 석기시대까지 거슬러 올라가는 그들의 동굴에서 지금도 유물이 발견된다. 황토의 붉은색을 띤 바위투성이 좁은 길은 폴스베이가 내려다보이는 거대한 절벽을 따라 나 있어서 공중을 걷는 기분이었다.

이 거대한 만은 고래, 범고래, 돌고래, 거대한 물고기 떼가 오가서 바다의 세렝게티라 불린다. 300년간 강도 높은 어업이 이어졌음에도 기적 같은 생명력 덕분에 여전히 생명체로 가득 차 있다.

이 오래된 길을 전에도 여러 번 걸었지만, 그날은 특별했다. 아주 드물게 접근 가능한 장소에 들어갈 수 있는 조건이 완벽하게 맞아떨어진 날이었고, 나는 그 경험을 아들과 친구와 나누게 되어 들떠 있었다.

우리는 거대한 수직 사암층의 계단을 내려가 수정처럼 푸른 바다로 들어갔다. 계단 하나하나는 떨어지면 목숨이 위험할 정도로 높고 가팔라서 아주 조심스럽게 기다시피 내려가야 했다. 무거운 짐이 없는 편이 움직이기 쉬울 것 같아 배낭을 아래로 전달했고, 마침내 바다 가장자리에 다다르자 모두가 안도의 숨을 내쉬었다.

절벽은 깊은 물속까지 이어져 무척추동물로 가득한 무성한 해초숲을 품고 있었다. 우리는 작은 곶을 돌아 걸었고, 드디어 발견했다. 비밀의 바다 동굴이었다.

동굴은 천둥과도 같은 굉음으로 존재감을 뽐냈다. 밀려드는 파도와 어두운 내부에 갇혀 있다 터져 나오는 공기의 소리였다. 동굴은 거대하고 음산했다. 예전에 방문했을 때의 무서운 기억이 떠올랐다. 그날은 물이 지금처럼 고요하지 않아서 동굴 깊은 곳에서 사방으로 휘둘리다가 긁히고 피를 흘리면서 가까스로 탈출했다. 어디가 부러지지 않아 다행이었다.

보통 이곳의 물은 매우 탁하다. 격렬한 물살이 쌓여 있는 침전물을 수면으로 밀어올리기 때문이다. 하지만 피파와 톰과 함께 동굴에 갔던 날, 드물게도 12도의 물이 상승류를 타고 동굴을 채웠다. 깊은 곳의 물고기가 솟아올라 수면의 먹이를 낚아채는 모습이 보였다.

"물이 워낙 맑아서 바닥에 있는 바위게도 보여요!" 피파가 외쳤다.

물이 이렇게 맑은 건 처음 보았다. 다시는 이렇게 좋은 기회가 오지 않을지도 몰랐다.

"얘들아, 오늘은 정말 특별한 날이야. 이럴 때 동굴 깊이 들어가봐야 해." 내가 말했다.

톰은 말이 없었다. 칠흑 같은 어둠 속으로 들어가기가 긴장됐지만 호기심도 생기는 듯했다.

우리는 최소한의 장비만 챙겼다. 나는 수영복 반바지 주머니에 소형 카메라, 렌즈, 고성능 수중 손전등을 넣고 마스크, 후드티, 스노클을 착용했다. 오리발과 잠수복은 없었다. 우리는 물살을 일으켜 깊은 곳에 사는 동물들을 놀라게 하지 않도록 조심조심 물속으로 미끄러져 들어갔다. 그리고 동굴 입구의 깊은 어둠을 향해 헤엄쳤다.

이곳은 아프리카의 가장자리에 자리한, 강력한 에너지가 응축된 장소다. 동굴 자체가 살아 있는 존재 같았다. 수백만 번의 파도가 수천 년에 걸쳐 우뚝 솟은 절벽 깊숙한 곳을 깎아내어 만든, 나이를 알 수 없는 생명체였다. 가마우지 똥의 역한 냄새와 수달 똥의 약한 비린내가 섞여 코를 찔렀다.

우리는 원초적인 감각에 푹 빠져들었다. 얼음장 같은 물, 야생의 냄새, 그리고 마치 거대한 동굴 생명체의 입속으로 헤엄쳐 들어가는 듯한 시각적 경험. 바닥이 빛을 반사했고, 수면에서 춤추는 담배빗해파리cigar comb jellyfish 수백 마리가 섬모로 무지갯빛 쇼를 펼쳤다.

우리는 실재하는 환상의 세계로 들어서고 있었다. 손전등은 어둠을 가르는 광선검처럼 동굴 속에 사는 거대한 연체동물, 말미잘, 성게를 비췄다. 나는 차 몇 대를 주차할 수 있을 만큼 거대한 수중 통로를 발견했고, 우리는 통로를 따라 깊은 절벽으로 들어가 이제는 멀어진 입구를 돌아보았다. 물에서 반사된 빛과 손전등 불빛이 물결치는 뱀처럼 아치형 천장에 일렁였다.

우리는 몸을 돌려 예전에 내가 파도에 휘둘리던 깊은 곳으로 헤엄쳤다. 물이 새카맣게 어두워서 눈앞의 내 손조차 보이지 않을 정도였다.

내 원초적 정신이 어둠을 보고 비명을 질렀다. *나가!* 과거에, 특히 강에서는 우수한 감각 체계를 가진 큰 포식자들이 어두운 물에서 인간을 '보고' 잘 익은 열매처럼 낚아챘을 것이다.

나는 그 공포를 인지했고, 경고를 보낸 원초적 정신에 감사했다. 우리는 원초적 정신을 내 편으로 삼을 수 있다. 방문객에게 짖어대는 사랑스러운 반려견을 안심시킬 때처럼 말해주자. *고마워, 하지만 오늘은 걱정할 거 없어.*

물이 너무나 잔잔하고 맑았다. 믿을 수 없는 행운이었다. 칠흑 같은 어둠 속에서 내 손전등 불빛이 우아하게 물을 가르는 커다란 검은 덩어리를 포착했다.

포식자다, 원초적 정신이 경고했다.

그래, 하지만 친구이기도 해. 내가 대답했다.

성체 걸리상어였다. 어린 상어가 뒤를 따랐다. 톰이 아주 어릴 때부터 우리는 함께 걸리상어가 있는 물에서 헤엄쳤다. 믿을 수 있는 오랜 친구 같은 존재였다. 물고기도 보였다. 상어들이 동굴 깊은 곳에 물고기를 몰아넣고 사냥하고 있었던 듯했다.

동굴의 어둠에서 벗어나 한낮의 빛으로 헤엄쳐 들어가자 어둡던 물은 은빛이 도는 푸른색으로 변했고 수면에 황금빛 햇살이 반짝였다. 동굴은 우리에게 자신의 비밀을 속삭였고, 우리는 자연의 가마솥에서 깨끗하게 씻겨 새로 태어난 존재가 되어 빠져나왔다.

우리는 동굴 가장자리에 있는 넓은 바위에 누워 햇빛을 받으며 몸을 덥혔다.

"물에서 북소리가 나요." 톰이 말하며 절벽을 가리켰다. "작은 물결이 바위 아래 틈에 갇힌 공기를 때리는 소리예요."

우리는 홍합을 삶아 신선한 맛을 즐겼다. 그리고 절벽을 올라 지구상에서 가장 오래된 길을 다시 걸어 나왔다.

우리는 자연의 은총을 한껏 느끼고 있었다. 자연이 열어준 완벽한 창문으로 비밀스러운 바다 동굴이라는 생명체의 내부를 들여다본 순간에 깊이 감사했다.

아버지와 아들

몇 주 후, 톰과 나는 집 근처 바닷가를 향해 걷고 있었다.

"그 동굴에 다녀온 이후로 더는 어둠이 두렵지 않아요." 톰이 갑자기 말했다.

나는 그의 말에 조금 놀랐다. 톰이 더 어릴 때 어둠을 두려워한 건 알고 있었고, 종종 그 이야기를 나누기도 했다. 나 역시 그 나이 때 같은 경험을 해서 이해한다고 말해주었다.

하지만 톰은 열일곱이 된 지금까지 그 두려움과 씨름하고 있다고는 한 번도 말한 적이 없었다. 바다 동굴의 어두운 입구에 다가갔을 때 그의 몸에서 느껴지던 긴장감이 불현듯 떠올랐다.

서로 부딪히는 감정들이 홍수처럼 밀려들었다. 아들이 그런 어려움을 겪고 있다는 사실을 깨닫지 못한 나 자신에게 실망했고, 어둠 속으로 뛰어든 아들이 자랑스러웠다. 내게 두려움을 털어놓았다는 사실은 더욱 자랑스러웠다. 아들은 너무나 멋진 사람으로 성장하고 있었다.

나는 톰이 어떤 어려움을 마주했을 때 나에게 편안하게 말할 수 있길 바랐다. 내 어린 시절을 돌이켜보면 어둠이 두렵다거나 사람들 앞에서 부끄럽다는 건 아무에게도 말 못 할 나 혼자만의 비밀이었다.

아버지는 너무나 강인해서 불멸의 존재처럼 보였다. 아버지에게 자랑스러운 아들이고 싶었고, 내 머리를 넘어서는 파도가 몰아치는데도 아버지를 따라가려 했다.

나는 톰에게도 자랑스러운 아버지이고 싶었다. 그가 필요로 할 때 늘 곁에 있어주고 싶었다.

하지만 영화 작업의 부담이 커지면서 그건 점점 어려운 일이 되었다. 어떤 날은 거의 잠을 자지 못했고 체력은 예전 같지 않았다.

비밀의 바다 동굴로 가는 여행은 삶을 가치 있게 만들어주는 경험이었다. 그 사실을 알면서도 그런 모험을 할 시간과 에너지를 확보하기가 점점 어려워졌다.

지옥불

집 뒤창으로 기묘한 주황색 하늘이 보였다. 무슨 일인지 파악하는 데 잠깐 시간이 걸렸다. 산불이 났다. 바닷가에서 난 큰 불이 바람을 타고 산 위로 번졌다. 곧 바람이 우리 동네로 연기를 실어왔고, 결국은 불길이 닿았다.

빠른 속도로 산을 타고 내려오기 시작한 불길은 공포 그 자체였다. 불이 근처에 도달하자 폭발음이 들렸다. 수도관이 터진 것 같았다. 집집마다 뭔가 녹아내리기 시작했다.

정신을 차릴 새도 없이 우리 동네는 불길에 휩싸였다. 바로 옆집인 모니카의 집은 불지옥이었다. 불덩이가 공중을 날았다. 소나무가 폭발했다. 이웃인 마크와 리즈의 집은 말 그대로 증발한 듯 연기 나는 뼈대만 남았다.

헬리콥터 몇 대가 머리 위를 날아다니면서 거대한 양동이로 바다에서 물을 퍼내어 불길 위로 쏟아부었지만, 화염은 멈추지 않았다. 대피해야만 했다. 스와티는 고양이 세 마리와 여권, 수중촬영본을 챙겨 해안으로 차를 몰았다. 마침 진입해오는 소방차에 길을 비켜주며 이동했다. 다행히 톰은 그날 전처와 함께 있었다.

과잉 각성 상태가 되자 내 몸을 벗어난 기분이었다. 연기를 덜 마시려고 얼굴에 천을 두른 채 우리 동네를 집어삼키는 불꽃을 보다가 이상한 생각이 들었다. *저 소리, 저 느낌, 마치 용 같아.* 시야는 너무 나빠서 물속에 있는 것처럼 흐릿했다. 그 와중에 이글거리는 불꽃의 포효, 나무가 쪼개지는 소리, 수도관이 폭발하는 소리가 내 머릿속에서 생물의 형상을 그려냈다. 문득 워낙 큰 화재라 소방차가 오기까지는 시간이 걸릴 수도 있겠다고 생각했다.

그 순간 이상한 평온함이 찾아왔고, 결정을 내렸다. 자주 다이빙을 함께했던 옆집의 안드레와 동네에 남기로 했다. 그는 나와 거대한 가리앱강에서 노를 젓던 강인하고 쾌활한 야외형 인간이었다. 안드레와 나는 불타는 모니카의 집 문을 부수고 들어가서 뭔가 해볼 수 있을지 살펴보았지만, 즉시 불가능하다는 걸 깨달았다.

우리는 화염에 완전히 포위되었고, 옆집에서 뿜어져 나오는 불꽃의 열기는 압도적이었다. 우리 집은 나무로 지어져 화재에 취약한 건물이었지만 구세주와 같은 빗물 탱크가 있었다. 공공 수도관이 모두 터져버렸지만 우리 집 물탱크는 버텨주었고, 그 덕분에 날아든 불덩이와 번지는 불씨에 물을 뿌려 끄면서 불이 옮겨붙는 것을 막을 수 있었다.

우리 집이 무사했던 것도, 아무도 다치지 않은 것도 기적이었다.

스와티는 그날 늦게 집으로 돌아왔고 우리는 그날 있었던 일을 이야기하며 놀란 고양이들을 달래주었다. 스와티는 고양이들이 목숨이 걸린 상황인 걸 알기라도 하는지 평소와 달리 차 안에서 조용했다고 했다.

우리 둘 다 얼떨떨한 상태였던 것 같다. 나는 필름 가방을 사무실로 옮겼고, 스와티는 차를 끓였다. 다시 불이 붙지 않도록 밤새워 지켜볼 참이었다.

남은 불씨가 몇 번이고 다시 타오르는 모습을 보며, 인간은 야생의 자연을 거의 통제할 수 없음을 다시 한번 깨달았다.

정말 끔찍한 기분

문어 촬영본을 편집하는 데는 꼬박 3년이 걸렸다. 무엇을 찍고 있는지도 몰랐던 시절부터 특별한 장면들을 잔뜩 찍어두었고, 이야기의 윤곽이 드러나면서 피파와 로저, 그리고 재능 있는 영화제작자 워런 스마트Warren Smart가 합류했다. 내 오랜 친구이자 동료 엘렌 빈더무스Ellen Windemuth가 총괄 프로듀서로 함께했고, 열정 넘치는 영국 감독 제임스 리드James Reed를 데려왔다. 편집 자문위원 징크스 갓프리Jinx Godfrey, 이 프로젝트의 진정한 원동력이었던 넷플릭스의 사라 에델슨Sara Edelson, 그리고 매일 자신만의 방식으로 나를 인도해준 스와티가 우리 팀을 완성했다.

영화제작과 편집 과정은 매우 즐거웠다. 최종 편집본에 담기지 못한 멋진 장면들이 많았지만, 이 영화를 만드는 것은 말할 수 없이 충만한 경험이었다. 편집에 엄청난 시간을 쏟으면서도 우리는 매일 다이빙하고 추적하는 절차를 고수했기에 에너지를 유지하며 오랫동안 일할 수 있었다. 결국 고갈되는 순간은 찾아왔지만, 세계 정상급 팀원들이 작업을 마무리하도록 한 걸음 물러나 자리를 내주고 나니 이전 작업에서 나를 괴롭혔던 끔찍한 기분에 완전히 무너지지는 않을 수 있었다.

〈나의 문어 선생님〉은 가장 긍정적인 상상도 훌쩍 뛰어넘는 성공을 거두었다. 수십 년 동안 아프리카의 사람과 동물에

관한 다큐멘터리를 만들면서도 많은 관객을 동원한 적은 없었
는데, 갑자기 우리의 작은 영화가 거의 200개국에서 개봉되었
다. 박수갈채가 쏟아졌고, 언론 매체들이 열렬하게 인터뷰를
요청했으며, 수상 소식과 관련된 소문이 돌았다.

　나의 커리어에서 가장 큰 성공을 경험하던 그때, '정말 끔
찍한 기분'이 찾아왔다.

본성에 반하여

누구에게나 가장 두려운 것이 있다. 누군가는 불이나 높은 곳
을 두려워하고, 스와티는 물에 빠지는 것을 두려워한다. 나는
곧 나의 원초적 공포가 무엇인지 알게 되었다. 수십 년 동안
카메라 뒤에 있던 내가 처음으로 렌즈의 반대편에 발을 디뎠
고, 수백만 명이 나를 보고 있었다.

　스포트라이트를 받은 나는 현미경 아래 놓인 바다 생물처
럼 모든 각도에서 관찰당하는 것 같았다. 나에겐 갑옷도 보호
색도 없었다. 문어 선생님과 달리 조개껍데기로 몸을 가릴 수
도, 색이나 모양을 바꿀 수도, 다시마 조각에 몸을 숨길 수도
없었다.

　나는 그 전까지 거대한 벽과 같은 파도를 마주하기도 했
고, 금방이라도 나를 덮칠 듯한 맹수의 오금 저리는 포효도 들

어보았다. 불타는 집의 문을 때려 부순 적도 있고, 지구에서 가장 위험한 최상위 포식자의 은신처를 찾아 물에 뛰어들기도 했다. 그러나 그 모든 공포는 영화가 세상에 공개된 후 몇 주, 몇 달간 수백만 명의 시선이 내게 고정되었을 때 경험한 것에 비하면 희미한 것이었다.

인류의 역사 내내 인간은 약 30명 정도의 다른 인간과 무리 지어 살았다. 물론 소셜 미디어가 우리를 수백, 수천, 수백만 명과 연결하는 오늘날의 삶은 매우 다르다. 하지만 요즘처럼 수만 명의 타인과 연결되고 내 삶이 그들에게 공개되는 건 인류 역사에서 눈 깜짝할 사이에 생긴 변화일 뿐이다.

인류가 진화하는 동안 인간은 대부분의 기간을 현대의 산족 수렵채집인들과 비슷한 사회에서 살았다. 이런 평등한 공동체에서는 모든 사람이 거의 동등한 존재다. 산족에서 가장 뛰어난 추적자나 사냥꾼에게 상을 주는 것은 말도 안 되는 일이다! 특정 개인을 치켜세우고 찬사를 보내는 것은 인류의 본성에 반하는 일로 여겨진다.

아무튼 그건 나의 본성에는 확실히 반하는 일이었다. 내 인생에서 가장 행복했던 순간들은 어린 시절 바닷가를 헤매며 보물을 찾을 때였다. 그때 나는 야생 세계의 보호막 속에서 절대적으로 안전하고 보호받는다고 느꼈다. 어른이 되어 상처받았을 때도 바다숲으로 돌아왔다.

사실 유명세가 정신에 미치는 영향에 진정으로 대비하고 있는 사람은 없을 것이다. 특히 나는 명성이나 인정을 추구한 적이 없는 사람이었기에, 그런 것이 말 그대로 하룻밤 새 찾아오리라고는 상상조차 하지 못했으며 그 경험은 나에게 강렬한 영향을 미쳤다.

나의 사적이고, 섬세하고, 성스럽기까지 한 경험은 이제 수백만 명에게 소비되고 있었다. 마치 내 영혼이 수백만 조각으로 쪼개져 전 세계 텔레비전에 흘러들어간 것 같았다. 다만 그 조각들 중 어느 것도 진정한 *나*는 아니었다.

하지만 스포트라이트에서 벗어나고 싶다는 욕구만큼이나 목소리 없는 동물들, 위대한 어머니 지구를 위해 목소리를 내야 한다는 의무감도 들었다. 나는 두 가지 강력한 욕망 사이에서 갈팡질팡하고 있었다. 하나는 자연과 조용히 교감하고 싶은 내면의 욕구였고, 하나는 더 많은 인간에게 자연에 대한 사랑을 일깨우고 싶은 불타는 소명이었다.

변화된 상태

스포트라이트가 더 밝게 쏟아지면서 밤마다 몇 시간씩 잠을 이루지 못했다. 지쳐 있었지만 잠드는 게 점점 어려워졌다. 비틀거리며 침대에서 일어나 집 안을 서성이다보면 불과 몇 세대 전의 조상에게도 완전히 낯설게 느껴졌을 공간이라는 생각이 들었다. 예민해진 감각은 한때 백색소음으로 무시하던 길들여진 세상의 소리와 신호를 잠재우려 고군분투했다. 냉장고에서 나는 윙윙거리는 낮은 소리, 맨살에 닿는 햇빛에 비하면 너무나 차가운 주방 조명.

나는 자연 서식지를 잃은 동물이었다. 그 자리에 생긴 건 내 모든 필요와 욕구를 충족시키도록 만들어진 인공 세계였다. 하지만 그 끝없는 안락함에도 불구하고, 나는 잠들 수 없었다.

그렇게 넉 달이 꼬박 흘러갔다. 때로는 밤잠을 10분밖에 자지 못했다. 불면증은 무시무시한 것이다. 잠을 못 자면 정신이 점차 무너져내린다. 처음에는 신경이 곤두선 밤과 짜증스러운 낮 사이를 오갔지만, 몇 주가 지나자 나는 잠에 대한 모든 희망을 버리고 변화된 의식 상태를 경험하기 시작했다.

수면 박탈이 흔한 고문법인 데는 다 이유가 있다. 기본적으로 필요한 수면을 채우지 못하면 해리와 환각이 시작된다. 무엇이 진짜이고 진짜가 아닌지 알기 어려워진다. 어떤 밤에는 나도 모르게 정신을 잃고 30분쯤 잠들었지만, 암흑과 낯선 소리와 환영이 난무하는 악몽 같은 영역에 던져진 밤이 더 많았다. 어린 시절의 공포에 대한 기억이 오늘날의 편집증과 뒤섞이면서, 어릴 때 내 방에서 얼핏 보았던 이상한 형체를 연상

시키는 움직임의 잔상을 보기도 했다.

한 가닥 구원의 가능성이 있다면 내가 변화된 상태의 치유를 몇 년간 연구했다는 것이다. 산족 치유사들과 춤을 추면서 직접 변화된 상태를 경험한 적이 있었다. 마치 내 몸에서 벗어난 느낌이 드는 시각화 기술도 시도했다. 또한 고고학자 자네트 디컨과 함께 암각화와 변화된 의식 상태의 연관성도 연구했다. 동굴 벽에 그려진 반인반수는 사람들이 무아지경 상태에서 겪은 경험을 묘사한 것이라는 증거가 있다. 무아지경 초기 단계에서 보이는 것과 비슷한 기하학적 패턴이 바위그림에 흔히 나타나는 것도 그 근거다.

그래서 한밤중 기이한 생명체가 보이고 들릴 때, 벽이 녹아내리며 변화된 의식 상태와 관련된 불가능한 기하학 구조로 변할 때, 무슨 일이 일어나고 있는지 누구보다 분명하게 인식할 수 있었다.

이 모든 것에도 불구하고 고통은 극심했다. 몇 달 동안 거의 움직일 수조차 없어 대부분의 시간을 우리 오두막에서 보내야 했다. 그동안 스와티는 집안일을 혼자 책임지며 나를 돌보았다. 나는 운전을 할 수도 자전거를 탈 수도 없었다. 한때 내게 크나큰 기쁨과 치유를 안겨주던 매일의 다이빙 역시 고통스러운 일이 되고 말았다.

추적 훈련이 절정에 달했을 때 나는 물속에서 5분을 꼭 채워 숨을 참을 수 있었다. 물이 잔잔하면 그보다도 오래 버텼다. 이제는 물 *밖*에서도 제대로 숨을 쉬기 힘들었다. 한때 나는 차갑고 깊은 물에서 두 시간은 수영할 수 있었지만, 이제는 5분도 버틸 수 없었다.

너무나 깊은 절망감을 느꼈다. 마치 어떤 초능력을 부여받았다가 그 힘을 빼앗겨서 이전보다도 더 약해진 것 같았다. 신체적, 정신적 문제는 어떻게 찾아오든 충격적이지만, 삶을 바꾸기 위해 의식적인 노력을 기울인 끝에 찾아온 좌절은 특히나 힘들었다. 무슨 짓을 해도 의미가 없다고 느껴지고, 변화하려 했던 노력은 모두 그저 우주의 조롱 같았다.

나는 자연의 언어를 배우기 위해 열심히 노력했던 사람이 아니라, 아주 오래전의 겁 많던 소년이 된 것 같았다. 육지에서 만나는 사람들보다 바닷속 생명체가 훨씬 덜 무서워서 그들에게 손을 뻗었던 바로 그 소년.

어릴 때 나는 어둠 속에 숨은 것들이 두려웠다.

어른이 된 나는 그 어둠 속에 숨은 것이 바로 나 자신임을 알게 되었다.

산산이 부서지다

수온이 12도까지 떨어진 어느 날 아침, 바다숲으로 헤엄쳤다.

깊은 곳으로 나아가던 중 기이한 광경이 눈에 들어왔다. 무성한 해초 위에 있는 세점박이수영게three-spot swimming crab였다. 이 생물의 일반적 서식지인 바닷속 모래밭에서 한참 벗어난 곳이었다.

이런 예외적인 광경을 전에도 본 적이 있었다. 오카방고 삼각주에서 악어를 찾아 잠수하던 날, 밝은 대낮에 배 주위에서 날개를 펄럭이던 박쥐처럼. 이렇게 자연의 일반적인 질서가 어긋나는 현상은 내가 수년간 함께했던 원주민 추적자와 주술사에게 잘 알려져 있었다. 무언가 강력한 일이 일어날 전조였다.

내 뇌는 게가 제자리에 있지 않다고 말하는데 내 눈은 무엇이 문제인지 인식하지 못했다. 자연 세계에서 바로 눈앞에 있는 것이 보이지 않는, 일종의 맹목 상태였다. 자연의 패턴을 인식하는 능력이 손상된 것이다.

몇 년에 걸쳐 추적의 전문성을 쌓아온 나에게 그것은 소름 끼치게 무서운 감각이었다.

그 암울한 시기에 내가 기억하는 이상한 일은 이뿐만이 아니었다. 바다숲에 대한 경험 전체가 바뀌어가는 것 같았다. 물에 들어가면 전에 보이던 아름다운 것들이 더 이상 보이지 않았다. 대신 죽은 전령용 비둘기, 쓰레기, 기름 찌꺼기가 눈에 들어왔다.

자연 전체가 거울이었고, 내 정신은 산산이 부서지고 있었
다.

일시적인 것

그 잠 못 이루는 길고 긴 밤 동안, 다시는 예전처럼 추적을 할
수 없을 것 같아 불안했다. 불과 1년 전만 해도 원기 왕성했던
건강 상태로 영영 돌아갈 수 없을까 봐 두려웠다.

내 몸과 마음이 돌이킬 수 없이 망가진 건 아닌지 공포감
마저 들었다.

그럼에도 나는 여전히 야생과의 연결을 유지할 수 있다고
믿었다. 매일 몇 분씩 바다에 들어갔다. 천천히, 하루하루 조
금씩 시간을 늘리며 야생의 질서가 서서히 나를 회복시키도록
맡겼다.

스노클을 통해 들이마시는 공기로는 답답해서 물 밖으로
머리를 내밀고 숨을 쉬려니 매우 불편했다. 몸이 약해져서 해
초에 매달려야 했다. 체중이 너무 빠져서 맞는 옷이 하나도 없
었고, 상의를 벗으면 끔찍했다. 늘 살을 빼려고 애쓰던 내가
그렇게 말라버리다니 이상한 느낌이었다.

스와티는 내가 회복하는 데 핵심적인 역할을 했다. 스스로
무너져갈 때 옆에서 붙들어주는 누군가의 존재는 말할 수 없

이 값진 선물이다.

"다 괜찮아질 거야, 크레이그. 일시적인 거야." 스와티의 편안한 목소리가 몇 번이고 나를 달랬다. 스와티는 걱정하는 기색을 보인 적이 없었고, 그저 미소를 지으며 안아주었다. 그 모습이 너무나 강하고 자신감에 차 있었기에, 산산조각 난 내 상태에도 불구하고 내 안의 작은 부분은 그녀를 믿을 수 있었다.

나는 수면과학자 데일 레이Dale Rae 박사의 도움을 받기 시작했다. 레이 박사는 호흡 훈련 프로그램을 제안했고, 나는 치료에 나를 온전히 맡기고 모든 지시에 따랐다. 가장 도움이 되었던 건 간단하지만 강력한 5-7-5 호흡법이었다. 그 방법은 다음과 같다.

속으로 다섯을 세며 코로 천천히, 고르게 숨을 들이마신다.
3초 동안 숨을 참는다.
다섯을 세며 천천히, 고르게 숨을 내쉰다.
이 과정을 다섯 번 반복한다.

다음에는 이전처럼 다섯을 세며 숨을 들이마신다.
3초 동안 숨을 참는다.
그리고 일곱을 세면서 숨을 내쉰다.
다섯 번 반복한다.

다음으로 7초 동안 숨을 마시고, 3초 참았다가, 7초 내쉰다.
다섯 번 반복한다.

7초 동안 마시고, 3초 동안 참았다가 5초 내쉰다.
다섯 번 반복한다.

마지막으로 5초 동안 마시고, 3초 참았다가, 5초 내쉰다.
다섯 번 반복한다.

그런 다음 편안하고 자연스러운 정상 호흡으로 돌아온다.

처음부터 끝까지 12분 정도밖에 걸리지 않는 이 훈련이 매번 마음을 얼마나 효과적으로 진정시키는지 놀라울 따름이었다. 한밤중에 잠에서 깨어나 심장이 두근거리고 생각이 요동칠 때 호흡 과정을 거치면 몇 분 만에 신경계 전체가 차분하게 가라앉았다.

데일 박사는 내 생명의 은인이다.

이전에 배웠던 야생의 요소들도 중요했지만, 그것만으로는 이 난관을 극복할 수 없었다. 나는 더 이상 신체적, 정신적 도전을 통해 건강을 되찾을 수 없었다. 무턱대고 위험에 몸을 던지는 방식으로 구원을 얻을 수도 없었다.

대신 겸손하게 순응하는 법을 배워야 했다.

일을 잠시 내려놓고 다시 자연에 온전히 집중했다. 매일 밤 나만의 의식을 치렀다. 스승에게 기도하고 호흡 훈련을 했다. 매일 아침 일어나 차를 끓이고 바다숲으로 걸어 내려갔다. 오늘의 한계가 어제의 한계와 같지 않다는 사실을 받아들였다.

서서히, 바다에서 보내는 시간은 5분에서 6분이 되었다. 6분은 7분이 되었다. 7분은 8분이 되었다.

회복 과정과 나를 돌보는 사람들, 삶 자체에 순응했다.

숨을 마시고, 내쉬고, 다시 들이마셨다.

이러한 순응의 행위는 이 힘든 시기를 여유 있는 시선으로 볼 수 있게 해주었다. 영원한 퇴보가 아니라 일종의 통과의례를 겪고 있다고 생각할 수 있었다. 불면증이 절정에 달했을 때 경험한 변화된 의식 상태는 혼란스럽기도 했지만, 동시에 어린 시절의 마음이 어떤 식으로 움직였는지 엿볼 수 있는 통로였다.

마치 내 정신의 그물망을 헤치고 길을 찾아내 오래전에 뿌리내린 신경증의 원리를 엿본 듯했다. 무한한 용서와 이해를 퍼부으면 그 오래된 두려움과 불안감을 치유할 수 있다는 사실도 깨달았다.

실제로 그렇게 하면서 힘이 돌아오는 것이 느껴졌다.

또 나의 회복에 큰 힘이 된 것은 전 세계 다양한 문화권의 사람들로부터 받은 수천 개의 메시지였다. 우리 영화를 계기로 자연과의 연결을 되찾았다는 이야기였다. 자살 위기를 벗어났다고, 희망을 얻었다고, 인생이 바뀌었다고도 했다. 놀랍고도 감사했다. 그 이야기들은 어둡고 무서운 밤마다 등대처럼 빛났다.

내 이야기는 더 이상 혼자만의 것이 아니었고, 강력한 울림을 일으키고 있었다.

내 영혼은 나에게 돌아오고 있었다. 더 강하고, 더 건강하며, 덜 외로운 모습으로.

돌아오다

바다숲으로 내려가는 길을 스와티와 피파와 함께 걷는다. 바다에 몸을 담그자 깊은 기쁨이 나의 존재 전체를 감싼다. 나는 물의 느낌과 해조류의 아름다움에 감탄한다. 곁눈질로 보니 민발톱수달 네 마리가 내 움직임을 좇고 있다.

이 수줍지만 장난기 가득한 동물들은 한동안 야생에서 내 지표이자 안내자 역할을 해왔다. 몇 달 동안이나 보이지 않다가 은총의 시기가 오면 모습을 드러낸다. 수달을 보면 언제나 몇 년 전 프링글 베이에서 물로 부르기 의식을 하면서 샤메인과 함께 겪은 신비로운 경험이 떠오른다. 아프리카의 여러 문화권에서 수달은 강력한 영적 상징으로 여겨진다. 땅과 물, 두 세계를 자유롭게 오가기 때문이다.

수염이 난 머리 네 개와 길고 두꺼운 꼬리 네 개가 얼핏얼핏 보인다. 뛰어난 포식자답게 뒤에서 다가온 수달은 어느새 내 양옆으로 헤엄치며 나를 다시 바다와 숲의 삶으로 안내하는 듯하다. 호기심과 에너지로 가득 찬 어린 수달이다. 그러다 두 마리가 갑자기 멀리 헤엄쳐 가고 두 마리는 남는다.

한 마리는 특히 대담하고 호기심이 넘친다. 내 발에 닿을 정도로 가까이 다가온다. 피파와 스와티도 더 참지 못하고 나와 수달이 있는 물속으로 들어온다. 수달 두 마리가 거품을 일으키며 헤엄쳐 우리 주위에 보이지 않는 마법의 고리를 엮어 낸다. 뒷다리에 작은 상처가 있는 가장 대담한 수달은 우리의 발과 다리를 몇 번이나 만지고, 마침내 털로 뒤덮인 손가락 다섯 개가 있는 손처럼 섬세한 앞발로 내 얼굴을 만진다. 그 손길에는 조금의 공격성도 없다. 순수한 호기심만 담겨 있다.

수달은 그렇게 10분 넘게 우리와 논다. 신비롭고 경이로운 경험이다. 그리고 그들은 풍경에 녹아들듯 유령처럼 사라진다.

마치 공중에 떠오르는 것처럼 가슴이 벅차오른다. 내가 야생에 순응하자 자연은 그에 대한 응답을 가장 심오한 방식으로 보여주었다.

꼭 위험한 바다에 뛰어들어야만 바다의 위대한 힘을 느낄 수 있는 것은 아니다. 사실 알지 못하는 사이에도 우리는 그저 자연의 은총 덕에 숨 쉬고 있다. 식물플랑크톤phytoplankton이라고 불리는 미세 해양식물은 태양에너지를 산소로 전환해 지구에 생명을 불어넣는다. 바다는 기후를 안정적으로 유지하고 지구를 식혀주는 역할을 한다.

이 경이로운 힘 앞에 순응하는 것 외에 과연 어떤 선택이 있겠는가?

원초적 두려움에 대해서라면, 그것을 쫓아내거나 부정할 수 있을 것 같지는 않다. 그것은 마치 파도가 해안에 부딪히는 것을 막거나 나뭇가지에 꼬리가 낀 고양이에게 하악질을 멈추라고 하는 것과 같다.

하지만 생명력을 주는 두려움과 친구가 될 수는 있다. 두려움을 이해하고, 존중하고, 대화할 수 있다. 이것은 시간을 초월하여 조상들과 대화하는 방법이기도 하다. 그들은 우리가 마주칠 일 없는 위험을 겪었지만, 길들여진 세상에서 사라져버린 삶의 방식도 알고 있었다.

이런 연결이 생겨날 때, 즉 우리가 야생의 일부이며 분리될 수 없다는 사실을 깨달을 때, 우리는 무엇을 통제할 수 있는지 알게 된다. 야생성은 언제나 한계를 뛰어넘어 도전하게 하지만, 동시에 우리를 지배하는 힘을 절대 잊지 않게 한다. 자연은 우리에게 언뜻 상반되어 보이는 두 가지를 요구한다.

우리가 자연의 경이로운 힘에 순응해야 한다는 사실을 받아들일 것.

그리고 어떤 일이 있어도 당당히 맞서서 야생성을 지킬 것.

7 장

연결

Connect

야네스, 스와티와 셋이서 해안 가까이 얕은 바다에 들어간 어느 날, 해초숲에서 좀처럼 보기 힘든 생명체를 맞닥뜨렸다. 남방긴수염고래southern right whale였다.

그날은 물이 탁해서 꼬리만 보일 뿐 몸통은 뿌옇게 가려져 있었다. 그래도 거대한 크기는 짐작할 수 있었다. 아직 어렸지만 길이가 9미터에 달했다.

고래가 왜 이렇게 해안 가까이에 온 걸까?

이렇게 어린 고래라면 최근까지 어미와 함께 있었던 일을, 조용한 곳에서 속삭이던 대화를 기억하고 있을지 모른다. 그래서 얕은 해안에서 일어나는 고른 파도의 움직임이 익숙하고, 심지어 위안이 되는 감각으로 다가왔을지도 모른다.

우리 셋이 가만히 지켜보는 가운데 고래는 꼬리지느러미와 몸통 옆면을 해초에 문지르기 시작했다. 딱히 따개비나 고래 기생충처럼 떼어내야 할 것이 보이지는 않았기에 무엇을 하고 있는지 궁금해졌다.

혹시 다른 고래의 피부와도 비슷한 매끄러운 해초의 감촉을 즐기고 있었던 것일까?

고래는 우리 존재를 알아차리지 못한 것 같았고, 야네스와 나는 바다숲 깊은 물로 이동하기 시작한 고래를 적당한 거리를 유지하며 따라갔다. 고래는 멈추지 않고 천천히 미끄러지듯 나아가다가 길을 막는 커다란 바위와 마주쳤다.

내가 여러 해 동안 만났던 고래들은 대부분 매우 온순했고, 내 존재를 위협이라고 느끼지도 않았다. 하지만 그날의 물 상태는 이상적이라고 하긴 어려웠다. 얕은 물에서보다 시야가 더 흐려졌다. 게다가 고래 등에는 긁힌 자국이 있었는데, 최근에 포식자나 배와 충돌해서 생긴 상처일 가능성도 있었다.

어린 고래는 바위에 갇혔다는 느낌을 받았다가 우리를 보고 겁을 먹었을 것이다. 사람도 갑자기 쥐나 작은 뱀이 발치를 스치면 놀라는 것과 마찬가지다. 이 모든 요소가 복합적으로 작용했으니, 고래가 갑자기 우리 몸을 꿰뚫는 듯한 엄청나게 크고 날카로운 소리를 낸 것도 이해할 만하다. 육지 동물로 따지면 코끼리가 귀에 대고 울부짖은 수준이었다. 그 직후에는 꼬리를 맹렬하게 휘둘러 나를 내리치려 했다.

제대로 맞았다면 나는 기절했거나 심지어 죽었을지도 모르지만, 다행히도 꼬리는 몇 미터 옆을 때렸다. 그런데도 그 움직임의 힘은 무시무시했고, 나는 강력한 물살에 3미터 이상 밀려났다.

고래는 바위를 피해 50미터쯤 헤엄쳐서 멀어졌다.

야네스는 스와티에게 헤엄쳐 가서 무사한지 확인했고, 나는 빽빽한 해초 속에서 깊게 숨 쉬며 날뛰는 심장을 가라앉혔다. 조금 충격받기도 했고, 고래를 놀라게 해서 미안한 마음도 들었다. 고래에게 내 위치를 알리고 해치려 한 것이 아니라고 말하고 싶은 마음에 물속에서 크고 깊은 소리를 반복해서 냈다.

고래가 그대로 떠날 거라고 예상했지만, 놀라운 일이 벌어졌다. 고래가 다시 돌아와 바로 옆에 자리를 잡은 것이다. 고래는 아까처럼 해조류에 몸을 비볐고, 덕분에 나는 그 귀중한 장면을 사진으로 포착할 수 있었다. 나는 계속 부드러운 소리를 내어 고래에게 내 위치를 알려주었다. 고래는 내 존재에 긴장한 기색 없이 10분 정도 편안하게 머물다가 천천히 자리를 떴다.

고래가 해초에 몸을 문지르는 행동을 목격한 것은 대단한 영광이었다. 이런 행동이 관찰되거나 기록으로 남은 바가 있는지 궁금해졌다.

하지만 고래가 매우 위험한 존재가 될 수 있다는 것도 다시 한번 깨달았다. 시야가 제한적일 때는 더욱 그렇다. 또 고래 옆에서 헤엄칠 일이 생기면 충분한 거리를 둘 것이다. 고래가 다가오면 즉시 부드럽고 깊은 소리로 내 위치를 알려주고, 두려워할 이유가 없다는 마음을 전할 것이다.

길들임의 폭력성

가끔 사람들은 야생동물들이 점점 인간에게 공격적으로 변해가고 있는 건 아닌지 묻는다. 야생 형제들과 우리의 행성 지구에 저지른 죄를 벌하기 위해 자연이 인간에 맞서 일어나고 있다고 생각하는 것이다. 예를 들어, 최근 범고래orca가 요트에 몸을 부딪치는 사건이 몇 차례 일어나며 이들이 '복수하고 있다'는 의견이 떠오르기도 했다.[1]

동물들이 지구상에서 가장 치명적인 포식자인 인간에게 보복하는 것처럼 보이는 것도 이해가 간다. 그러나 그것은 인간의 시선에서 동물의 행동을 해석한 것일 뿐이다. 실제로 최근 과학계 일부에서는 범고래가 사실 배와 장난을 치고 있을 가능성을 제시했다.[2]

물론 나도 공격적이라고 할 만한 동물의 행동을 본 적이 있다. 케이프타운에서는 평소 수줍음 많은 민발톱수달이 인간에게 접근해서 때때로 물기까지 하는 사례가 있었다.

언뜻 보기에는 공격성이 높아진 것 같지만, 사실은 인간이 동물들의 영역을 침범하여 점점 더 압박하고 있다는 증거다. 인간은 지구에 남아 있는 마지막 야생의 장소마저 정복하고 길들이면서 수많은 종의 존재 자체를 위협하고 있다. 그래서 동물들이 벼랑 끝에 몰린 것이다. 예를 들어, 수달은 남아프리카공화국의 코로나 봉쇄 기간에 인간의 활동이 줄어든 틈을 타서 내륙 깊은 곳까지 이동했다. 그러나 제한 조치가 해제되고 인간들이 돌아오면서 오롯이 차지했던 장소를 빼앗기고 말았다.

자연은 온화하고 자애롭지만 동시에 사납기도 하다. 동물은 사냥하고 죽인다. 서식지와 식량 자원, 자손을 본능적으로 지키려 한다. 인간과 마찬가지로 트라우마에 대한 기억을 간직하며, 그 상처의 원인을 다시 마주하면 당연히 반응한다.

하지만 내 경험상 '살인고래killer whale'의 누명을 쓴 범고래는 인간에게 온순하다. 야생에서 범고래가 인간을 죽인 사례는 없다.[3]

물론 포획된 환경에서는 인간에게 공격성을 보이기도 한다.

이처럼 드물게 발생한 사례들은 야생동물을 강제로 길들

이려 할 때, 우리에 가둬 자유와 독립을 박탈할 때 어떤 일이
일어나는지 보여주는 비극이다.

비접촉 촉각

피파가 로스앤젤레스로 떠나기 전날, 나는 길들여진 세계의
위험성에 대해 깊이 생각했다. 어떤 면에서 그곳은 아프리카
끝자락에 있는 우리의 세계와 정반대이기 때문이다. 피파는
아카데미 시상식에서 '어머니 바다Mother Ocean'의 메시지를 전하
게 되어 자랑스러워했지만, 혼자 가기가 조금 두렵다고 인정
했다. 이미 6개월 넘게 이어진 언론과 홍보 활동을 소화하느
라 자연과 단절되어간다고 느끼던 참이었다.

"크레이그, 야생과 연결된 실을 잃어버리면 어쩌죠?"

나는 그 두려움을 충분히 이해했다. 나는 불면증과 불안으
로 고통스러웠던 한 해를 보내고 여전히 회복 중이었기에 시
상식에 직접 참석하지는 않기로 했다. 피파가 바다숲 생물들
을 대변할 일생일대의 기회에 기꺼이 나서주어 감사했고, 떠
나기 전에 평정심과 내면의 야생성을 유지하는 데 도움이 될
만한 경험을 함께하고 싶었다.

우리는 가장 좋아하는 바다로 나갔다. 거대한 산기슭에 자
리한 만이었다. 오른쪽에는 맑은 물이 펼쳐져 있었지만, 직감

적으로 침전물 때문에 탁한 왼쪽으로 가야 할 것 같았다. 우리는 400미터쯤 헤엄친 끝에 약 50마리의 은빛상어smoothhound shark 떼에 둘러싸였다. 길고 미끈한 은색 몸체를 가진 성체 중에는 나보다 키가 큰 녀석도 있는가 하면 어린 상어는 120센티미터 정도에 불과했다.

이 포식자들에게 위협을 느끼지는 않았다. 그들의 몸짓에서는 동요나 공격성을 읽을 수 없었고, 순수한 호기심과 조심스러움만 감돌고 있었다. 그 순간 길들여진 세계에 대한 생각은 모두 사라지고 이 우아한 생명체들 사이에서 완전히 현재에 몰입할 수 있었다.

얕은 물에 대형 포식동물이 그렇게나 많다니 매우 고무적인 일이었다. 포식자가 있다는 건 생태계가 건강하다는 신호니까. 하지만 왜 이곳에 모여 있는 것일까?

추적의 감각이 예전처럼 날카로워지기 시작했을 때라 느낌이 왔다. 처음에는 상어들이 다른 동물의 미세한 전기신호를 감지하는 전기 수용체를 이용해 그 지역에서 사냥하고 있을지 모른다고 생각했다. 몸을 따라 길게 흐르는 수용체는 주변 환경에 대한 일종의 압력 지도를 만들어내어 상어를 뛰어난 사냥꾼으로 만들어준다. 눈을 사용하지 않고 '보는' 이 능력을 '비접촉 촉각the distant touch'이라고 부른다.

하지만 이 지역에서 몇 달 동안 추적 훈련을 해온 나는 상어들이 훨씬 더 큰 포식자를 피해 숨은 것이라는 생각이 들었다.

상어 사냥꾼

이틀 전, 범고래 두 마리가 이쪽 해안으로 다가오는 모습을 목격했다. 날이 어두워지기 직전이라 쌍안경으로는 해초숲 얕은 물속에서 범고래 특유의 흑백 무늬가 얼핏 보일 뿐이었다. 나는 두 고래를 해안에서 몇 번 보았을 뿐 잘 알지는 못했다. 야생 범고래는 보통 등지느러미를 꼿꼿이 세우고 있지만, 이 두 마리는 눈에 띄게 달랐다. 영양 결핍 때문인지 한 마리는 왼쪽으로, 다른 한 마리는 오른쪽으로 지느러미가 축 늘어져 있었다. 이들은 이미 이 지역에서 포트Port와 스타보드Starboard라는 이름까지 붙은 사냥의 달인으로 유명했다.[4]

이들은 한 팀이 되어 사냥했는데, 한 마리는 얕은 곳으로 들어가 상어를 몰아내고, 다른 한 마리는 깊은 곳에서 도망치는 상어를 덮쳤다. 얕은 쪽에 있던 범고래가 수면 위로 올라왔고, 그 입안에서 몸부림치는 상어의 몸통이 얼핏 보였다. 그리고 곧 두 마리 모두 자취를 감췄다.

몇 달 전의 사건을 떠올리니 은빛상어들이 왜 이렇게 얕은 바다로 피신해 있는지 알 법했다. 스와티, 피파, 톰과 함께 외딴 해변을 걷다가 일곱아가미상어sevengill shark 사체 세 구를 발견했다. 자세히 보니 세 마리 다 간이 사라져 있었고, 상어 지느러미에는 범고래 특유의 이빨 자국이 선명했다. 범고래 이빨은 사포 같은 상어 피부를 물어뜯으며 닳아서 뭉툭해진다.

나는 이 상어들이 포트와 스타보드에게 잡혀 죽었을 가능성이 높다고 판단했다.

공격 장면이 머릿속에 선하게 그려졌다. 두 마리 범고래가 상어의 양쪽 지느러미를 어마어마한 힘으로 잡아당기면 가엾은 상어는 두 쪽으로 찢기듯 갈라지고 거대한 간이 몸 밖으로 떠올라 먹히는 것이다.

심지어 백상아리조차 이 상어 전문 사냥꾼들 앞에서는 안전하지 않다. 범고래는 백상아리보다 체중이 세 배 이상 무겁고, 전속력으로 헤엄칠 때의 속도도 조금 더 빠르다. 상어는 거대한 포유류 포식자인 범고래 앞에서 무력할 뿐이다.

범고래의 생존을 위해서는 그 죽음이 불가피하다는 걸 알면서도, 나는 일곱아가미상어와 물속에서 아름다운 시간들을 보냈기에 어떤 유대감을 느꼈다. 내게 이 동물은 사자처럼 느껴진다. 몸집과 무게가 대형 고양잇과 동물과 비슷하고 움직임은 번개처럼 빠르다. 협동해서 사냥하고, 필요할 때 폭발적 속도를 낼 수 있는 크고 강력한 꼬리지느러미를 가졌다. 조용히 미끄러지듯 물살을 가르며 바다표범이나 돌고래에게 접근한다.

조용한 공격은 폭발적이고 치명적인 충격으로 마무리된다.

내가 가장 잊지 못하는 다이빙은 30마리의 상어 무리 속에서 헤엄쳤던 순간이었다. 겨우 열한 살이었던 톰과 함께였다. 어린아이를 데리고 30마리의 사자 무리 속에 들어가 있으면서도 안전하다고 느끼는 모습을 상상해보라. 거대한 상어의 몸통이 우리 몸을 스치고 지나가던 순간이 아직도 생생하다. 수면에는 폭풍우가 몰아쳤지만, 물은 수정처럼 맑았고 주변의 모든 것이 깊은 평온으로 감싸여 있었다.

상어 같은 해양 포식자는 인간보다 훨씬 오래된 존재다. 인류가 등장하기도 전에 수억 년간 진화를 거듭했다. 어색하게 헤엄치는 영장류는 먹잇감도 포식자도 아닌 이상한 존재로 인식되기 때문에 인간이 있어도 공격하거나 도망치지 않는다. 때로는 호기심을 보이고 때로는 회피한다.

상어가 무방비한 인간을 덮치는 피에 굶주린 살인마로 묘사되는 건 그들의 진정한 본성을 이해하지 못하게 하는 완전한 허구다. 이러한 허구는 세상을 야생과 문명으로 나누고 상어는 저쪽, 인간은 이쪽으로 분류한다. 그러나 진실은 훨씬 복잡하다.

우리는 모두 그 포식자의 이름을 알고 있다

몇 달 동안 상어와 범고래를 추적한 경험 덕분에 그날 피파와 함께 만난 은빛상어들이 해안가 얕은 물의 음향 그림자acoustic shadow(파도나 지형, 수온 차이 등으로 인해 음파가 도달하지 못하거나 약해지는 수역水域 또는 공간 - 역주)에 숨어 범고래를 피하고 있다는 가설을 세웠다. 범고래는 반향정위echolocation(자신이 낸 소리가 주변 물체에 부딪혀 되돌아오는 반향을 감지해, 위치·거리·형태를 파악하는 동물의 능력 - 역주)로 상어를 감지할 수 있지만, 파도가 부서지는 소리와 움직임은 그 능력을 방해한다.

피파와 나는 그 황홀한 세계를 뒤로하고 다시 육지로 올라섰다. 은빛 그림자 사이로 무중력 비행을 한 뒤라 두 다리로 서서 느끼는 중력은 어색하고도 선명했다.

우리는 방금 마주한 우아함과 힘에 감탄했다. 4억 년에 걸친 진화 속에서 상어들은 거의 변하지 않았다. 그만큼 깔끔하고 효율적으로 설계되어 별다른 적응이 필요 없었던 것이다.

하지만 이제 상어들은 지금껏 어떤 해양 동물도 겪어보지 못한 새로운 위협에 적응해야 한다. 그 생명체와 비교하면 범고래의 위협조차 별것 아니다. 이 초포식자는 피식동물만큼이나 왕성하게 번식하며, 탐욕스럽고 낭비적인 무기와 식욕을 가졌다.[5] 이 생명체는 자신이 어디서 왔는지, 누구인지, 왜 존재하는지 잊어버렸다.

굳이 말하지 않아도 모두가 그 포식자가 누구인지 눈치챘
을 것이다.

그 초포식자 때문에, 이 아름다운 상어는 이제 호주에서 피
시앤드칩스 메뉴가 되어가고 있다.

해양생물학자 실비아 얼Sylvia Earle은 유명한 말을 남겼다. "바
다에 있는데 상어가 보이지 않는다면, 그게 더 두려운 일이
다."[6] 건강한 바다를 위해서는 상어가 필요하다. 상어는 먹잇
감이 되는 동물의 힘과 활력을 유지해준다. 아이러니하게도
상어의 부재가 인간에게 더 위험한 일이지만, 지금 상어와 가
오리는 심각한 위험에 처해 있다. 이들을 포함하는 판새아강
elasmobranchii의 3분의 1이 멸종 위기에 처했다.[7]

피파가 로스앤젤레스로 떠나기 전, 우리의 이야기를 전할
필요성을 다시금 깨달았다. 망각의 동물인 인류는 야생의 기
원을 기억하고, 야생 형제들의 경이로움으로부터 더 많은 것
을 배워야 한다.

상어 같은 포식자는 바다의 수호자다. 그들은 생태계를 조
절하여 바다의 건강을 지탱하는 존재다. 우리가 들이마시는
모든 숨결의 수호자라는 의미이기도 하다. 그들의 은총으로
인간은 살아 있고, 번영할 수 있다. 이 사실을 마음 깊이 새긴
다면, 우리는 최선을 다해 그들을 보살피고 사랑하고 소중히
여기게 될 것이다.

바다의 생명체를 아끼는 일은 곧 우리 자신을 아끼는 일이다.

자연에는 우리가 필요할까?

땅과 바다로 이루어진 우리의 행성은 아주 오래된 세계다. 그 안에는 고도로 복잡한 생태계를 절묘한 균형으로 유지하는 깊은 생물학적 지성이 스며 있다. 전 세계의 슈퍼컴퓨터를 모두 합쳐도 여러 동식물, 균류, 박테리아, 바이러스 사이의 정교한 소통을 흉내조차 낼 수 없다. 인류의 최첨단 우주 기술도 곤충이나 새가 작디작은 꿀 한 방울을 연료 삼아 날아다니는 자연의 기술에 비하면 초라한 수준이다.

이 생태학적 지성은 스스로를 지탱하는 힘이 있다. 생물다양성을 창조하고, 생명 유지에 필요한 온도와 습도를 유지한다.

하지만 인류라는 유년기의 생물종은 자신이 이 섬세한 균형에 엮여 있다는 사실을 잊어버린 듯하다. 이는 우리 세계를 생존 가능하게 만드는 생물다양성과 생명 유지 기능에 파괴적인 영향을 미치고 있다.

특히 기업과 산업의 리더들, 그리고 이들을 지원하는 정책 결정자들은 그들이 세운 모든 것의 기반이 실제로는 자연 그 자체이며, 자연이 있어 회사가 기능한다는 사실을 잊은 듯하다. 그들은 단기적인 이윤에 집착한 나머지 대체할 수 없는 자원, 즉 지구의 오래된 숲과 습지, 야생의 강과 바다를 소비하고 약탈한다. 생물다양성이 무너지면 미래에 대한 투자는 모두 무의미해진다. 스와티의 멘토이자 생태 전문 매체 〈생츄어리 아시아Sanctuary Asia〉의 설립자인 비투 사갈Bittu Sahgal은 이렇게 말한다. "생태계가 생물다양성의 특성을 회복하도록 보살피지 않으면, 수백만, 수십억, 수조 그루의 나무를 심어도 인간의 생태계 파괴로 발생한 기후변화나 팬데믹을 억제할 수 없을 것이다." 우리 종은 자연이 재생할 수 있게 두어야 한다. 그래야 자연의 생물다양성을 통해 숨 쉬고 살아갈 수 있다.

우리 인간은 자연 없이 살 수 없다.

하지만 자연에도 우리가 필요할까?

건강을 되찾기 위해 고군분투하면서 이 질문을 수없이 곱씹었다. 해초에 얽힌 플라스틱을 볼 때마다, 전 세계에서 점점 심각해지는 이상기후나 기온 상승에 대한 소식을 접할 때마다 깊은 비관과 절망감을 떨칠 수 없었다. 야생의 생명을 사랑하는 사람이라면 가장 힘들던 시기 나를 괴롭히던 생각에 한 번쯤 사로잡혀본 적이 있을 것이다.

인간이 그냥 멸종해버리면 지구 전체가 다시 살아날 거야. 생태계 전체와 동물들에게 훨씬 좋은 일이야. 지구는 다시 번

이런 관점은 여러 면에서 진실에 가깝다. 지금 이 순간에도 인간이 저지르는 지속적인 환경 파괴를 떠올리면 이런 생각이 들지 않을 수 없다. *물론 자연에는 우리가 필요 없지. 인간이 없는 게 훨씬 나을 거야.*

하지만 나는 이 커다란 질문에 더 복잡한 답이 있다고 생각한다.

재생을 배우다

바다숲의 동물들은, 물고기와 상어, 따개비와 이끼벌레, 심지어 범고래까지도 모두, 바람을 먹고 살아간다.

지구의 자전에 의한 코리올리 효과Coriolis effect(대기의 흐름이나 해류가 직선으로 이동하지 않고 휘어지게 만드는 현상 - 역주)와 결합한 바람은 따뜻한 표층수를 거대한 덩어리째 해안에서 바깥으로 밀어낸다. 이 움직임은 또한 깊은 물을 얕은 쪽으로 끌어올린다. 풍부한 영양소를 머금은 깊고 차가운 심해수에 햇빛이 닿으면 수조 개의 식물플랑크톤으로 이루어진 기적의 폭포에서 생명이 꽃핀다. 이것이 먹이사슬의 기반이다.

어느 날 깊고 광활한 플랑크톤 지대에 있었을 나침반해파리compass jellyfish 수천 마리가 바람에 쓸려 얕은 바다로 나온 것을 보았다. 투명한 붉은 불빛 같은 해파리는 바다숲 생물들에게 풍성한 만찬이 되었다.

거대한 가짜자두말미잘false plum anemone이 해파리를 잡아 꿀꺽 삼키는 모습이 보였다. 모래 속에서 기어 나온 세점박이수영게three-spot swimming crab도 널려 있는 해파리를 먹기 시작했다. 심지어 성게들도 해파리를 잡아 길고 하얀 뾰족한 이빨로 천천히 먹어치웠다.

호텐토트감성돔Hottentot sea bream은 약간 다른 기술을 사용했다. 해파리에 구멍을 뚫었다. 4년 전, 이 물고기들이 해파리 속에 사는 히페리드단각류hyperiid amphipod를 별미로 여기는 것을 알게 되었다. 이 갑각류는 해파리 속에 살면서 숙주를 크게 해치지 않는 선에서 몸의 일부를 갉아 먹는다. 감성돔이 오래전의 간식을 기억하는 것인지, 아니면 갑각류의 맛이 본능에 새겨져 있는지 궁금했다. 하지만 해파리를 자세히 살펴보니 올해에는 그 안에 단각류가 보이지 않았다.

그때 야네스가 놀라운 사실을 알려줬다. 감성돔이 몸에 뚫은 커다란 구멍을 스스로 재생하는 해파리가 여러 마리 눈에 띄었다. 구멍이 있던 자리에 생긴 흉터 조직이 뚜렷이 보였고, 불과 며칠 만에 회복이 진행된다는 것을 알게 되었다.

이 생명체들의 재생 능력에 감탄했다. 그리고 항상 나의 인간적 경험을 거울처럼 비추어주는 자연이 놀라웠다. 나 또한 절실한 치유와 재생의 과정을 겪고 있었다. 불과 몇 달 전만 해도 물속에 머리를 담그기조차 어려웠지만, 이제는 다시 몇 분 동안 숨을 참을 수 있었고 거의 이전만큼 오랜 시간 추위를 견딜 수 있게 되었다.

아직도 이 불가사의한 거울의 작용 원리를 이해하지는 못한다. 처음에는 그저 내 모습을 비추는 것 같지만 그 자체로 신비한 무게와 인력을 지니고 있다. 나는 본질적으로 거울 너머로 손을 뻗었고, 자연과 나 사이에 존재한다고 믿었던 경계가 환상에 불과하다는 것을 깨달았다.

이 해파리들의 재생력, 그리고 내 안의 재생력을 보며 인류 역시 잃어버린 부분을 다시 길러낼 수 있다는 희망을 품게 되었다. 추적을 통해 감각과 직관은 날카로워진다. 쉽게 사고 쉽게 버리는 길들여진 세계의 편의에 덜 현혹된다. 자연과의 끊어진 실을 다시 이으며 얻는 무언가는 우리를 더 강하고, 용감하고, 온전한 존재로 만들어줄 것이다.

하나의 개인으로서도, 하나의 종으로서도 우리에게는 그 어느 때보다도 절실하게 그 온전함의 감각이 필요하다. 인류가 힘을 모아 끊어진 실을 복원하지 않는다면, 최근에 폴스 베이에 모여들기 시작한 가시불가사리spiny sea star의 길을 따라가게 될까 두렵다. 그들의 이야기는 마치 하나의 우화와도 같다.

여름이 다가오면서 그해에 이례적으로 가시불가사리의 번식 성공률이 높았음을 알 수 있었다. 예전에는 바다숲 한쪽에서 열 마리 정도 보였던 불가사리가 수백 마리씩 우글거렸다. 광역 무분별 산란 전략이 제대로 통했는지, 셀 수 없이 많은 새끼가 태어났다. 수천 개의 가시 돋친 팔과 관 형태의 발이 느린 동작으로 움직이자 노란색과 주황색이 섞인 거대한 살아 있는 융단처럼 보였다. 불가사리의 물결이 천천히 해저를 가로지르며 앞에 놓인 모든 것을 쓸어버리는 광경에 나는 경악했다. 한 마리 한 마리가 살아남기 위해 먹어야 했고 개체 수가 워낙 많다보니 대학살이 벌어졌다.

몇 해 전 거대한 터보바다달팽이turbo sea snail가 껍데기를 흔들며 불가사리의 공격을 튕겨내는 모습을 본 적이 있다. 보통은 그렇게 불가사리의 포식 행위를 막을 수 있었다.

하지만 올해는 상황이 달랐다.

처음 불가사리 몇 마리는 방어에 나가떨어졌지만, 결국 달팽이는 지치고 만다. 달팽이가 껍데기를 닫으면 공격하던 불가사리가 달팽이를 감싼다.

불가사리는 이어서 위장을 몸 밖으로 빼낸다.

작은 집에 사는 바다달팽이가 되었다고 상상해보자. 당신은 문을 잠갔다. 불가사리의 위가 밖에서 문을 틀어막고 산성 물질을 분비한다.

기다리고 또 기다린다. 하지만 점점 지치고 허기가 밀려오고 산소가 떨어진다. 하루 이틀이 지나면 더는 버틸 수 없다. 문을 여는 순간 산성 물질이 밀려들어 당신을 녹인다. 불가사리는 죽은 당신을 밀크셰이크처럼 빨아들인다.

얼마나 무시무시한 포식자인가! 불가사리의 벽이 전진하며 폴스 베이에 사는 해양 생물 수천 마리를 집어삼켰다. 영리한 문어들도 예외는 아니었다. 불가사리가 문어를 죽일 수는 없지만 엄청난 골칫거리인 건 분명했다. 어린 문어 한 마리가 자기 굴에서 거대한 불가사리를 치우려고 몇 번이고 애쓰다가 결국 포기하는 모습이 안타깝고도 먹먹하게 느껴졌다.

아무것도 이 죽음의 무리를 막을 수 없을 것 같았다. 하지만 자연의 경이로운 지성이 일으키는 기적만은 예외였다. 나는 며칠에 걸쳐 불가사리들이 하나둘씩 약해지고 휘청거리는 모습을 넋을 잃고 지켜보았다. 일종의 자연적인 소모성 질환 wasting disease(주로 해양 생물에게 나타나는 병적 상태. 조직이 붕괴되고 체력이 급속히 약화된다 - 역주)으로 팔에 커다란 병변이 나타났다. 불가사리들은 병변을 진정시키려는 듯 관족과 팔을 비정상적으로 뒤틀어 상처 부위를 덮었다.

하지만 이미 상황은 끝났다. 불가사리의 개체 수는 빠르게 줄어들었고, 바다숲의 생물학적 지성은 균형을 회복했다.

물론 나는 이 이야기에서 가엾은 가시불가사리를 악당처럼 묘사했다. 하지만 사실 그들은 삶을 향해 뻗어나가는 여느 동물과 다를 바가 없었다. 번식하고, 성장하고, 먹이를 찾고, 결국 죽음에 이른다. 그간 다른 종들이 몇 해 동안 폭발적인 번식기를 맞는 광경도 본 적이 있다. 그때마다 바다숲은 자기 방식으로 반발하여 균형을 되찾아왔다.

인간에게도 분명 같은 일이 훨씬 큰 규모로 일어날 것이다. 세상을 움직이는 건 인간이 아니라 거대한 어머니, 대자연이기 때문이다.

우리는 이 운명을 벗어날 수 있을까?

편집증적 포식자

나는 종종 자문한다. 인류의 구성원은 어째서 미래에 대해 그토록 절망하고, 과거와는 단절되어 있다고 느끼는 걸까? 그 답은 언제나 1만 년 전에 벌어진 엄청난 충격으로 이어진다.

약 30만 년 동안 인류는 자유로운 수렵채집인으로 살았다. 대지와 바다를 야생의 저장고로 삼아 필요할 때마다 사냥하거나 채집하여 식량을 얻었다. 재산과 식량을 축적할 필요가 없었다. 우리는 추적하고 채집하는 기술로 생존했고, 하루 중 많은 시간을 쉬고 놀며 보냈다.

그러다 농업혁명이 일어나면서 우리의 세계는 완전히 뒤집혔다.

우리의 핵심 안전망인 야생의 자연과의 연결이 단절되었다. 벌레와 날씨는 정복하거나 통제해야 할 적이 되었다. 더 이상 야생의 자연으로 들어가 풍부한 생물다양성 속에서 마음껏 먹을 수 없었다. 농작물의 수확을 기다리고, 포식자로부터 가축을 지켜야 했다. 식단이 단조로워지면서 건강이 나빠지고 뇌와 신체 기능도 떨어졌다.[8]

분명히 말해두자면, 수렵과 채집 중심의 유목 생활은 지독히 힘들다. 어떤 이들이 농경 사회로의 변화를 간절히 원했던 데는 다 이유가 있다. 한때 유목 생활을 했던 산족 노인들에게 어떤 생활 방식을 선호하는지 묻자 반반으로 갈렸다. 절반은 옛 방식을 그리워했고 나머지는 정착 생활의 편안함에 만족했다. 둘 다 장단점이 다르다. 다만 길들여진 삶을 극단으로 밀어붙였다는 점은 위험하다.

인류 역사가 농경시대로 접어들며 식량은 심고 거두는 주기에 따라 얻는 것이 되었고, 이때부터 일종의 편집증이 시작되었다. 여러 문화권의 의례와 신적 존재가 파종 및 수확과 관련된 것을 보면 작물 실패에 대한 깊은 두려움을 알 수 있다.[9]

산업혁명을 거치며 식량원과 식수원은 더욱 멀어졌고, 쉼 없이 일해야 한다는 강박적인 가치관이 퍼졌다. 그러나 식량

안정성이 더 나아진 것도 아니었다. 수렵채집인들은 하루에 3시간만 일해도 필요한 것을 모두 얻을 수 있었으나 이제 사람들은 하루에 10시간 이상 일하게 되었고, 아이들조차 위험한 환경에서 노동해야 했다.[10]

자연은 더 이상 생명을 주는 어머니가 아니라 착취와 이용의 대상이었다. 화학 기반의 기계화농업이 성장하면서 식량과 식수의 질은 더 떨어졌다.

인간은 대자연으로부터 직접 식량을 구하도록 만들어진 야생의 존재들이다. 그러나 우리는 이제 안정감과 행복감을 주던 원초적 감각과의 연결을 잃었고, 스스로와 가족을 먹여 살릴 수 있다는 자신감과 기술도 잃어버렸다. 그런 우리가 가능한 한 많은 부를 축적하고 싶은 충동에 시달리는 것은 당연하다.

단절감과 편집증, 결핍감을 극복하기 위한 발버둥이다.

우리는 야생의 기원을 훼손하고 지구의 생태계를 위협하면서 우리 존재가 엮여 들어간 구조를 훼손하고 있다.

하지만 우리는 야생성과 자유로 돌아가는 길을 찾을 수 있다.

눈에 깃든 빛

고대 조상들이 비와 꽃을 피우는 식물, 떼 지어 이동하는 동물을 따라갔듯 나는 위대한 현대의 추적자들을 찾았고 그들의 발자취를 따랐다.

어느 날 이곳 해안에서 대항해사 나이노아 톰프슨의 팀을 맞이할 기회가 생겼을 때 너무나 기뻤다. 현대 항해 장비 없이 대양을 건넌 강인한 폴리네시아인들을 만난다고 생각하니 절로 겸손해졌다. 그들의 눈에는 빛이 깃들어 있었다. 완전한 인간으로 존재한다는 건 그런 것이다. 몇 달 동안이나 집이 되어준 파도 치는 바다에서, 장비 없는 항해를 인도하는 별들 속에서 그들은 깊은 의미와 사랑을 찾았다.

우리는 함께 아프리카 끝자락 케이프 포인트로 향했다. 호쿠레아의 선원들은 조간대를 따라가며 추적하는 나와 함께했고, 나는 해초숲 생태계의 풍성함을 보여주었다. 우리는 잠수복 없이 차가운 물에 들어갔다. 그들은 열대 섬 출신이었지만 빠르게 적응했다. 몇 달 동안 탁 트인 바다에서 거센 바람과 물보라를 맞으며 건강하게 단련된 사람들이었다.

나이노아는 자신의 스승인 파파 마우 피아일루그가 다섯 살 때 항해 훈련을 시작했다는 이야기를 들려주었다. 파도가 밀려와 배가 출렁이면 소년은 자주 멀미를 했다. 할아버지는 어린 마우가 멀미를 극복할 수 있도록 배 밖으로 던졌다고 한

다. 가혹해 보이지만, 할아버지는 소년이 바다와의 연결을 찾아 앞으로 안전해지길 바란 것이다.[11]

파파 마우가 할아버지를 향한 깊은 사랑과 존경심을 담아 들려준 이야기라고 했다.

"할아버지는 내 손을 묶고 배 뒤쪽으로 끌고 가서 바다에 던졌어…… 바다에 들어가는 건 파도에 들어가는 거야. 파도 속에서 나는 파도가 되고, 파도가 되어야만 항해사가 될 수 있지."[12]

나이노아는 바다에서 삶의 많은 시간을 보내며 바다와 숲의 삶의 형태를 진정으로 받아들인 사람이다. 그가 깊이 사랑하는 태평양의 면적은 1억 6,525제곱킬로미터다. 이는 지구 표면의 30퍼센트가 넘는다.[13] 나이노아는 태평양을 '세계에서 가장 큰 나라'라고 부른다.

항해자는 이 광활한 바다에서 아무 장비 없이도 오직 자연 세계에 대한 정통한 지식에 의존하여 작은 섬들을 찾아내야 한다.

"새, 파도, 구름, 번개, 비, 별, 태양, 달은 항해자인 인간과 분리되어 있지 않아요." 나이노아가 설명했다. "인간은 온전히 그 일부입니다. 그 사실에 순응해야만 항해자가 될 수 있어요."

그의 말은 마치 어둠 속에서 나를 인도하는 별 같았다. '자연이 인간을 필요로 하는가'는 전제부터 잘못된 질문인지도 모른다는 생각이 들었다. 인간이 이미 생명의 날줄과 씨줄에 얽혀 있다는 사실을 부정하는 셈이니까.

상호적 유대

어느 날 아침, 가랑비가 바다를 뒤흔드는 거대한 장막으로 바뀐 통에 나는 해초숲이 내려다보이는 석기시대 동굴로 몸을 피했다. 나이노아를 비롯한 호쿠레아 선원들과도 함께 다이빙한 장소였다.

자연이 비바람을 피할 수 있는 커다란 방 형태로 깎아낸 사암 동굴이었다. 쥐 발자국과 박쥐 배설물이 전날 밤의 이야기를 들려주었다.

떨어지는 비를 바라보면서 북쪽 노던케이프의 장엄한 구릉 지대 풍경을 떠올렸다. 그곳에서 암각화 전문가인 내 친구 자네트 디컨에게 비에 대한 사유를 처음 배웠다. 자네트는 빌헬름 블리크Wilhelm Bleek와 루시 로이드Lucy Lloyd가 1870년대 산족 크삼/Xam 언어 화자들과의 대화에서 채록한 1만 1천 페이지에 걸친 문서 블리크-로이드 컬렉션Bleek and Lloyd Collection의 세계적 권위자이기도 하다.[14]

크삼 언어를 쓰던 사람들의 후손이 오늘날에도 남아공 카루 지역 위쪽 곳곳에 살고 있지만, 비극적이게도 그 언어는 사라졌다. 학교에서 그들의 역사를 다루지 않는 데다 많은 후손들이 농장 노동자로 일하며 학교에 다니지 못해서 자신들의 혈통을 모른다. 그들의 세계관에 대해 알려진 내용은 대부분 기록물에 있는 것이다.

자연과의 상호작용은 그들의 문화 깊이 스며 있었다. 야생에서 무언가 가져올 때는 반드시 그만큼 돌려줘야 했다. 츠카보//Kabbo라는 크삼 사람은 식물의 뿌리와 줄기를 채집할 때 파낸 구덩이에 뿌리 일부를 다시 심어 그 식물이 다시 자라고 꽃을 피울 수 있도록 한다고 설명했다. 또 다른 화자는 사자와 고기를 나누는 관습을 묘사했다. 사자가 죽인 동물 사체를 발견하면 고기를 전부 가져가지 않고 사자의 몫을 남겨두는 것이다. "부모님은 고기를 모두 가져가면 안 된다고 했어요. 사냥감이 죽은 자리에 사자의 먹이를 남겨둬야 한다고, 나중에 사자가 찾을 수 있게 우리가 잘라낸 고기를 덮은 덤불 위에 다시 조금 얹어두라고요."[15]

나는 자네트와 함께 7년 동안 수시로 크삼의 암각화를 사진으로 기록하며 한때 이 메마르고 거친 땅을 떠돌던 사람들을 이해하려 애썼다.

그 결과, 내 눈앞에 그려진 건 현대의 우리로선 이해하기 어려운 상호 유대 관계로 생태계와 마음이 얽힌 공동체의 모습이었다. 그들의 예술은 땅과 동물에 대한 깊은 사랑을, 비와 물과의 강력한 연결을 말하고 있었다.

암각화에 매료된 나는 또 다른 고고학자 르네 러스트Renée Rust를 찾아갔다. 르네는 몇 년 동안 흔들리는 사다리에 몇 시간씩 서서 가장 놀라운 고대 예술 작품들을 따라 그려낸 연구자였다.[16] 케이프타운에서 동쪽으로 두 시간 거리에 있는 오래된 농가에서 르네는 넓은 탁자 위에 암각화를 본뜬 거대한 투사지를 펼쳐 보였다. 순간 목뒤의 머리카락이 곤두섰다. 나는 말을 잃은 채 해저를 그린 1500년 전의 걸작을 보았다. 반은 인간이고 반은 물고기 형태인 어형 반인반수 공동체를 묘사하고 있었다.

르네는 근처 상수원에서 '워터메이드watermeide', 즉 물의 여인이라 불리는 이 생명체를 본 적이 있다는 원주민들의 증언을 수집했다. 그들은 물의 여인이 비를 부르는 힘을 가졌으며 수달과 개구리 같은 양서류뿐 아니라 거대한 전설의 물뱀과도 연결되어 있다고 믿었다.

형이상학적인 이야기였지만, 내 몸과 마음은 강력하게 반응했다.

나는 과거를 시각화하는 추적 기술을 활용해 크삼 사람들에게 이 이미지가 어떤 의미였을지 헤아려보았다.

먼저 자연과 깊은 관련이 있고 특히 물을 사랑하는 사람들

의 공동체를 상상했다. 그들은 물을 긷고, 감사하는 마음으로
마시며 생명을 주는 물질의 신선함에 경탄했을 것이다. 그래
서 물을 살아 있는 존재이자 지성체로 보기 시작했을 것이다.
숲 생태학자 수전 시마드Suzanne Simard 같은 일부 과학자들이 자
연에서 복잡한 생물학적 체계를 읽어낸 것과 같다. 시마드는
숲에 사는 나무들이 땅속의 균류 네트워크를 통해 자원, 물, 정
보를 공유하며 소통한다는 사실을 밝혀냈다.[17]

인간의 정신과 물의 지성이 하나가 되고, 사랑에 빠지고, 짝
짓기하는 모습이 보였다. 그렇게 수정된 생명체가 태어난다.
물고기 꼬리와 인간의 몸을 가진, 인간과 바다의 자손이다.

나는 마침내 내 어린 시절의 바다 왕국과 가까운 남아프리
카의 동굴 속 그림에 숨은 바다와 숲의 영혼을 발견했다. 이
생명체를 직접 경험한 사람들이 남긴 말을 읽었다. 강력한 감
정적 유대 덕분에 그들의 세계에서는 이 잡종 생명체가 완전
한 현실로 여겨진 것이다.

이 신화 속 생명체는 서양 신화와 전설에 등장하는 인어의
조상인 듯했다. 깊은 과거의 그림자, 바다와의 오래된 연결에
대한 기억 같은 것이다. 팝콘이 흩어진 영화관이나 저질 TV
프로그램에 맞게 바뀐 시간과 문화 속에서 왜곡되었지만, 그
존재는 여전히 사랑받는다. 우리 마음 깊은 어딘가에서는 인
간과 바다의 신성한 결합이 우리에게 생명을 주었음을 잊지

않고 있기 때문이다.

순수한 근원

사라진 크삼 사람들의 이미지가 머릿속을 떠도는 가운데, 나는 바다로 흘러드는 작은 개울가에 앉아 있었다. 강둑에서 자라는 핀보스의 탄닌 때문에 물에는 녹슨 듯한 붉은빛이 감돌았다. 그 순수한 수원에서 물을 마시는 순간, 이 개울의 물, 하늘의 구름을 이루는 물, 바다의 물은 모두 태초부터 지구에 존재했던 물이 모인 거대한 바다의 일부라는 깨달음이 찾아왔다.

내 작은 마음은 오랫동안 바다와 강, 하늘을 나누어 인식했지만, 이제는 모두 담수와 염수가 뒤섞인 하나의 거대한 바다로 보였다.

강은 짠 바다의 어머니였고, 구름은 강을 낳은 어머니였다. 모두가 움직이는 물 덩어리이자 하나의 거대한 행성 같은 대양이었다.

풀과 흙에서 액체의 바다를 본다. 나무와 관목에서도 어디서든 천천히 흐르는 바다를 본다.

머리 위를 미끄러지듯 활공하는 신성한 따오기 떼를 보며, 나는 지금껏 존재한 모든 새, 모든 코끼리와 뱀, 범고래와 은빛 상어, 당신과 나의 안에도 그 액체의 바다가 흐르고 있음을 느겼다.

전달자

피파가 로스앤젤레스에서 오스카상을 가지고 돌아왔다. 우리가 제작한 〈나의 문어 선생님〉은 아카데미 다큐멘터리상을 수상했다.

상상도 못 한 성과에 감사했지만, 광적인 언론의 주목 속에 한 해를 보내고 나니 피파에게도 대가가 따랐다.

"단순히 여행 때문만은 아니었어요. 1년 내내 시간대가 자꾸 바뀌고, 자연을 찾을 시간이 없어서 늘 자연을 갈망했죠. 내 안에서 치유되던 무언가가 단절되고 굶주렸어요. 수년간 매일 바다에 들어가며 해초숲과 해안과 대화를 나눴었는데…… 말 그대로 자연에서 잘려나간 느낌이었어요." 피파가 설명했다.

피파의 존재에서 야성이 빠져나갔다. 피로를 쉽게 느꼈고, 추위 속에서 오래 버틸 수 없었으며, 예전보다 불안감을 더 느꼈다. 회복을 위해서는 여러 번 바다숲에 들어가야 할 듯했다.

길들여진 것과 야생의 균형을 맞추려면 아직도 배울 것이 많다. 극단적인 기술과 과잉 소통의 시대에 우리는 어떻게 야생의 마음을 존중하고 보살필 수 있을까? 지금의 우리는 낯선 세상에 던져진 야생동물과 같다. 생존법을 확신할 수 없으며, 모든 추적의 단서가 이상한 방식을 가리킨다. 우리는 본래의 고향을 찾아 헤매는 길 잃은 종이다. 정체불명의 액체에 빠져 가라앉는 수영 선수다.

해안으로 데려다줄 희미한 실을 꽉 붙잡고 표류하고 있는 우리는 진정한 우리 존재와 이어진 그 생명줄을 아주 조심스럽게 끌어당겨야 한다.

이 무렵 친구 매트Matt에게 전화가 왔다. 스트레스와 건강 문제로 힘든 시간을 보내고 있다며 나를 찾아와도 되겠냐고 물었다. 스와티와 나는 며칠 후 찾아온 매트를 데리고 바닷가를 걸었다. 최근에 끔찍한 무장 강도 사건을 겪었다고 했다. 호숫가를 걷고 있는데 한 남자가 다가와 총구를 얼굴에 들이밀었고, 겁에 질려 벌벌 떠는 매트에게서 소지품을 훔쳐 떠났다.

"그 후로 잠을 못 자. 그 기억이 계속 떠올라서." 그가 말했다.

매트가 이야기하는 동안 아주 이상한 일이 일어났다. 머리에 작은 볏이 달린 윤기 나는 검은 바닷새, 왕관가마우지crowned cormorant 한 마리가 가까이에 있는 바위로 헤엄쳐 와서 붉은 눈으로 우리를 뚫어져라 바라보았다. 바닷가에 사는 이 새는 보통 수줍음이 많아서 사람에게 절대 다가오지 않는데, 이 녀석은 사람을 전혀 두려워하지 않는 게 분명했다. 건강 상태는 완벽해 보였다. 다리에 달린 고리로 보아 구조되었다가 방생된 듯했다.

그래도 다음 상황은 정말 뜻밖이었다. 새가 날갯짓하며 곧장 내 품으로 날아든 것이다.

그 순간, 이번에도 자연이 거울처럼 메시지를 전하고 있다는 생각이 들었다. 이 새는 마치 내 친구가 겪은 취약함과 말로 표현하기 힘든 두려움을 상징하는 것 같았다.

동시에 야생의 자연이 자신의 형제인 인간에게 도움을 구하고 있다는 느낌도 강하게 들었다.

매트와 스와티도 무척 놀랐다. 잠시 후 그 새는 근처 바위로 날아갔다. 인간의 무모함과 과소비, 탐욕 때문에 사라진 셀 수 없는 동물의 삶을 생각하니 절망감이 밀려왔다. 많은 사람이 동물을 사랑한다고 하지만, 인간이 매일 자연에 불러일으키는 공포를 인식하지는 못한다. 최근 몇몇 해양생물학자들과 심해 채굴이라는 악몽 같은 문제에 관해 이야기를 나누었다. 금속을 추출하기 위해 해저를 파헤치는 이 행위는 섬세한 심해 생태계에 파괴적인 영향을 미칠 것이다.[18] 무책임한 채굴은 해양의 균형을 무너뜨리고 지구상의 모든 생명체에 악영향을 줄 수도 있다.

여러 아프리카 문화권에서 심해를 조상들의 사후 세계라

고 여기는 점을 감안하면, 최근의 이러한 공격적인 개발은 더욱 끔찍하다. 놀랍게도 이 신화적 관점은 지구의 생명이 37억 년 전 심해의 열수 분출구에서 기원했다고 보는 과학적 연구와도 모순되지 않는다.[19]

우리는 수많은 생명이 샘솟는 신비한 장소, 인류의 가장 성스러운 무덤이자 지구 최초의 생명의 발원지를 파괴하고 있는 것이다.

가마우지를 바라보면서 마음이 조금 무너져내렸다. 아름다운 바닷새와 마주한 순간, 나는 그 눈에 비친 야생의 자연을 보았다. 그 눈빛이 몇 주 동안 머리를 떠나지 않았다.

우리가 여기 있는 이유

최근 야네스와 나는 '바다숲 생물 1,001가지₁,₀₀₁ Seaforest Species'라는 새 프로젝트를 시작했다. 향후 5년 동안 이곳 바다에 서식하는 생물 1,001종의 이야기와 과학적 지식을 기록하고 공유하는 것이 목표다. 숫자는 스와티가 선택했다. 여왕 세에라자드Scheherazade가 자신의 생명을 구하기 위해 매일 밤 남편에게 이야기를 들려주는 중동의 고전 민속 설화집《천일야화The Thousand and One Nights》에서 영감을 받았다. 세에라자드의 이야기는 왕의 마음과 생각을 바꾸고, 자신은 물론 왕국 다른 여성들의 생명을 구한다. 마찬가지로 우리 이야기도 자연을 향한 사람들의 마음을 데우고, 바다숲 생물들을 보호하는 방향으로 움직이게 하리라 믿는다.

어떤 종을 포함할지 야네스와 여전히 고민 중이던 어느 날 아침, 어린 문어 한 마리가 카메라를 낚아채더니 나와 야네스 쪽으로 렌즈를 돌렸다. 그렇게 문어가 찍은 영상을 보게 되었다. 해초숲을 고향으로 여기게 된 호모사피엔스 둘. 그 순간 한 가지가 분명해졌다. 자연에서 우리의 정당한 자리를 절대 잊지 않기 위해 인간을 1,001번째 종으로 포함하기로 했다.

우주론자 브라이언 스윔은 이 이야기에 깊은 울림을 느낀 듯했다.

왜 그렇게 감동했는지 물을 필요도 없었다. 인간이 곧 우주이며, *그 구조에 불가분하게 엮여 있다는* 관점, 그는 평생을 바쳐 이 메시지를 전하려 한 사람이다. 사람들에게, 심지어 뛰어난 과학자와 생태학자에게조차 이 생각이 혁명적으로 다가간다는 사실이 나로서는 늘 충격이다. 아마도 인간이 자신을 동물 형제들로부터, 또 우리를 창조한 우주로부터 분리된 존재로 보는 데 익숙해졌기 때문일 것이다.

하지만 브라이언은 전혀 다른 관점으로 세상을 본다.

저서 《코스모제네시스》에서, 그는 우주에서 인간이 맡은 독특한 역할에 대한 그의 멘토 토머스 베리Thomas Berry의 의견을 인용한다. 토머스 베리는 가톨릭 사제이자 역사와 종교를 연구하는 학자이며 치열한 환경운동가였다.

초창기 지구는 용암 상태의 암석으로 존재했으며 여기서 대기와 바다가 만들어졌다. 이후 10억 년에 걸친 진화 과정에서 대기는 바다, 광물, 햇빛과 함께 환상적인 다양성을 지닌 생물권을 만들어냈다…… 그리고 그 복잡한 관계망에서 나타난 호모사피엔스라는 존재를 통해 지구는 스스로를 인지하게 되었다. 이것이 우리가 여기에 존재하는 이유다.[20]

이 급진적인 통찰에 깊은 영감을 받은 나는 브라이언에게 내가 수년에 걸쳐 추적하면서 경험했던 수많은 우연에 대해 어떻게 생각하는지 물어보았다. 나로서는 신비로운 자연의 지성이 내 머릿속에서 일어나고 있는 일을 거울처럼 비추었다고밖에는 설명할 수 없는 일들이었다.

그는 이렇게 말했다. "저는 가능한 한 사람을 개인으로 생각하지 않으려고 해요. 물론 각 인간은 전체 우주의 고유한 발현이며, 우리의 고유성은 대단히 중요합니다. 하지만 인간의 개성은 우리 존재의 1퍼센트도 채 되지 않습니다. 우리는 모든 존재가 '보편적 개인'임을 알게 되었습니다. 한 명 한 명이 개별적 존재인 동시에 광활한 우주 전체이기도 합니다." 그리고 모든 인간의 내면에 '우주의 역사 전체를 담은 광대한 시간의 탑'이 있다고 덧붙였다.

이어서 이렇게 결론 내렸다. "우리는 깨어나고 있습니다. 여전히 뻗어나가는 우주의 끝에서 우리의 자리를 발견하고 있습니다. 이제 무엇을 해야 할지도 알죠."

이것이 우리의 역할이 그토록 중요한 이유다. 소중한 세계를 관찰하고 그 진가를 알아보며, 이에 그치지 않고 보호하는 것.

우리는 이 일생일대의 시대적 도전에 응답할 수 있다.

시작과 끝

바다숲에서 보낸 시간 동안 아주 많은 생명을 접할 수 있었다. 불과 며칠밖에 살지 못하는 생명체부터 수십 년을 사는 동물에 이르기까지, 수백 종과 관계를 맺었다.

자연에서 보낸 시간은 또한 거의 매일 죽음과 대화하는 경험이기도 했다. 바다에 나가서 한 동물이 다른 동물을 죽이는 모습을 보지 않은 날이 드물다. 지난 10년간 상어, 불가사리, 말미잘, 단각류의 죽음을 애도했다. 문어 선생님과 고양이 레온처럼 소중한 친구들도 떠나보냈다.

레온이 죽은 다음 날, 스와티와 나는 충격에 휩싸여 집 안을 돌아다녔다. 불을 피워 아침 식사를 준비하면서도 사랑하는 고양이를 추억하며 또 눈물을 흘렸다. 그리고 해변을 따라 산책했다. 스와티가 가진 예리한 추적의 눈은 모래사장 한쪽에 작은 보석처럼 묻혀 있는 곤충 사체를 발견했다.

거센 바람이 곤충을 바다로 날려보내 물에 빠뜨린 다음 사체를 다시 해변으로 쓸어오는 모습을 상상했다. 몇 제곱미터 안에서 40여 마리를 모아 사진을 찍었다. 전날 거대한 파도에 익사한 각진육지거북angulate tortoise과 물 밖으로 던져져 뜨거운 태양 아래 말라가는 큰바위고기super klipfish도 발견했다. 남방물개fur seal와 남방큰재갈매기kelp gull가 파도 속에서 놀고 있었고, 바닷새들은 파도가 밀어올리는 기류를 타고 날았다. 삶과 죽음은 어디에나 있었다. 우리는 그 모든 죽음과 삶 속에서 사랑하던 고양이의 얼굴을 얼핏 보았다.

길들여진 세상에서 죽음을 바라보는 방식과, 완전한 야생의 삶을 살았던 사람들이 생각하는 방식의 차이를 깊이 생각해보지 않을 수 없다.

현대 인류는 야생의 식량원에서 점점 더 멀어지면서 자연스러운 삶과 죽음의 순환에 직접 연결되지 않게 되었다. 물론 죽음과 애도에 대비하는 문화적 관습이 여전히 존재하지만, 수렵채집인들에게 죽음은 더 익숙한 일상이었다.

영화를 제작하면서 만난 많은 주술사들은 죽음을 이해하

게 해주는 무아지경을 자주 경험했다. 또한 조상들과 끊임없이 접촉했다. 따라서 죽은 사람이 영원히 사라져서 존재하지 않는다는 생각은 그들에게 매우 낯설 것이다. 삶을 연장하려고 갖은 애를 쓰는 모습 역시 이상해 보일 것이다.

수렵채집 시대에 산족 유목 공동체에서는 누군가 치명상을 입으면 가족이 작은 오두막을 지어주었다. 마지막 식사를 대접한 후 모두 작별 인사를 했다. 그러면 며칠 안에 하이에나나 사자가 자비롭게 삶을 끝내주었다.

물론 나는 생명을 위협하는 말라리아, 진드기열, 주혈흡충증, 감염된 상처, 심지어 충치까지 치료하는 현대 의학의 진보에 분명 감사한다.

하지만 인간과 동물 스승들의 가르침으로 얻게 된, 죽음을 바라보는 심오한 관점에도 감사한다. 살아 숨 쉬는 지구에서 야생을 맛볼 수 있었던 인간으로서의 특별한 경험에도 감사한다. 내 존재가 한 방울 물, 한 줌 공기와도 실을 통해 연결되어 있다는 깨달음에 또한 감사한다.

온화한 야생

바다와 숲의 영혼을 키우며 보낸 10년은 인간이 야생의 자연과 더 조화롭게 살아가는 사회를 만들 수 있다는 믿음을 심어주었다. 환경과 지속 가능성을 둘러싼 보통의 담론과는 대조적이다. 그 담론들은 인간이 본질적으로 '나쁜' 종이며, 폭력적이고 이기적이라서 문명의 허울만이 서로를 죽이지 못하게 막는다는 전제를 깔고 있는 듯하다. 매일 쏟아지는 뉴스는 인간에게 심각한 결함이 있음을 증명하는 듯하다. 하지만 과학은 여러 면에서 전혀 다른 방향을 가리킨다.

인간은 때때로 매우 잔인하지만 온화함을 발휘하는 엄청난 능력도 지니고 있다. 나와 같은 인간의 안에서 연민을, 야생의 부름에 응답하려는 욕구를 만날 때마다 감동하게 된다.

인간의 개입이 득보다는 실로 이어지기도 하지만, 인간이 얼마나 도움이 될 수 있는 존재인지 생각하면 항상 희망이 샘솟는다. 매년 유기 동물 수백만 마리가 입양되고, 보존을 위한 노력이 전 세계에서 이뤄지며, 생태 정의를 위한 긴급한 외침이 울려 퍼진다. 동물, 식물, 자연 속 동족들의 부름에 응답할 수 있다고 여기는 사람이 늘어나고 있다.

야생 선조들과 연결된 실이 강해지고 있다는 더할 나위 없는 증거다.

중석기시대 고고학을 통틀어 개인 간 또는 집단 간 폭력의 사례는 거의 찾아볼 수 없다. 약 7만 년 전, 지구상의 인간은 채 1만 명이 되지 않았고 대부분 아프리카에 살았다.[21] 그렇게 오래전부터 멸종되지 않고 살아남았다는 사실로 미루어볼 때,

우리 종은 매우 협력적이고 이타적인 존재였다. 인간의 기원이 비폭력적이며 지구에서 살아온 시간 대부분은 비폭력 상태를 유지했다는 사실은 매우 강력한 통찰이다.

약 30만 년 동안 지속된 야생과의 호혜적 관계가, 더불어 우리의 정신이 무너지기 시작한 것은 농업이 출현한 이후였다. 인간을 야생과 연결해주던 활기찬 탯줄이 끊어지고, 이 단절은 깊은 상처를 초래했다.

상처받은 동물은 어떻게 될까? 폭력적으로 변할 때가 많다.

나와 커다란 바위 사이에 갇혔다고 느끼자 난폭하게 공격하던 고래와의 만남을 되돌아보았다. 혹은 꼬리가 나뭇가지에 걸렸을 때 으르렁거리던 화난 재규어도 있었다. 오늘날 우리 세계에 만연한 공격성과 두려움, 폭력성을 생각해본다.

고래는 충격이 지나간 후 돌아와서 사과하듯 순하게 행동했다. 꼬리가 풀려나자 재규어는 공격성을 거두고 장난기를 드러냈다.

인간 역시 극심한 스트레스 속에서도 온화한 본성에 따라 행동할 능력이 있다.[22]

호혜성

우리가 사는 세계는 심각한 생태 파괴를 겪었지만, 아주 작은 기회만 주어진다면 생명은 기다렸다는 듯 번성할 것이다. 기후 위기와 지구 역사상 여섯 번째 대멸종 시기(진행이 가장 빠르고, 가장 무서우며, 최초로 인류가 초래한)에 대해 알려지면서 많은 사람이 무엇을 소비할지를 넘어서 어떻게 생활하고 일할지, 어떻게 조직과 사회를 구성할지, 무엇을 가치 있게 여길지 다시 생각하고 있다.

산족과 오랜 시간을 보내 그들의 언어를 잘 아는 인류학자 메건 비젤레Megan Biesele와 최근에 만나 이야기를 나누었다. 함께 자리한 멜리사 헤클러Melissa Heckler는 아동 발달이 전문 분야인 연구자이자 작가이다. 우리는 주호안Ju/'hoan 문화에서 나눔이 얼마나 중요한지에 대해 논의했다. 그곳에서는 갓 태어난 아이에게 장신구를 주고 아이가 자라면 누군가에게 물려주도록 하여 자연스럽게 나눔의 가치를 가르친다.

산족과 함께한 촬영 당시에 목격했듯이, 사냥은 공동체의 활동이다. 사냥꾼이 다른 사람들보다 더 중요하다고 할 수 없다. 사실 사냥꾼이 아니라 독화살을 만든 사람이 고기를 갖는다. 그리고 숙련된 화살 제작자들은 대개 여성, 노인 또는 사냥을 할 수 없는 사람들이다.

주호안의 언어에도 상호성이 반영되어 있다. 예를 들어 '가르침'과 '배움'에 *n!arohkxao*라는 같은 단어를 사용하여, 타고난 배움의 동기를 존중할 뿐 아니라 스승과 제자 사이에 힘의 균형을 만든다.

멜리사는 이렇게 설명했다. "항상 균형을 유지하려는 노력이 있어요. 평등한 문화를 유지하려면 끊임없는 경계가 필요하거든요."

우리 안에 있는 유산인 호혜성을 개인적으로나 집단적으로 다시 받아들일 수 있다면 인류가 지닌 회복력과 타고난 친절을 목격하게 될 것이다. 우리의 근원으로, 바다와 숲의 영혼으로 돌아가는 다리를 다시 놓음으로써 집단적 트라우마를 치료할 수 있다.

이 세상에 진정한 '타자'란 존재하지 않는다. 동물이든 인간이든 식물이든 우리는 모두 같은 공기와 토양, 바다를 공유한다. 포식자와 피식자가 존재하고 어디든 위협이 도사리고 있는 것처럼 보일 수 있지만, 더 큰 그림에서 보면 생물학적 지성이 어마어마한 힘으로 모든 생명체를 지지하며 살아 있게 한다.

최근의 대화에서 나이노아는 내게 말했다. "우리에게는 희망이 필요한 게 아니에요, 크레이그. 우리에게는 믿음이 필요해요!" 결국 믿음이 행동의 바탕이기 때문이다. 인간이 숲과 바다로 이루어진 고향을 대하는 방식을 바꿀 수 있다고 마음속 깊이 믿는다면, 우리는 고대 조상들의 지혜로부터 힘을 얻을 수 있다.

그 지혜로부터 비롯된 안녕은 길들여진 세계의 안락함이
가져다줄 수 없는 것이다.

지구에서 보낸 시간 대부분, 말하자면 95퍼센트 이상을 우
리 종은 유목민으로 살았다. 유목민 조상에게는 '야생'이나 '야
생성'의 개념조차 없었다. 모든 것이 야생이었고, 길들여진 것
은 없었다. 식민지 열강이 길들여진 세계의 공포를 그들의 세
계로 가져오기 전까지는 그 차이를 생각해본 적도 없다.

동굴이나 임시로 지은 움막이 잠깐 보호막이 되어주고 불
은 따뜻함을 제공했지만, 조상들이 느꼈던 깊은 안정감은 자
연에서 비롯되었다. 그것이 그들이 아는 세계였고, 숨 쉬고 살
아남는 방법이었다.

이제 우리의 과제는 고대 조상들과 연결된 섬세한 실을 단
단히 잇는 것이다. 우리 모두 야생으로 돌아갈 기회를 찾을 수
있다. 나는 물의 세계에서 치유를 찾았다. 하지만 당신이 어디
에 있든 이미 내면에, 주위에 존재하는 자연은 당신이 피어나
도록 도울 때만을 기다린다.

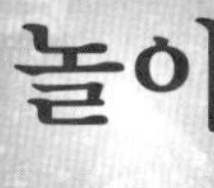

놀이

Play

나무 위의 새들이 자신이 얼마나 아름다운지 안다면

산과 바다가 자신이 얼마나 신비로운지 안다면

우리의 피부를 만든 별들이 자신이 얼마나 눈부신지 안다면

그들이 당신을 비춰주지 않을까, 당신이 누구인지 기억할 때까지

—졸라니 마홀라Zolani Mahola, "당신이 누구인지 기억하라Remember Who You Are"

폭풍의 곶에서 몇 년을 보내며 매일 바다와 숲의 영혼을 길러왔지만 여전히 길들여진 세계에 끌릴 때가 있다. 그중 일부는 내가 선택한 것이다. 글을 쓸 때, 편집할 때, 혹은 개인 생태학의 심오한 메시지를 세상에 전하도록 도와달라는 바다변

놀이

화프로젝트의 요청에 답할 때, 나는 숨 돌릴 틈도 없이 컴퓨터 앞에서 오랜 시간을 보낸다.

기술의 유혹이 강력해서 생각 없이 푹 빠질 때도 있다. 물론 애초에 중독성 있게 설계된 것들이다. 어떤 날은 거대한 기술의 지성이 내 바다와 숲의 영혼을 바짝 말려야만 직성이 풀리는 것 같다. 내가 순종하기를, 내 관심사가 좁아지고 고정되어 작은 세상, 작은 정신에 갇히기를 바란다.

종일 편집한 날이면 가끔 완전히 야생으로 돌아가는 상상을 한다. 이메일 계정을 비활성화하고, 편집실 문을 닫고, 스와티와 함께 외딴섬을 찾아 자연에 더 깊이 빠져드는 상상. 나에게는 그럴 수 있는 생존 기술과 경험이 있다. 스무 살 무렵 열대 섬에서 반년간 살았을 때, 내 유일한 편의 시설은 모기를 막아주는 작은 텐트였다.

그곳도 여러 면에서 자연과 가까웠지만 결국은 인류의 기원인 아프리카 대륙에 강하게 끌렸고, 돌아오며 이 땅이 무엇을 가르쳐줄지 기대하게 되었다. 최근에 사람의 발이 닿지 않은 외딴곳으로 여행을 떠났을 때는 가족과 친구들, 추적 파트너들에게 강한 끌림을 느꼈다. 인간은 사회적 동물이다. 자연에서 오롯이 홀로 보내는 시간도 좋지만, 오래된 지인, 새로 사귄 친구와 야생을 공유하는 것은 나의 여정에서 가장 풍요로운 부분 중 하나였다.

또한 현대 세계의 모든 측면을 무가치하게 보지 않으려고 조심한다. 지난 30년 동안 영화제작의 발전만 살펴보아도 인간 정신의 야생성이 우리가 이야기하고, 예술 작품을 만들고, 서로 소통하고, 배우는 방식을 어떻게 변화시켜왔는지 느끼게 된다. 아침에 차를 마시고, 오후에 사우나에 들어가고, 눈 깜짝할 사이에 전 세계 친구들과 수다를 떨 수 있는 능력. 정신이 명료할 때면 이 모든 경험이 경이롭게, 감사하게 느껴진다. 마치 아침 다이빙처럼.

게다가 모험이 끝난 후에 따뜻하고 편안한 집으로 돌아갈 것을 알기에 찬물에 몸을 담그고, 벌레 물림을 참고, 피할 수 없는 혹과 멍을 견디기가 훨씬 쉽다. 그러나 수렵채집 생활로 돌아가는 문을 여는 것은 완전히 다른 이야기다. 그 야생의 문은 여러 면에서 닫히고 잠긴 상태다. 과거 수렵채집 생활에서 벗어나 통제된 농경 중심의 세계로 들어설 때, 인간은 그 여정이 돌아갈 수 없는 편도라는 사실을 알지 못했다.

문득 생각해본다. 만약 우리가 모든 편의를 잃고 자연의 낙원으로 돌아간다면, 그 삶은 정말 마법처럼 느껴질까? 아니면 끊임없이 영화를 보고, 책을 읽고, 완벽한 커피 한 잔을 마시고 싶을까? 현대 의학의 편리함은 말할 것도 없다.

인간은 모순적인 종이다. 야생의 존재이기도 하고 길들여진 존재이기도 하며, 양쪽 세계의 최고만을 바란다. 문제는 두 세계가 서로를 지지하지 않는다는 것이다. 게다가 길들여진 세계의 가장 악질적인 측면 중 하나는 생명을 치유하고 유지하고 돌보는 모든 것으로부터 많은 사람을 체계적으로 단절시켜버렸다는 점이다.

아프리카 타운십에서 살았던 경험은 특권의 안락함이 얼마나 많은 사람의 억압을 전제로 하는지 잔인하게 일깨워주었다.

이 행성에 사는 모든 생명체와 교감하는 바다와 숲의 영혼이 나아갈 길이 늘 명확히 보이는 건 아니다. 타임머신을 타고 과거로 돌아가 식민주의와 농업 및 산업혁명을 좀 더 신중하고 공평하게 '재시도'할 수는 없다. 모두가 야생으로 들어가 살 수도 없다. 야생의 공간이 충분히 남지 않았기 때문이다.

하지만 길들여진 세계에 우리의 존재를 완전히 내맡기기에는, 너무나 많은 사람이 지금과는 다른 삶의 방식을 갈망하고 있다.

어쩌면 바다와 숲의 영혼의 다음 진화 단계는 태초에 인류를 잉태한 세계와 현재 우리가 창조해가는 세계 사이를 유연하게 오가는 데 있는지도 모른다. 창조적으로, 사랑을 담아, 공동체 의식을 가지고, 그리고 아마도 가장 중요한 것은, 놀이처럼.

기억하는 영혼

오후 내내 인터뷰가 이어진 긴 일정을 끝내자 깊은 피로가 뼛속까지 파고들었다. 한편으로는 이제 그만 하루를 마무리하고 싶었지만, 피파는 수영하고 나면 훨씬 푹 잘 수 있을 거라며 나를 설득했다.

막 물에 들어가려는데 젊은 남녀 몇 명을 만났다. 파키스탄에서 온 샤얀Shayan이라고 자신을 소개한 남자는 짐바브웨와 콩고에서 온 친구들과 여행 중이라고 했다. 그들은 우리가 무엇을 하고 있는지 궁금해했다.

힘든 하루를 보낸 후라 그다지 사람들과 어울릴 기분이 아니었지만, 그들이 바다와 해안에 부딪히는 작은 파도를 계속 바라보는 모습이 눈에 들어왔다. 잠깐 대화해보니 아무도 바다에 들어가본 적이 없고 수영할 줄도 모른다고 했다.

샤얀과 친구들은 모두 물이 무서우면서도 동시에 끌리는 것 같았다. 파도를 그리운 듯 바라보면서도 몸이 긴장되어 있었고, 물에 빠지는 것이 두렵다고 했다.

본능적으로 물을 두려워하는 사람이 많지만, 그럼에도 호기심은 잔물결이 빛나는 수면으로 우리를 이끈다.[1] 물이 위험할 수도 있지만 동시에 기쁨과 치유가 넘친다는 사실을 아는 것이다. 나는 바다로 데려가주겠다고 제안했다.

"파도가 부서지는 지점은 깊지 않아요. 손을 잡아드릴게요.” 피파도 거들었다.

그들은 관심을 보였지만 여전히 반신반의했다.

“괜찮아요. 우리가 잘 챙겨줄게요.” 내 말에 책임감을 느끼며 그들을 안심시켰다. “우린 이 바다를 잘 알아요. 매일 들어가니까. 오늘은 바다가 험하지 않아요. 멀리 가지 않을 거예요. 그냥 온몸의 긴장을 풀고 코로 숨을 쉬세요.”

우리는 손을 잡고 부드럽게 밀려오는 파도 속으로 나아갔다.

곧바로 작은 파도가 밀려와 세 사람을 모두 넘어뜨렸다. 그들은 무게감 있게 움직이는 액체의 힘에 전혀 익숙하지 않았기 때문이다. 그들을 안심시키려고 몸을 숙였을 때, 그럴 필요가 없다는 걸 알았다. 그들은 거품과 움직임에 매혹되어 웃고 있었다. 피파와 나는 서로를 보며 활짝 미소 지었다.

바다와의 첫 만남은 바다와 숲의 영혼으로서의 본성을 기억해내는 순간과 같다. 새로운 친구들과 보내는 시간은 단 몇 초 만에 내 기분을 극심한 피로에서 황홀경으로 바꿔놓았다. 혼자 있고 싶던 마음은 사라졌다. 우리는 신난 아이들처럼 뛰고, 웃고, 물장구를 치며 놀았다.

“엄청 짜네요!” 샤얀은 파도가 또 한 번 덮치기 전에 눈가의 물기를 훔치며 말했다.

영어, 펀자브어, 프랑스어, 쇼나어 등 서로의 모국어를 유창하게 구사하지는 못했지만 우리는 모두 기쁨이라는 원초적인 언어로 소통했다. 다른 말은 필요 없었다. 소금기와 물보라, 바다의 경이로움을 처음 경험하는 이들의 영혼과 함께할 수 있었다는 것은 특권이었다. 결코 잊지 못할 순간이었다.

자연에서 놀기

야생에서 보내는 시간은 우리 안에서 아이의 마음을 다시 깨운다. 우리의 영혼에는 아이와 어른이 공존하며, 어디에나 경이로움이 있다는 사실을 일깨운다. 어른이 되어 성취해야 할 것이 생기고 특정한 방식으로 행동해야 한다는 스트레스를 받으면서, 인간이든 동물이든 아이에겐 매우 자연스러운 호기심과 감탄에는 제동이 걸린다. 기쁨이 아닌 불안과 기대에서 비롯된 책임감은 우리를 야성으로부터 분리한다. 하지만 길들여진 세계를 벗어나는 가장 효과적인 방법은 자연에서 자연스럽게 노는 것이다.

바다숲에서 친구와 함께하는 시간은 언제나 즐겁지만, 혼자 수영할 때도 놀 방법을 찾는다. 맨몸 서핑은 물의 힘과 즐거움을 매우 밀접하게 느끼는 방법이다. 어떤 장비도 필요 없다.

목까지 잠긴 채로 서 있다가 파도가 부서지는 순간 바닥을 박차고 나아간다. 세 번, 빠르고 강한 스트로크를 하면 파도와 속도가 맞춰진다. 내 몸은 살아 있는 서핑보드가 되어 파도를 타고 50미터 떨어진 해안까지 미끄러지듯 날아간다.

어느 날 아침, 해안이 내려다보이는 구불구불한 길을 따라 내려갔다. 물살이 거친 날이었지만 거대한 화강암 바위 사이에 있는 작은 모래사장은 비교적 안전한 서핑 장소였다.

해안 가까이에서 가파르게 파도가 부서지는 지형이라, 이곳에서는 적절한 파도를 선택하는 것이 중요하다. 얕은 물가에 던져지면 뼈가 부러지거나 피부가 쓸릴 수 있다. 나는 몇 년간 충분히 얻어맞은 덕분에 작고 평평한 파도를 고를 수 있게 되었다.

거세게 밀려드는 너울이 연이어 파도를 일으켰다. 거품이 이는 짭짤한 샴페인 같았다. 다시 깊은 물로 헤엄쳐 나가는 일조차 짜릿했다. 파도 밑으로 파고들 때마다 물의 힘이 느껴졌다.

다음 파도를 탈 때는 다른 기술을 써보았다. 수면에서 파도를 잡는 대신 아래로 잠수해 파도가 위로 지나가기를 기다렸다가 부서진 파도 바로 뒤에서 바닥을 힘차게 딛고 올라갔다. 강하게 당기는 파도의 힘이 나를 뒤에서 빨아들였다가 화살처럼 앞으로 내던졌다.

30분 만에 스무 번 정도 파도를 탔다. 몸은 강해진 것 같았고 마음이 활짝 열렸다. 해변 양쪽에 솟은 커다란 바위들을 보

다가 모루 모양임을 깨달았다. 움직이는 물과 모래가 수천만
년 동안 천천히 옆면을 침식하여 저런 형태를 만들어냈을 것
이다.

바다가 직접 만들어낸 흔적이었다.

파도를 탈 수 있게 해준 바로 그 힘이 끊임없이 변화하는
이 조각품을 만들어냈다. 주위를 둘러보니 그 힘은 곳곳에 있
었다. 바위에 새겨진 힘은 물과 모래의 흐름을 반영하는 부드
럽고 둥근 형태의 언어였다.

해변을 걸어 올라가다가 마른 해초 더미에서 반점이 있는
케이프비늘도마뱀Cape skink을 발견했다. 해초를 먹는 작은 무척
추동물들을 사냥하는 중이었다. 작은 새우들이 밤에 먹이를
먹은 후 땅속으로 굴을 파고 들어가며 남긴 입구의 흔적도 보
았다. 갈색따오기brown ibis가 새우를 가두기 위해 뚫은 부리 구
멍도 있었다. 커다란 부리 자국이 갑각류로 채워지면 새들은
작은 그릇에서 젓가락으로 먹이를 집어 올리듯 한 마리씩 뽑
아낸다.

주위를 둘러보니 수년에 걸쳐 읽는 법을 익혀온 흔적들 속
에 이야기가 가득했다. 그 순간 시간과 육체로부터 완전히 자
유로워진 느낌이었고, 그저 야생동물의 영혼을 찾는 순수한
정신이 되었다.

저물어가는 빛이 수면을 은빛으로 물들일 무렵 마지막으

로 한 번 더 파도에 뛰어들었다. 좌우로 부서지는 빛나는 파도를 타고 내려가자 물의 에너지가 내 몸으로 옮겨왔다. 나는 바다와 숲의 영혼이 갈망하는 먹이를 먹은 듯한 원초적인 기쁨에 푹 젖은 채 물에서 나왔다. 거품이 이는 바다를 접시 삼아 커다란 은빛 물 조각을 올려낸 진수성찬이었다.

경이로움을 깨우다

누구나 자연과 좀 더 장난기 어린 관계를 발전시킬 수 있다. 그건 잘 마른 나뭇잎이나 매끈한 돌을 모아 예술품을 만드는 일일 수도, 창밖에서 다람쥐가 재주넘는 모습을 지켜보는 것일 수도 있다. 처음에는 자연스럽지 않겠지만 야생에서 더 많은 시간을 보낼수록 경이로움의 감각이 다시 깨어날 것이다. 이전에는 부러진 나뭇가지만 보였다면 이제는 땅을 파는 도구가 눈에 들어올 것이다. 의무감에 하는 운동처럼 느껴졌던 매일의 산책은, 어느새 길들여진 세계의 기대와 책임에서 벗어나는 없어서는 안 될 휴식이 된다.

내 한계를 확실히 인식하고 내가 탐험하는 생태계에 대한 지식을 갖출수록 경계에서의 줄타기를 즐길 수 있다. 바다에 대해 더 많이 알수록 조심하게 되는 한편 장난스럽게 모험심을 발휘할 여유도 생긴다.

나는 가장 좋아하는 놀이 장소에 대포바위Cannon Rock라는 이름을 붙였다. 파도가 이 거대한 바위에 부딪히면 낡은 대포가 느린 동작으로 포탄을 발사하는 소리가 나고 물은 모래에 포탄이 떨어진 것처럼 위로 솟구친다. 어떤 조건에서는 매우 위험하지만 어떤 날은 안전하면서도 장관을 이룬다.

어느 날 아침, 야네스와 나는 거친 물살을 헤치고 거대한 바위를 향해 헤엄치기 시작했다. 나는 썰물 때 해초숲의 탁한 시야에 익숙했고, 손을 뒤로 끌어당기며 손가락마다 작은 공기 소용돌이가 일어나는 모습을 보는 것은 일종의 명상이 되었다. 이런 환경에서는 포식자가 잘 보이지 않아서 약간 긴장하곤 했지만, 이제는 내가 정해놓은 항로와 바다를 믿는다. 또한 해초와 바위를 교묘하게 방패 삼는 법도, 큰 상어들이 물개를 기습 공격하는 '핫스폿hot spot'을 피해 헤엄치는 법도 배웠다.

마침내 대포바위에 도착했을 때, 제법 큰 너울이 빠르게 밀려들었다. 나는 바위 근처로 움직였다. 평소 같으면 자살행위였다. 물 덩어리가 거대한 말처럼 나를 바위 표면 옆으로 높이 들어 올렸다가 빠져나갔다. 짠물이 폭우처럼 쏟아졌다.

야네스가 외쳤다. "괜찮으세요?"

그가 서서 촬영하던 곳에서는 내가 바위와 파도 사이에 뭉개진 것처럼 보였던 것이다.

바위와 큰 파도는 보통 재앙을 부르는 조합이지만, 나는 이

지역을 몇 년 동안 자세히 관찰해서 어떻게 하면 안전하게 놀 수 있는지 알고 있었다. 바위를 때린 파도가 흰 물보라와 터널로 변하는 힘은 내 몸과 마음을 꿰뚫듯 전해졌다.

다시 헤엄쳐 돌아가기 직전에 혹등고래humpback whale 한 마리가 물 밖으로 솟구쳤다가 엄청난 물보라를 일으키며 떨어졌다.

야생을 나누다

나는 늘 아들 톰이 나처럼 감탄과 장난기가 가득한 시선으로 자연의 세계를 보길 바랐다. 그건 할머니와 증조할머니가 내게 심어준 감각이었다. 톰이 어릴 때, 나는 매일 밤 잠들기 전에 이야기를 들려주었다. 초자연적 생명체와 야생을 추적하고 소통할 수 있는 특별한 능력을 가진 인간에 관한 정교한 이야기를 지어냈다. 우리가 가장 좋아하던 이야기는 키가 3.5미터가 넘는 털북숭이 거인들이 톰 브래든 피스Tom Braden Peace라는 특별한 소년을 만나기 위해 마을에 찾아온 이야기였다.

톰의 부모는 소년이 거인들과 숲에서 지내도록 허락하고, 거인들은 소년에게 동물과 대화하는 법을 가르친다. 톰의 몸에 사는 거미가 거미줄로 망토를 엮어준다. 망토 속에는 뱀과 전갈이 살고, 물고기는 물속에서 숨 쉬는 법을 가르쳐준다. 땅속 생물이 살아가는 방식도 알게 되고, 곤충과 새의 언어도 익힌다. 소년은 여러 차례 죽음을 무릅쓰는 모험을 하고, 결국 야생의 기술을 사용하여 가족을 구한다.

물론 이 이야기는 내 마음을 투영한 환상이었다. 나의 기원을 이해하고 그 지식을 아들에게 전해주고자 하는 깊은 열망을 반영한 것이었다.

하지만 나는 이 이야기들을 현실로 만들고 싶었다. 그래서 평생 나를 키우고 지지해준 세상으로 톰을 초대했다.

우리는 때때로 자연에서 여덟 시간씩 쉬지 않고 놀았다. 주운 물건들로 게임을 만들었다. 마른 모래를 물에 부어 생명체를 만들거나, 돌 위에 돌을 얹어 믿을 수 없이 높은 탑을 쌓기도 했다.

해변에서 레슬링을 하고 럭비 스크럼을 짰다. 휘저어진 모래에 엄청난 자국이 생겼다. 물에서도 숨을 참은 채 레슬링을 했다. 톰은 그렇게 균형 감각과 힘을 길렀을 뿐 아니라 자신의 한계를 알게 되었다. 지나치게 밀어붙이지 않는 법, 거친 놀이라도 부드럽게 하는 법을 배웠다.

톰이 점점 강해지자 내가 수준을 맞추기 어려워졌다. 복싱을 가르친 건 나였지만, 톰이 나를 정통으로 맞혀 몇 초 동안 기절시키면서 수업은 끝났다. 피는 조금 났지만 다친 데는 없었다.

시간이 지나면서 날아다니는 물체를 가지고 놀게 되었다. 전복 껍데기를 강풍 속으로 던지면 바람을 타고 다시 우리에게 날아왔다. 한 조각은 빙빙 돌며 몇 초간 공중에 떠 있다가 부메랑처럼 내게 날아오기도 했다. 작은 댐을 지어 강물을 막았고, 해초 줄기를 목관악기로 썼으며, 조개껍데기와 뼈를 타악기로 바꾸었다.

톰과 함께 웃음과 놀이에 푹 빠졌던 순간들은 내게 가장 소중한 기억으로 남았다.

호기심 많은 생물들

자연에서 놀 때면 가끔 동물들이 톰에게 다가왔다. 개코원숭이와 두 번 만난 일이 가장 선명하게 기억난다.

첫 번째는 톰이 일곱 살쯤 되었을 때였다. 강을 따라 산을 올라서 폭포에 닿은 참이었다. 톰과 내가 햇살 아래 바위 위에 누워서 긴 나뭇가지로 균형 잡기 놀이를 하는데 개코원숭이 몇 마리가 다가왔다. 톰은 이 영장류를 자주 보아서 별로 두려워하지 않았고, 나는 긴장하지 말고 원숭이들이 뭘 할지 지켜보라고 했다. 개코원숭이 세 마리가 톰의 몸단장에 나섰다. 원숭이끼리 하듯 장난스럽게 톰의 머리카락과 옷을 잡아당겼다.

또 한 번은 스와티와 톰과 함께 바다가 내려다보이는 절벽
에 앉아 있었다. 그곳은 조간대에서 개코원숭이가 조개류를
찾아다니는 장소였다. 스무 마리쯤 되는 무리가 다가왔고, 덩
치 큰 수컷 하나는 톰과 나에게 곧장 걸어왔다.

톰에게 수컷의 눈을 똑바로 바라보지 말라고 했다. 지배에
도전하는 행동으로 보일 수 있었다. 톰은 챙이 있는 모자를 푹
눌러쓰고 시선을 내렸다. 놀랍게도 어린 개코원숭이 한 마리
가 다가와 모자를 들추고 몸을 숙여 톰의 얼굴을 들여다보았
다. 톰의 얼굴은 굳어 있었지만 스와티와 나는 참지 못하고 웃
음을 터뜨렸다.

야생동물이 인간과 접촉하는 일은 매우 드물어서 그런 광
경은 기억 속에 깊이 각인된다. 특히 아주 이상했던 하루가
있다.

태양이 밝게 내리쬐고 부드러운 남풍이 부는 간조 끝의 아
침이었다. 해초로 둘러싸인 작은 만은 잔잔한 물결이 일 뿐 고
요했고, 파도는 150미터 정도 떨어진 해초숲 가장자리에서 부
서졌다가 가라앉았다.

이곳의 수심은 1미터 정도에 불과했고, 해저에는 연두색부
터 짙은 갈색과 녹슨 듯한 빨강까지 다양한 색의 해초와 조류
가 뒤섞여 있었다. 숭어, 도미, 얼룩말고기zebra fish, 황줄깜정이

dreamfish, 물론 물에 들어올 때마다 보이는 바위고기까지 모두 다른 색을 자랑했다. 똑똑하고 호기심 많은 물고기들이 가까이에서 헤엄치거나 심지어 사람을 따라다니는 일은 드물지 않았다. 해초와 조류 뒤에서 쏜살같이 튀어나와 접근했다가 또 잽싸게 달아난다. 때때로 팔이 닿을락 말락 한 거리에서 따라다니며 크고 볼록한 눈으로 바라볼 때는 꼭 친해지고 싶어 하는 것 같다.

스와티, 피파, 내가 해초숲으로 헤엄치는데 바위고기 떼가 우리 쪽으로 달려들었고, 몇 마리는 마스크에 부딪치기도 했다. 전에도 얕은 물에서 비슷한 일이 있었지만, 이번에는 흥미롭게도 아주 대담했다.

한동안 해초숲을 탐험한 나는 얕은 물로 돌아가 다채로운 해저의 아름다움을 더 즐기기로 했다.

돌아가는 길에 썰물이 밀물로 바뀌는 흐름을 느꼈다. 보름이라 간조는 특히 낮았고 만조는 더 높을 것이었다. 헤엄쳐 들어가면서 뭔가가 몸통에 부드럽게 부딪쳐오는 느낌이 났다. 바다숲을 떠다니는 끊어진 해초인 줄 알았지만, 끈질기게 매달리는 느낌이 들어서 보니 바위고기 한 마리가 내 발가락을 쪼고 있었다.

나는 그다음에 벌어진 일에 깜짝 놀랐다. 이제 나는 깊이가 겨우 60센티미터밖에 안 되는 물에 수평으로 떠서 바위에 매달린 채 최대한 가만히 버텼다. 전조등처럼 커다란 눈과 환상적인 무늬를 가진 바위고기 두 마리가 내 얼굴 바로 앞에서 맴돌았다.

나는 바위를 더 꽉 붙잡고, 근육의 긴장을 풀고, 침착하고 위협적이지 않은 에너지를 유지했다. 몇 분 만에 적어도 서른 마리의 바위고기가 나를 둘러쌌다. 바위를 잡은 손에 기대고, 드러난 배를 스치고, 얼굴로 돌진하고, 심지어 아랫입술까지 깨물었다.

이 물고기들은 우연히 부딪힌 것이 아니었다. 미끼나 먹이가 없었는데도 다가와서 적극적으로 접촉한 것이다. 나는 천천히 손바닥을 위로 해서 다른 손을 내밀었다. 몇 초 만에 물고기가 내 손으로 헤엄쳐 들어와 몸을 모로 누이고 손가락을 쪼았다. 그 수는 계속 늘어났다. 어느 순간에는 짝짓기 자세로 옆으로 포개진 물고기 네 마리가 손안에 있었다.

수천 번 야생동물과 마주했지만 내 손바닥에서 교미한 생물은 물론 처음이었다!

해변에서 이 광경을 보던 스와티와 피파를 불렀다. 그들이 수영해 오는 걸 보며 이제는 물고기들이 놀라 도망갈 줄 알았지만, 오히려 수가 늘어났다. 우리 셋은 곧 두 종류의 바위고기에게 둘러싸였다. 빠른바위고기_{agile klipfish}와 큰바위고기였다.

한 마리는 몇 분 동안 내 손에 머무르며 쓰다듬는 대로 받아들였다. 심지어 몇 차례 물 밖으로 완전히 들어올려도 가만히 있다가 충분히 논 후에 떠나갔다. 이후로는 마치 컨베이어 벨트처럼 물고기들이 한 마리씩 내 손바닥으로 헤엄쳐 들어왔다. 몇 초 동안 간지럼을 태우면 헤엄쳐 떠났고, 다음 물고기가 그 자리를 차지했다.

이곳은 사람들이 거의 찾지 않는 외딴 지역이었기 때문에 이런 행동은 정말 신비로웠다. 바위고기들은 왜 인간과 야생동물을 구분하는 눈에 보이지 않는 선, 서로 경계하는 선을 넘은 걸까?

우리는 그들의 환경에서 거대한 생물이지만 바위고기는 위험을 감수하고 장벽을 넘어왔다. 그들이 무엇을 얻었는지는 모르겠지만, 나에게는 희열을 선사했다. 야생동물이 신뢰를 바탕으로 자신의 공간을 나누어줬을 때 찾아오는 깊은 기쁨이었다.

그런 순간은 은총의 한 조각과 같다. 우리 안에 있는 야생을 인정받는 느낌이다.

우리는 그 후 여러 차례 정확히 같은 장소를 찾았지만, 그날과 같은 행동을 보인 물고기는 한 마리도 없었다.

10년 넘게 매일 다이빙을 해왔는데도 바다는 여전히 내게 가르침을 주고, 점점 더 경이로운 풍경을 보여준다.

인간의 삶은 바다와 다르지 않다. 파도와 잔잔함, 폭풍우를 순환하며 풍요로운 시기, 고난의 시기, 고통의 시기를 거친다.

치유의 이야기

기본적인 욕구가 충족되고 나면, 매일 아침 침대에서 일어나기 위해서는 삶의 목적을 찾아야 한다. 어두운 시절에는 뭔가를 할 목적의식이나 에너지가 없었다. 그저 무서운 공허감만 느꼈다. 그 감정은 사랑하는 사람들에게도 무겁게 전해졌다. 최근 스트레스와 불면증에 시달리던 시기에는 예전의 힘을 되찾을 수 있을지 의문이었다.

하지만 다행스럽게도 자연은 영혼을 회복시키는 법을 알고 있다. 기적처럼, 목적이라는 것이 되살아난다. 나는 다시금 바다숲 생물들을 세상에 알리고 싶은 욕망에 연결되었다고 느낀다. 그러면 아주 이른 아침에도 에너지와 추진력으로 충만한 상태로 일어날 수 있다. 이 에너지가 어디서 오는지는 나도 알 수 없다. 수중 악어 촬영을 함께했던 내 친구 로저 호록스는 이를 '치유의 이야기healing fiction'라고 부른다. 우리가 삶에 만족하기 위해 만들어내는 이야기다.

때로 삶에는 아무런 목적이 없다는 생각을 곱씹어보곤 한다. 이쪽도 그럴듯한 데다 가끔은 해방감을 느끼게 해준다.

그렇다면 두 가지 모순된 생각을 동시에 갖고 살면 안 되는 걸까? 첫째, 내 삶에는 깊은 목적이 있으며, 바다와 숲의 영혼으로서 모든 것을 탐험하고 공유해야 한다. 둘째, 나는 무한한 우주의 한 점에 불과하며, 내 행동의 의미는 그날 나 자신에게 들려주는 이야기로만 존재한다.

두 가지 중 한쪽으로 너무 치우쳤다고 느낄 때면 그 사이 어딘가에 더 나은 이야기가 있지 않을지 나 자신에게 묻는다.

이러한 목적의식이 내가 만들어낸 것인지 아니면 내면 깊은 곳에서 솟아나는지는 알 수 없지만, 야생이 지닌 치유의 힘만큼은 부정할 수 없다.

어느 비 오는 날, 집 동쪽 해안으로부터 자전거를 타고 돌아오던 길이었다. 앞바퀴가 도로에 난 구멍에 빠지면서 나는 핸들을 넘어 도로로 튕겨 나갔다. 즉시 온몸에 찌릿한 통증이 느껴졌다. 하지만 어깨의 부상이 가장 컸다. 쇄골과 견갑골을 연결하는 인대가 모두 끊어졌다. 의사는 수술하지 말고 흉터 조직과 근육으로 인대를 대체하는 방향을 추천했다. 며칠 동안 극심한 통증에 시달렸고, 어깨의 힘을 회복하는 데 1년 넘게 걸린다고 했다.

팔걸이 붕대를 착용하고 계속 물에 들어가기로 결심했지만, 한 팔로 수영하기는 쉽지 않았다. 당시 나는 다른 질병들도 앓고 있었다. 족저근막염으로 발에 타는 듯한 통증이 있었고 청골중은 만성이었다.

그렇게 해서 시 체인지 프로젝트의 나머지 팀원들이 아름다운 산호초를 향해 나아가던 어느 오후, 나는 약 1.2미터 깊이의 좁은 조간대 웅덩이에 갇히게 된 것이다. 그들이 마주할 경이로운 광경을 상상하니 나 자신이 안쓰럽기까지 했다. 예전의 체력과 힘을 되찾으려고 열심히 훈련했는데, 이제는 다시 힘이 빠져서 수영, 보디서핑, 카약 등 좋아하던 일을 대부분 할 수 없게 되어버렸다.

바로 그때, 언뜻 보이는 불그스름한 갈색 물체가 내 눈을 사로잡았다. 몇 번 본 적이 있는 문어 한 마리가 자기 굴에 숨어 있었다.

잠시 후, 문어는 집에서 나와 자연의 바위벽을 따라 아주 얕은 물속으로 미끄러져 들어갔다. 내가 따라가자 문어는 수면 가까운 곳 숨겨진 틈으로 나를 이끌었다. 밝은 분홍빛의 산호질 조류로 뒤덮인 동굴이었다. 작은 동굴은 문어의 몸에 꼭 맞았고, 입구는 밖에서 들여다보일 만큼 넓었다.

문어는 동굴 수면 가까이 다가갔고, 조간대 웅덩이의 잔잔한 물은 완벽한 거울이 되어 두 마리의 문어를 내게 보여줬다. 내 마스크는 수면 바로 아래에 있었고, 각도와 깊이가 정확히 맞아들어 문어와 문어의 상을 비추는 은빛 거울이 나타났다. 매혹적인 광경이었다. 나는 문어의 꿈속에 들어가 만화경을 들여다보듯 그 장면을 보았고, 문어는 점점 환상적인 반사 형태가 되었다. 문어가 다리를 움직이자 반사된 모습도 그에 맞춰 움직였고, 반사된 상과 실제 문어가 섞여 하나의 두족류 만다라가 되었다. 나는 더 이상 여기저기 다친 채 얕은 웅덩이에 갇혀 있는 사람이 아니었다. 이성의 이해를 넘어선 자연의 신비와 얼굴을 맞대고 있었다.

나는 전율했고, 신체의 고통도 잊었다.

그 만화경 같은 장면을 보며 또 다른 문어와의 만남이 떠올랐다. 몸을 반으로 갈라 두 가지 색깔로 위장한 문어를 본 적이 있는데, 이는 문어의 뇌가 반씩 나뉘어 작동한다는 것을 시사한다. 내게는 그것이 누구나 가진 다양한 자아에 대한 은유처럼 느껴졌다. 그리고 부상, 질병, 위험한 사태 등 극단적인 경험이 어떻게 우리가 의식 표면 바로 아래에 드러나지 않고 있던 신경증적 성향을 정면으로 마주하게 하는지 생각하게 했다.

때때로 우리의 유한성과 마주하는 경험은 고통과 혼란을 부른다. 그러나 우리가 원초적인 자연의 거울에 비친 두려움과 취약성을 있는 그대로 볼 수 있다면, 그때 비로소 치유와 통합이 펼쳐진다.

노래 잡기

부상에서 회복하려 할 때든 기분을 전환하고 싶어질 때든, 추적 훈련에 장난기를 발휘하는 것은 늘 도움이 된다.

나는 모든 종류의 추적에 관심이 있지만, 그중에서도 미국 출신의 저명한 추적자 친구 존 영이 소개한 아이디어가 가장 흥미를 끌었다. 존은 '노래 잡기song catching'라는 이 훈련을 켄터키 블루그래스 음악의 아버지로 여겨지는 빌 먼로Bill Monroe에게서 배웠다고 했다.[2]

1970년대에 빌과 존은 몇 시간이고 숲을 거닐며 자연의 음악에 마음과 직관을 열어두곤 했다. 때때로 번뜩이는 영감 속에서 나무와 동물, 야생의 장소가 부르는 노래를 듣고, 그 노래가 다시 허공으로 흩어지기 전에 종이에 휘갈겨서 '잡았다'.

물론 노래 잡기는 빌 먼로보다 훨씬 오래된 전통이다. 나미비아에서 만난 산족 주술사처럼, 원주민들은 태초부터 노래를 잡았다. 나는 노래 잡기가 동물 추적에서 기원했으리라 추측한다. 인류의 초기 조상들은 자연 깊은 곳에 살았고 동물, 곤충, 바람, 폭풍의 소리를 끊임없이 들었다. 어느 날 누군가 흔적을 보고 아주 능숙하게 상상한 나머지 자기 몸을 벗어나 그 동물이 되었다. 그들은 무아지경을 발명한 것이다. 위대한 치유 춤의 노래다.

모든 음악과 춤의 어머니라고 할 수 있는 무아지경에는 리드미컬한 노래와 박수, 과호흡 기술이 포함된다. 여러 산족 언어 집단은 서로 다른 관습을 가졌지만, 호흡과 소리를 이용하는 치유 춤의 형태는 비슷하다. 참가자들은 확장된 의식 상태로 들어가고, 그 안에서 치유가 일어나고 공동체는 일체감을 통해 결속된다.

추적자들이 새나 큰 고양잇과 동물의 노래를 잡으려고 했던 것처럼, 하나의 장소를 위한 노래 잡기도 가능하다. 인간의 마음이 생태계의 생물학적 지성과 하나 될 때, 의식의 만남과 확장에서 노래가 탄생한다.

이런 생각을 품고 나는 아프리카 바다숲의 노래를 잡기 시작했다.

빌과 존의 노래 잡기는 순탄했다. 그들은 뛰어난 음악가이자 작곡가였기 때문이다. 반면 나는 살면서 한 번도 노래를 쓴 적이 없었다. 영화 사운드트랙을 만드는 음악가와 작곡가와 함께 일한 것이 음악적 경험의 전부였고, 리듬감과 음감이 썩 뛰어난 편도 아니었다.

몇 주 동안 매일 바다숲에 들어가 내 존재를 열었고, 머릿속에 완벽한 노래 형식으로 쏟아져 들어올 심오한 말들을 기대했다.

그리고 몇 주 동안, 아무 일도 일어나지 않았다. 더 열심히 노력했지만, 여전히 아무것도 떠오르지 않았다. 매일 들으면서 내 집처럼 익숙해진 소리가 똑같이 들려올 뿐, 음악 비슷한 소리로도 느껴지지 않았다.

물 연주하기

내가 바다숲의 소리를 잡기 위해 애쓰던 바로 그때, 아들의 음악적 재능이 꽃피고 있었다. 톰은 음악에 특별한 귀를 가졌고, 어릴 때부터 추적 모험에서 주운 잡동사니 더미의 자연 악기들로 야생의 선율을 연주하곤 했다.

그러다 나중에는 물 자체를 연주하는 법을 익히게 되었다. 중앙아프리카에서 비슷한 모습을 본 적이 있다. 개울이나 바위 웅덩이에서 흘러나오는 물을 컵처럼 모은 손으로 내려치면, 물은 박자 사이를 부드럽게 흘러가는 살아 있는 가죽이 된다. 물 드럼에서는 웅장한 소리가 났고, 우리는 톰의 연주를 녹음해 두었다.

자연을 기반으로 하는 창의성은 상대적으로 작은 것으로부터 뭔가 만들어내는 것, 톰의 경우에는 듣는 것을 필요로 했다. 이러한 놀이는 톰에게 어떤 인간 장난감으로도 가르칠 수 없는 창의성을 심어주었고, 깊고 창조적이며 다차원적인 사고를 할 수 있는 뇌의 회로를 만들었다.[3] 이런 추적 활동은 수학이나 물리 같은 기술에도 도움이 된다. 하지만 학업 성취에 미

치는 영향보다 더 중요한 것은 자연을 기반으로 하는 놀이가
침착함과 자신감, 그리고 광활한 자연 앞에서의 겸손을 길러
준다는 것이다.

결국 톰은 수학, 연주, 목공 기술을 다른 영역까지 확장했
다. 코로나 봉쇄 기간에 우리 둘을 극한까지 몰아붙일 프로젝
트를 시작했다. 아주 기본적인 도구만으로 내 차고에 완전한
어쿠스틱 드럼 세트를 만드는 것이었다.

나는 불가능하다는 의견을 말했지만, 톰은 여러 번 좌절하
면서도 포기하지 않았다.

여러 개의 직선 목재를 설계하고 측정해야 했고, 그것들을
완벽한 원형으로 조립해서 그 위에 드럼 피막을 얹고 울릴 수
있게 만들어야 했다. 오차가 2밀리미터 이내인 정확한 구조물
을 만들어야 했는데, 우리의 조악한 작업실에서 그걸 해낸다
는 건 상상조차 어려운 일이었다.

하지만 톰은 어렵다고 단념하지 않았다. 그는 내가 수집한
헌 금속과 나뭇조각들로 특수한 도구들을 만들어냈다. 몇 달
동안 차고 전체가 산처럼 쌓인 톱밥으로 뒤덮여 있었다.

어떤 날은 내가 몇 시간이고 드럼을 돌려주고 아들이 대패
로 둥글게 밀었는데 결국 부서지기도 했다. 잠을 제대로 못 잘
때였고 작업은 정말 힘들었다. 피곤하고 먼지로 폐도 아파서
오랜 작업 시간 자체가 두려울 때가 많았다. 하지만 이것이 아

들에게, 또 나에게 깊은 통과의례와 같은 것임을 느꼈다.

1년 후, 톰은 드럼이 다섯 개 있는 완벽한 세트를 완성했다. 우리 둘을 한계까지 밀어붙여 솜씨와 끈기를 증명하게 만든 그 드럼 세트를 결국 연주할 수 있게 된 것이다. 아들이 너무나도 자랑스러웠고, 말도 안 되게 시끄러운 드럼 소리가 집 전체를 뒤흔들 때마다 그대로 누워 승리의 소리에 흠뻑 빠져들곤 했다.

장소의 본질

노래 잡기의 여정을 시작하고 얼마 지나지 않아 뜻밖에도 요요마 재단Yo-Yo Ma's Foundation으로부터 전화를 받았다. 그 위대한 첼리스트 요요마Yo-Yo Ma가 남아프리카에 올 예정이라며 음악 프로젝트를 지원하겠다고 제안해온 것이다. 나는 충동적으로 이 새로운 추적의 수수께끼를 도와달라고 부탁했다.

이제 바다숲의 노래를 찾아야 한다는 압박감이 더 심해졌다. 가사와 멜로디가 들리기를 바라며 또다시 밖으로 나갔다가 어떤 노래도 포착하지 못한 채 돌아오기를 반복했다.

길잡이가 절실했던 나는 존과 동물 의사소통 전문가 안나 브레이튼바흐Anna Breytenbach에게 연락했다. 두 사람의 조언을 듣고 보니 나는 너무 구체적인 것을 찾으려 집착하고 있었다. 존과 같은 방식으로 노래를 잡으려 한 것이다.

그들이 해준 말을 정리하면 이랬다. "노래를 잡으려고 하지 마. 그 장소의 본질을 포착하려고 해봐."

이 말을 마음에 새기고 접근 방식을 조정했다. 매일 바다에 들어가기 시작했을 때처럼 바다숲의 오래된 생물학적 지성에 마음을 뻗었다. 바다에게 노래를 나눠달라고 부탁했고, 이 해안에 살았던 아주 오래된 조상들은 물론 얼마 전의 조상들과 내 마음을 연결하려고 노력했다.

마침내 노래보다는 시에 가까운 단어와 문장을 낚을 수 있었다. 어떤 단어들은 달콤했고, 어떤 것들은 강렬하고도 낯설었으며 예상하지 못한 말들이었다.

그때 더 강력한 깨달음을 얻었다. 나는 친구들에게 도움을 청하지 않고 혼자서 노래 잡기를 해내려 하고 있었다.

친구들을 이 과정에 초대하고 나서야 작은 개인인 나의 정신보다는 집단의 지성이 훨씬 강력하다는 것을 증명하듯 진정한 마법이 모습을 드러냈다.

나는 고등학교 때 가장 친했던 친구의 딸인 페인 라우브서 Faine Loubser와 야네스에게 도움을 청했다. 페인은 말하자면 현대판 바이킹 방패 전사 같았다. 키가 182센티미터에 매우 강인하지만 영혼은 누구보다 온화하다. 나처럼 페인도 타고난 수집가였다. 거대한 물결에 실려온 유물과 뼈, 이상한 물건을 좋아한다.

처음으로 노래 잡기에 나선 야네스와 페인은 거대한 천연 드럼을 발견했다. 무게 5톤의 거대한 바위는 앞뒤로 흔들면 쿵 하고 울렸다. 다음으로 톰과 나는 물이 튀는 듯한 소리를 내는 소라와 전복 껍데기를 실험했다.

우리는 또한 내가 수년 동안 바다숲에서 주워 모은 물건들을 살펴보며 쓸데가 없을지 고민했다. 몇 년 전 고래 귀 뼈를 발견했다고 하니, 존은 음악에 사용할 수 있을지 모른다며 희망을 보였다.

문제는 우리가 귀 뼈로 연주하려고 아무리 애써도 제대로 된 소리를 낼 수 없었다는 것이다.

그때 영감이 떠올랐다. 장비 없이 다이빙하여 수중 동굴에서 연주해보기로 했다. 비록 소리가 나지 않더라도 그 시도의 상징성이 마음에 들었다. 생각해둔 동굴은 가로 4.5미터, 세로 9미터 정도인 피라미드 형태로 천장에 구멍이 있어 빛줄기가 쏟아져 들어왔다.

페인과 피파, 그리고 나는 숨을 깊이 들이쉰 후 수중으로 뛰어들었다. 동굴 바닥에 도착하자 페인이 고래의 귀 뼈를 쳤다.

다음 순간, 나는 완전히 압도당했다. 귀 뼈에 갇혔던 작은 공기주머니가 물속에서 깊고 울림 있는 소리를 만들어낸 것이다.

어쩌면 백 년 가까이 고래는 귀 뼈를 통해서 동료들의 노래와 수천 가지 다른 바다 소리를 들었을 것이고, 이제는 우리가 그것을 이용해 주변 바다로 소리 파동을 보내고 있었다. 그 진동은 굉장히 강렬해서, 피파와 나는 가슴속에서 두 번째 심장박동이 울리는 것 같은 느낌을 받았다.

그 순간의 기쁨과 경이로움으로 소리를 지르며 수면 위로 올라오자, 시 체인지 프로젝트의 이사 카리나는 육지에서도 그 소리를 들었다고 했다. 우리는 몇 번이고 동굴로 잠수하여 이 놀라운 소리를 다시 들었다. 고래의 귀 뼈에 갇힌 공기의 양에 따라 음높이가 달라졌다.

결국 우리는 바다숲의 조개껍데기, 부화 후 마른 상어알, 다시마, 심장성게heart urchin와 집낙지argonauts 같은 동물 뼈로 만들어진 악기를 모두 스무 개 넘게 발견했다. 우리는 이 유기물 악기들을 타악기 연주자 로넌 스킬런Ronan Skillen에게 가져갔고, 그는 톰의 멘토가 되어 작업실로 초대해서 자신이 소장한 다양한 악기를 연주하는 법을 가르쳐주었다.

바다숲의 목소리

우리의 노래 잡기 프로젝트가 진정한 목소리를 찾게 된 건 로넌이 나를 남아프리카 출신 보컬이자 작곡가인 졸라니 마홀라에게 소개했을 때였다. 졸라니는 내륙의 타운십에서 자랐고, 제도적 인종차별 속에서 바다와 분리되고 사실상 자연과 단절된 채 자랐음에도 바다를 사랑했다. 남아프리카에서 인종차별 정책이 시행된 기간에는 다른 모든 곳과 마찬가지로 해변도 엄격하고 폭력적으로 인종 분리되어 있었고, 유색인종을 허용하는 몇 안 되는 해변은 접근하기조차 어렵고 위험한 곳이었다.[4] 졸라니의 가족은 매일 생존을 위해 분투했고 사치를 누릴 여유는 없었다. 그래서 졸라니는 1년에 한 번 바다에 들어갈 수 있었다.

졸라니를 다이빙에 데려가는 날이 너무나 기다려졌고, 드물게도 추위에 빠르게 적응하는 사람이라는 것을 알고 뛸 듯이 기뻤다.

물살을 헤치며 걸어 들어가자 작은 물고기 떼가 우리를 에워쌌다. 잠수복 없이 처음으로 차가운 물속에 뛰어들었는데도 졸라니는 두려워하는 기색이 없었다. 심지어 가락을 읊조리기까지 했다. 경쾌한 코사족Xhosa 언어가 해초숲 위를 춤췄다.

다이빙과 동굴 탐험에도 졸라니를 몇 번 데려갔다. 톰에게 가르쳤던 것과 똑같이 내 등에 매달리게 해서 깊은 물에 들어가는 연습을 했다. 단 두 번의 시도만으로 졸라니는 바다숲에서 무중력 상태로 해초 줄기를 타고 내려가는 프리 다이빙을 즐기게 되었다. 육지에서 태어난 졸라니의 영혼은 바다 같은 심장이 갈망하던 무중력의 자유에 빠져들었다.

"추위에 취했어요." 졸라니가 다이빙 후에 웃으며 말했다.

요요마의 방문이 빠르게 다가왔고 졸라니와 나는 가사를 쓰기 시작했다. 나는 잠수하며 날것의 문장과 시를 '잡았'다. "내 바다와 숲의 영혼을 자유롭게", "숲속의 꿈, 꿈속의 숲" 같은 표현이었다. 졸라니는 그것을 영어와 코사어로 된 노래로 바꿨다. 졸라니는 작곡도, 노래 잡기도 나보다 훨씬 뛰어났지만 매우 친절하고 협조적이었고, 내가 어설프게 잡은 말들을 어떻게든 근사하게 바꿔놓았다.

한편 나머지 멤버들도 모았다. 로넌은 남아프리카 음악 프로듀서 조니 블런델Jonny Blundell을 데려왔다. 그는 음악을 증폭하고 녹음하는 정교한 마이크 세팅을 개발했고, 창작 작업을 할 때 밴드 전체의 접착제 역할을 했다. 이어서 조니는 자신의 친구 마도시니Madosini를 소개해주었는데, 입활mouth bow이라고도 하는 움루베mhrubhe 같은 코사 전통 악기를 연주하는 남아프리카 음악의 보물이었다. 스페인 태생의 케이프타운 예술가 페드로 에스피-산치스Pedro Espi-Sanchis도 합류했다. 그는 말린 해초 줄기로 만든 플루트인 레코딜로lekgodilo로 잊을 수 없는 멜로디를 뽑아냈다. 야생에서 들려오는 날것 그대로의 소리와 노래 잡기라는 고대 아이디어의 조합은 모든 사람의 마음에 들불을 일으켰다.

옛 방식을 향한 갈망

마침내 결전의 날, 내가 사랑하는 우리 바닷가 오두막의 방에서 거대한 어떤 존재가 함께하는 듯한 기운을 느꼈다. 원래는 야외 콘서트를 열 계획이었지만 폭풍우 때문에 급히 계획을 바꿔야 했다. 우리 집에 약 50명을 초대하기로 했다. 당시 스와티는 인도에 있었고, 피파와 야네스가 내 특유의 까칠함을 감당하며 참을성 있게 도와주었다. 과거에 느꼈던 끔찍한 기분만큼은 아니었지만, 내가 예술가들에게 필요한 것이 있는지 손님들에게 불편한 점은 없는지 미친 듯이 돌아다니는 동안 광기의 뮤즈의 망령은 서까래에서 나를 지켜보고 있었다.

관객이 모두 모이자 자리에 앉은 음악가들이 연주를 시작했다. 톰이 노련한 연주자들 사이에서 드럼을 치는 모습이 너무나 자랑스러웠다. 몇 주 동안 이날을 준비하느라 아드레날린이 과하게 분비됐지만, 바다숲의 소리를 듣자마자 마음이 편안해지기 시작했다. 마치 물이 두텁고 풍부한 소리로 바뀐 바다숲에서 다이빙을 하는 기분이었다. 내 마음은 굶주린 사람이 음식을 먹듯 바다숲의 소리에 잠겨들었다.

연주가 한창일 때 졸라니가 노래를 끊고 밴드에게 멈추라고 손짓했다. 리듬에 뭔가 문제가 있는 것 같았다. 졸라니가 들은 실수를 듣지 못했기에 내 심장은 잠시 불안감으로 요동쳤다. 하지만 잠시 후 그녀는 다시 노래를 시작했다. 친구들과

함께 만들어낸 유기물 악기 소리와 졸라니의 목소리에 나는
전율했다. 바다숲에서 심오한 아름다움을 마주할 때와 같은
느낌이었다.

> 물 아래로 내려가리
> 아, 위대한 사랑이여
> 깊은 숲의 꿈이여
> 살과 피의 그대여
> 후리닌이여, 나와 함께 흐르소서
> 내 머리를 물가에 놓고
> 바다와 숲의 영혼을 자유롭게 하소서

나중에 졸라니가 말한 바로는 노래하다가 어느 순간 이해
할 수 없는 무언가에 사로잡혔다고 한다. 노래하려고 했던 가
사 대신 목구멍에서 깊은 울부짖음이 쏟아져 나왔다는 것이다.

그 울음은 잊을 수 없을 만큼 강렬한, 옛 방식에 대한 갈망
이었다.

바다는 이 행성에 남은 마지막 야생의 공간이다. 졸라니도
많은 사람처럼 축복의 액체에 몸 전체를 담그길 원했다. 그녀
의 목소리에서 처음에는 갈망을, 다음에는 어머니 지구로부터
분리된 우리 종의 슬픔, 즉 위대한 망각을, 마지막으로 바다와

의 재회를 고스란히 들을 수 있었다.

요요마는 노래 잡기를 무척 좋아했고, 바다숲 밴드가 연주를 마친 후 감사의 표시로 첼로곡 네 곡을 연주했다. 자연과 문화의 만남에서 영감을 받은 요요마는 시 체인지 프로젝트의 후원자이자 해양 보존 활동의 열렬한 지지자가 되었다.

공연이 끝나고 한참 후에도 졸라니는 계속해서 바다로 뛰어들어 노래 잡기를 이어갔다. 최근에 이 경험에 관해 이야기를 나누었을 때, 졸라니는 다이빙 중이나 끝난 후에 설명할 수 없는 이미지들을 자주 보았다고 했다. 마치 빛줄기 같은 프랙털 형상이었다. 졸라니는 어떤 존재가 자신에게 말을 걸고 있다는, 혹은 자신을 통해 말하고 있다는 뚜렷한 감각을 느끼기 시작했다.

그리고 마침내 심오한 깨달음에 도달했다. 조상들과 소통하고 있다는 것이었다. 조상들이 그녀에게 노래를 불러주고, 그녀도 노래로 응답했다.

졸라니는 어릴 적 서구 가톨릭 교육을 받았지만, 아버지를 통해 코사 전통 의식과 치유자들도 접했다. 처음에는 조상과의 연결이 핵심인 코사 전통을 이해하기 어려웠다고 한다. 알아야 할 것이 너무 많은 새로운 영역이었다.

이제 졸라니는 조상들에게 제물을 바치기 시작했고, 노래를 잡을 때마다 코사 정체성과의 연결이 깊어지는 것을 느낀다.

졸라니는 이렇게 말한다. "바다숲을 걷고 있는 증조할머니들의 메아리가 들려요. 그리고 바다에 내 마음을 더 많이 말할수록, 내 마음이 더 활짝 열리고 성장하는 것 같아요…… 조상들로부터 받은 메시지가 내 길을 밝혀주죠. 바다에 가는 것 자체가 거룩하게 느껴져요."

바다숲의 노래는 오래되고 강력하다. 그 안에는 인류가 지금까지 알던 모든 감정의 깊이가 담겨 있다. 배고픔, 갈망, 슬픔, 기쁨. 우리가 잃어버린 야성에 대해 속삭이며, 낯설고 차가워 보이는 곳에서 그것을 다시 찾으라고 말한다.

하지만 그 노래는 언제나 빛과 함께 춤춘다.

"대단한 여정이었어요!" 졸라니는 그 경험에 대한 이야기를 끝낸 후 다소 우스꽝스럽고 과장된 목소리로 외쳤다. 그리고 깜짝 놀랄 정도로 커다랗게 웃음을 터뜨렸다.

치유하는 야생

The Healing Wild

10월 중순 어느 날 아침, 스와티는 인도에 있고 톰의 친구 벤이 놀러 와 1층에서 잔 날, 나는 일찍 일어나 주방에서 아침을 준비하기 시작했다. 준비를 마쳤을 즈음 침실이 있는 위층에서 이상하게 터지는 소리가 들려서 살피러 갔다. 계단을 반쯤 올라갔을 때 연기 냄새가 났고, 침실에 불이 났다는 것을 깨달았다.

처음에는 금방 끄면 되겠지 생각했지만, 침실 문 앞에 도착했을 때는 이미 너무 늦어서 불길이 천장을 핥고 있었다. 몇 초 만에 방이 불바다가 되었다. 거대한 굉음을 내는 괴생물체 같았다. 정말 큰일 난 상황이었다. 나는 1층에 있는 톰의 침실로 달려가 두 소년에게 일어나서 나가라고 소리쳤다. 셋이 함께 집 밖으로 달려 나왔다.

얼마 지나지 않아 화염이 위층을 완전히 삼켰다. 불은 이미 너무 뜨거워서 창문이 폭발했고, 유리 파편이 달리는 우리에게 비처럼 쏟아졌다. 안전한 거리를 확보하자 이웃 중 한 명이 소방서에 신고했다고 외쳤다. 그 순간 프로판가스통이 떠올랐다. 가스가 폭발하면 이웃집에까지 불이 붙을지도 몰랐다. 온 동네가 잿더미가 될 것이다. 나는 몇 년 전에 이웃집을 모두 쓸어버린 화재를 떠올렸다. 당장 움직여야 했다.

톰과 나는 아직 불길이 닿지 않은 집 오른쪽으로 돌아 접근했고, 떨리는 손으로 가스통 연결부를 풀기 시작했다. 불꽃이 탁탁 타오르고 검은 연기 기둥이 주위를 휘감았다. 겨우 가스통을 분리했지만, 너무 무거워서 들 수 없었기에 집에서 먼 곳으로 질질 끌고 갔다. 다행히 한 이웃이 와서 가스통을 끌어내는 것을 도와주었다.

가스통이 안전한 곳으로 옮겨진 후에야 한숨을 돌릴 수 있었다. 톰과 벤과 나는 맹렬한 열기 속에 함께 웅크리고 서 있었고, 소방관들이 생명체처럼 울부짖으며 날뛰는 불을 향해 물줄기를 쏘아 올렸다. 우리는 아무것도 챙기지 못했다. 시간이 없었다. 입고 있던 옷과 휴대전화뿐이었다. 그대로 서서 화염이 우리 집을 집어삼키는 광경을 지켜보았다. 스와티와 내가 찾아 오랫동안 키워온 꿈의 집, 아프리카 전역에서 수집한 소중한 추억과 유물이 가득한 아름다운 집이었다.

현실이 실감날 때쯤 톰이 나를 보고 있는 것을 알아차렸다. 마치 공황 상태에 빠져도 되는지 침착함을 유지해야 할지 결정하려는 듯한 눈빛이었다. 나도 같은 결정을 내려야 한다는 것을 깨달았다. 나는 길게 숨을 내쉬고 주변을 둘러보았다.

"우리가 할 수 있는 일은 아무것도 없어. 정말 아무것도." 내가 말했다.

그러자 톰은 완전히 침착한 상태를 유지했다. 나를 도와 보험중개인에게 연락을 취했고, 화재가 계속되는 몇 시간 동안 소방관들이 뜨거운 불을 끄는 것을 도왔다. 불이 꺼진 후에도 타고 남은 잿더미가 너무 뜨거워서 타오르는 잔불을 지키느라 그날 밤과 다음 날 밤 이틀 동안 잠을 이루지 못했다.

화재 당일, 인도에 있는 스와티에게 상황을 알려주는 끔찍한 임무가 남아 있었다. 연결 상태가 좋지 않아서 스와티는 내 말을 잘 알아듣지 못했다.

"미안해, 스와티. 우리 집이 사라졌어."

"뭐라고? 무슨 말이야?" 스와티가 자초지종을 알아내기까지는 오랜 시간이 걸렸다. 스와티는 다음 날 비행기에 올라 집으로 돌아왔다.

거의 동시에 우리 친구들이 하나둘 찾아왔다. 당시 내가 가진 건 입고 있던 반바지와 티셔츠가 전부였다. 다른 건 없었다. 여권도 없었다. 운전면허증도 없었다. 나와 체격이 비슷한 토렌과 앵거스는 각자 옷장의 절반을 내게 주었다. 자기 옷을 그냥 내어준 것이다. 소문이 퍼지자 수십 명의 친구들이 필요한 만큼 머물라고 연락해왔다. 이웃에 사는 친구 클라이브는 화재 현장에서 건진 물건을 보관하라며 차고를 내주었다.

믿을 수 없는 친절이었다. 친구, 이웃, 낯선 사람, 동생과 로런 같은 가족들까지, 사방에서 친절과 보살핌과 사랑이 쏟아졌다. 어떻게 철거하고 재건할 것인지, 누가 어떤 역할을 할지 어려운 결정을 내리는 매 순간 함께 고민해주었다. 수호천사들이 나를 에워쌌다. 건축 명장인 내 친구 숀이 말했다. "내가 다 알아서 할게. 돈 문제는 나중에 얘기하자."

카리나와 피파가 열성으로 도움을 구하는 가운데 시 체인지 프로젝트 팀 전체가 굉장한 힘이 되어주었다. 카리나는 화재보험 전문가인 가이와 더크에게 도움을 청했다. 두 사람은 우리를 대신해 9개월 동안 보험회사와 싸워주었고, 보상을 거의 요구하지 않았다. 크레이그 마레는 자기 차로 우리 집의 잔해를 안전하게 운반하며 큰 힘이 되어주었다.

나는 인간의 영혼 깊은 곳에 있는 친절을 느꼈다. 그것은 역경을 겪을 때 가장 강하게 나타난다. 스와티의 삼촌과 고모인 프라노이와 라디카는 근처의 집을 내주며 필요한 만큼 머무르라고 했다. 전 세계에서 사랑과 친절이 담긴 전화가 걸려오기 시작했다. 상어 보호에 평생을 바친 내 친구 알과 크리스는 세이셸의 외딴섬에서 전화했다. 친절과 배려에 감동해서 눈물이 찔끔 났다. "다 정리되면 우리 연구소에 한번 와." 그들이 말했다.

첫날 화재가 어느 정도 진압되자 나는 뼛속 깊이 한 가지를 깨달았다. 물속으로 들어가야 했다. 우리 집은 폐허가 되었고 모든 것이 엉망이었다. 톰이 여자 친구 젠의 집에서 지내겠다며 차를 몰고 떠난 후 나는 피파와 크레이그와 함께 바다로 내려가기로 했다. 아드레날린이 과하게 분비되어 온몸의 감각이 곤두선 상태였다. 바다가 내 앞에 펼쳐져 있었다. 바다는 진정한 어머니처럼 느껴졌다. 저물어가는 빛에 반짝이는 거대한 표면이 다가오는 듯했다.

그을음으로 뒤덮였던지라 차가운 물에 몸을 담그니 기분이 아주 좋았다. 떨어지는 불씨에 두피가 타버린 정수리의 한 점에 소금기가 닿자 터질 듯한 통증이 밀려왔지만 상관없었다. 그저 어머니와 같은 수면에 누워 바다의 생명력이 내 주위로 흐르는 것을 느꼈다. 이곳이 내 진정한 집이었고 영혼의 쉼터였다. 아무도 바다를 태울 수는 없다.

바다에 몸을 담그는 그 단순한 행위만으로도 마음이 편안해졌다. 난처한 상황이었고 화재에서 회복하려면 할 일이 엄청나게 많다는 것을 알았다. 하지만 건강과 가족, 그리고 *이느낌*. 바다, 자연, 야생동물이 있는 한 나는 괜찮을 거라는 것도 알았다.

복원 작업

건질 만한 물건을 찾아 폐허를 샅샅이 뒤지는 길고 지루한 과정이 시작되었다. 복원 작업은 위험천만했다. 3층짜리 집의 꼭대기 층은 불에 타서 1, 2층 위로 무너져 내렸고, 집의 한쪽은 완전히 사라졌다. 하지만 계단으로 조금씩 올라가면 지나갈 수 있을 만한 넓은 틈이 나왔다. 벽면을 지지하던 구조는 무너졌다. 서까래 몇 개가 위험하게 매달려 있어서 단단한 모자를 써야 했다. 눅눅한 검은 잔해를 헤치며 조심스럽게 기어다니고 있으면 천장의 뼈대나 덩어리가 수시로 바닥으로 떨어졌다.

한때 우리 집이었던 뼈대를 거의 알아볼 수 없다니 현실감이 없었다. 우리는 집 안팎을 구석구석 그림처럼 완벽하게 꾸며놓았다. 모든 것을 내 손으로 만들었다. 스와티가 항상 갖고 싶어 하던 전면 유리창이 달린 작은 철제 벽난로를 막 완성했고, 집으로 돌아오면 놀라게 해주려던 참이었다.

마침내 우리가 그렸던 꿈을 모두 현실로 이뤄냈다고 생각한 순간, 모든 것이 사라져버렸다.

감식 결과 화재는 전기 문제였을 가능성이 크다고 했다. 남아프리카공화국에서 악명 높은 정전 순환 제도rolling blackout(전력 수요 초과 시 특정 지역의 전기를 순차적으로 차단하는 제도) 직후 전압 불안정으로 인한 전기 과부하가 유력한 원인으로 지목되었다.

소방관들은 모든 것에 엄청난 양의 물을 부었고 화염과 연기, 물이 들어찼던 곳에는 멀쩡한 것이 거의 남아 있지 않았다. 한때 케이프강개구리의 고향이었던 작은 자연 연못은 재로 뒤덮였다. 내 카메라와 컴퓨터는 소중한 영상과 함께 녹고 불타서 잿더미가 되었다. 나는 날마다 고고학자처럼 재를 샅샅이 뒤졌다. 때로는 삽으로, 때로는 손으로 유물의 남은 부분을 찾으려 애썼다. 예술 작품과 악기, 조개껍데기, 돌, 뼈와 씨앗 꼬투리, 산소마스크, 공책, 테이프, 연구 기록. 모두 대체할 수 없는 것이었지만, 그래도 물건일 뿐이었다.

불에 탄 잔해 사이에서 나는 수제 창을 발견했다. 응카테가 준 창이었다. 나무 손잡이는 완전히 타버렸고 금속 창날과 스승에 대한 내 기억만 남았다.

야생의 짜임에 엮어들기

스와티의 고모와 삼촌이 재건 작업 동안 머무르라며 내준 집은 볼더스 비치의 펭귄 서식지 근처에 있었다. 펭귄을 알게 된 것은 그 어두운 시기 한 줄기 빛이었다. 며칠 동안 집의 잿더미를 파헤치고 보험회사와 몇 시간이고 전화 통화를 한 우리 신체와 영혼에는 휴식이 절실히 필요했다.

나에겐 인간의 손이 닿지 않았다고 할 만한 장소를 방문하는 환상이 늘 있었다. 동물이 인간보다 많고, 모든 층위의 생물종이 공존하며, 위대한 어머니의 심장박동을 느낄 수 있는 곳. 그런 곳을 찾아낸다면 내 심장이 원래대로 뛰는 것을 느낄 수 있을 것 같았다. 태고의 조상들이 감각한 대로 감각하고, 야생의 천에 엮인 인간으로서 온전함을 느끼게 될 것 같았다.

상어 보호 활동을 하는 친구들을 통해 세이셸 외곽에서 그런 곳을 발견했다. 세이셸은 산호섬과 산호초로 이루어진 작은 군도로, 원시에 가까운 그곳의 생물다양성은 우리 행성이 과거에 어떤 모습이었는지 들여다볼 수 있는 창이다. 지리적으로 동떨어져 있고, 생명체의 먹이가 되는 아주 깊고 영양이 풍부한 물과 가까운 덕분에 생물다양성이 풍부하다.

이곳은 오카방고 삼각주, 마사이 마라_{Masai Mara}, 중앙아프리카, 칼라하리 등 그때까지 경험한 어떤 야생보다도 야생에 가까웠다. 더 좋은 점은 가족이 함께 있었다는 것이다. 스와티, 톰, 그리고 가족이나 마찬가지인 피파까지.

나는 매일 새벽 다섯 시에 일어나 추적에 나섰고, 종일 다이빙하고, 기록하고, 먹고, 잤다. 이 낙원을 숨 쉬고, 들이마시고, 야생의 양분이 내 정신에서 폭발하듯 퍼지며 온 존재를 채워주는 것을 느꼈다.

이곳에서 느끼는 삶의 맥박은 경이로웠다. 구석구석이 번성하는 동물과 식물로 뒤덮여 있었다. 시선이 닿는 곳마다 거북이가 수면으로 올라오고, 큰가오리manta ray 떼가 플랑크톤을 찾아 떠다니고, 온갖 크기의 상어들이 보였다. 얕은 암초 가장자리에서 물에 뛰어들자 커다란 개이빨다랑어dogtooth tuna 떼가 소용돌이치며 옆을 지나갔다. 요일 개념이 사라졌다. 월요일부터 일요일은 큰가오리의 날, 상어의 날, 거북이의 날, 장어의 날, 가시가오리stingray의 날, 물고기의 날, 게의 날로 바뀌었다. 섬에서 수많은 생명이 태어나는 것을 느낄 수 있었다. 자연은 원래 이런 곳이어야 했다. 동물의 형상을 지닌 야생의 정신을 느꼈다. 모든 사고의 틈에 야생성이 넘실대고, 온몸에 에너지가 가득 차 있었으며, 하루하루가 거대한 모험 그 자체였다. 무엇보다 섬의 헤아릴 수 없는 생물다양성이 주는 치유의 힘을 느꼈다.

생물다양성은 말 그대로 동식물 종의 수를 말하며, 지구에 사는 생명체의 원동력이자 건강의 열쇠다. 보기 드물게 생물종이 엄청나게 많은 장소에 있을 때면 우리를 둘러싼 아름다움과 생명 덕분에 기쁨을 느끼고, 더 깊은 의미에서는 회복의 힘도 느낀다. 모두가 충분한 자원을 누릴 수 있고, 우리는 마음을 놓을 수 있으며, 삶은 안전하고, 보금자리가 번성하고, 스트레스를 받을 필요가 없다.

자연의 지배

어느 날 배를 타고 근처에 있는 고리 모양의 산호섬에 갔다.

배에서 내려 사람이 살지 않는 작은 섬으로 들어갔다. 처음 보인 생물은 거대한 집게발이 하나 있는 붉은농게red fiddler crab였다. 게는 나를 이상하게 바라보았다. 분명 사람을 본 적이 없는 듯했다. 눈 한번 깜박이지 않는 게의 시선에는 일종의 경이가 깃들어 있었다.

이처럼 야생 그 자체인 곳에 있으니 기분이 좋았다. 밀림으로 들어가자 나뭇잎 사이로 지나간 시대의 폐허가 된 건물 몇 채가 보였다. 모르타르의 갈라진 틈에서 씨앗이 싹을 틔워 그 뿌리가 아주 느린 속도로 건물을 천천히 부수고 있었다. 모기떼가 몸을 뒤덮었지만, 워낙 흥미롭게 이곳을 탐험하다보니 미처 느끼지도 못했다. 지구상에서 보기 드물게 인간이 만든 구조물을 자연이 집어삼키고 번성하는 장소였다.

4~5미터 떨어진 부서진 건물들 사이에 매달린 거대한 황금거미golden orb-weaver의 거미줄이 보였다. 육지게land crab 무리가

녹슨 낡은 철제 지붕 아래로 총총 지나가며 괴상하지만 감미로운 소리를 냈다. 찻물처럼 따뜻한 얕은 물이 무너진 벽에 부딪히고, 맹그로브채찍가오리mangrove whipray 몇 마리가 무척추동물을 사냥했다. 작은 레몬상어lemon shark 새끼가 가오리 사이를 배회했다. 나는 넋을 놓고 자연이 지배하는 이곳의 탐스러운 광경을 즐겼다.

작은 카메라를 들고 이리저리 돌아다니며 아름다운 혼란의 사진을 찍고 어느 곳으로도 이어지지 않는 계단을 올랐다. 언젠가 도시 전체가 야생에 삼켜지는 광경을 상상한 적이 있다. 인간은 앞만 보고 '이기기' 위해 몸부림치는 사이 어머니 지구는 먼 곳을 내다본다. 자연은 결국 우리에게 겸손을 가르쳐줄 것이다. 이 상상은 두려운 동시에 나를 안심시켰다.

자연의 낙원에 머물며 수많은 종과 매일 상호작용하고, 큰 물고기와 상어를 보며, 엄청나게 많은 돌고래가 물 밖으로 튀어 오르는 모습을 보면서 나는 두 가지 방식으로 깊은 영향을 받았다. 먼저 마음이 활짝 열리고 야생과 처음부터 다시 사랑에 빠졌다. 한편 우리가 얼마나 많은 것을 잃었는지 진정으로 느끼자 마음이 찢어지게 아팠다.

화재에서 회복하는 데 몇 년이 걸리겠지만 우리 가족은 분명 다시 집을 갖게 될 것이다. 하지만 우리 종에게는 지구 말고는 다른 집이 없다. 지구가 잃어버린 것을 되찾는 데는 얼마나 걸릴까? 사라진 야생동물, 오염된 강물, 과열된 바다, 훼손된 고목과 산맥. 녹아버린 빙하를 되찾는 데는 얼마나 걸릴까? 산호초는? 해초숲은?

나는 밀림을 뚫고 들어오는 희미한 산들바람 속에서 믿기 어려울 정도로 긴 거미줄 한 가닥을 발견했다. 빛줄기가 거미줄을 빛으로 가득 채워 밀림의 녹음과 대조를 이루었다. 마치 시간의 망원경을 보듯 거미줄을 가만히 내려다보았다. 이 거미줄 한 가닥의 연약함과 강인함을 느낄 수 있었다.

그 길은 밝고 빛났다. 이윽고 구름이 태양을 덮으며 거미줄은 사라졌다. 하지만 그 사라짐에 절망하지 않았다. 나는 알았다, 그 빛나는 실을 밝히는 일이 평생 이어질 과업이라는 것을.

이곳이야말로 우리 인간이 태어난 세상이고, 야생의 마음이 갈망하는 세상이었다. 섬에서 보낸 시간은 신성한 생태계를 재생할 방법을 생각하도록 영감을 주었다. 깊은 자연에서 추적하며 깨달은 것이 있다. 인간의 가장 위험한 특성은 어머니 자연과의 연결을 끊고도 살 수 있다고 생각하는 경향이라는 것이다. 숨을 들이마실 때마다, 음식을 베어 물 때마다, 따뜻함을 느낄 때마다, 우리에겐 야생이 필요하다.

산족 스승들은 중요하다고 느끼는 것들을 반복해서 말하곤 했다. 그래서 나도 이 메시지를 계속 반복한다. *생물다양성을 보존하기 위해 한 명 한 명이 실천할 작은 방법이 있을까?*

우리 모두의 어머니인 지구를 살리기 위해 각자가 할 수 있는 일은 무엇일까? 어머니는 우리가 이곳에 오기까지 45억 년에 걸쳐 하루 24시간 내내 일했다. 처음부터 우리를 먹여 살린 어머니를 지금 우리가 돕는 것은 무리한 일이 아니다. 우리 모두의 삶이 자연에 달려 있다.

어둠 속의 한 줄기 빛

다음 날 아침, 해변을 따라 움직이는 농게를 추적하기 위해 일찍 일어났다. 수정처럼 맑은 물을 들여다보고 있자니 문득 50미터 밖에서 무언가 움직이는 것이 보였다. 수면 아래 회오리치는 작고 검은 소용돌이였다.

물살을 헤치고 휘적휘적 다가가자 무엇인지 알 것 같았다. 미끼공bait ball(작은 물고기 떼가 밀집된 구 형태를 이루는 전략 - 역주)이었다. 근처에 포식자가 있을 때 작은 물고기들이 스스로를 보호하기 위해 사용하는 최후의 방어 수단이다. 이전에도 이 현상을 본 적이 있지만 그건 깊은 바다에서였지, 이렇게 얕은 물에서 벌어지는 건 처음 보는 광경이라 놀라웠다.

빽빽하게 모여 있다고 완전한 방어가 되지는 않는다. 군함새frigate bird들이 하늘에서 내리꽂혀 소용돌이치는 물에서 물고기를 잡아챘다. 작은 검정꼬리상어blacktip shark는 지느러미로 수면을 가르며 무릎 높이의 물에서 소용돌이를 향해 움직였다.

나는 해변으로 달려가 오리발과 수경, 작은 수중 카메라를 챙겨서 다시 따뜻한 물속으로 들어가 소용돌이를 향해 헤엄쳤다.

수면 아래 삶의 싸움은 한 편의 드라마였다. 거대한 포식자 물고기들이 은빛 그림자처럼 움직이며 소용돌이 속으로 파고들어 작은 물고기들을 삼켰다. 상어들은 나를 조금 경계하는 듯 거리를 유지했다. 새들은 하늘에서 나선을 그리며 급강하했다.

이 무렵 톰과 피파가 합류했고, 함께 이 대단한 광경을 지켜보는 것은 멋진 일이었다. 마음을 사로잡는 광경이긴 했지만, 여전히 한편으로는 낙원 반대편에서 기다리는 일 더미를 생각하게 되었다.

두려움과 불안은 굶주린 포식자처럼 틈만 나면 나를 집어삼켰다.

다른 각도에서 소용돌이를 찍기 위해 위치를 살짝 바꿨고, 햇빛이 바뀌고 다시 보니 물고기들은 검은색이 아니라 은색이었다. 소용돌이가 어두워 보이는 이유는 물고기가 너무 많고, 가장 높이 있는 물고기들이 그림자를 드리우기 때문이었다.

급강하하는 새들의 날개와 발이 등을 스쳤다. 그리고 물고기 떼로 이루어진 거대한 소용돌이가 나를 에워싸자 조그만

물고기 수천 마리가 피부에 닿아 움직이는 것이 느껴졌다.

나는 소용돌이 안으로 완전히 잠겨들었다.

잠시 어리둥절했지만, 물고기들이 하나의 소용돌이 정신으로 움직이고 있다는 사실을 깨달았다. 그들은 내가 위협적인 존재가 아님을 알았다. 사실상 공중과 수중 포식자들을 막아주는 일종의 장벽 역할을 했던 것이다. 상어도 새도, 나처럼 커다란 생명체가 있으면 공격하지 않을 것이다.

그 순간 내 마음속 소용돌이가 고요해졌다. 단절의 환상을 만들어낸 건 나를 둘러싼 세상과 그곳에서 질주하는 시간일 뿐이었다. 포식자와 먹잇감, 동물과 인간, 길들여짐과 야생. 그 모든 경계가 환상이었다.

마치 오래된 자연의 신이 속삭이듯 머릿속에서 단어들이 들려왔다.

어둠 속에 은빛이 있다. 어둠 속에는 언제나 은빛이 있다.

나는 어둠 속에 멈춘 듯 고요히 서 있었다. *나는 어둠 속의 은빛이다. 나는 어둠 속의 은빛이다.* 역경이 닥칠 때 나 자신에게 이렇게 말할 것이다. *어둠 속에는 언제나 은빛이 있다.*

그리고 시작될 때만큼 갑작스럽게 소용돌이는 사라졌다. 포식자들이 끼어들어 작은 무리로 나뉜 물고기들을 흩어놓았다. 바다는 다시 고요해졌다.

소용돌이 속의 물고기 한 마리가 되면 어떤 느낌일지 궁금했다. 아주 짧은 순간이나마 몸소 느꼈지만, 그 기억은 붙들기도 전에 사라졌다.

나는 내가 한때 작은 물고기였다는 것을 기억하지 못한다. 나는 내가 한때 바닷물 한 방울이었다는 것을 기억하지 못한다. 나는 내가 한때 폭발하는 은하였다는 것을 기억하지 못한다. 나는 내가 폭발한 항성의 먼지로 만들어졌다는 것을 기억하지 못한다. 나는 내가 120억 살이 넘었다는 것을 기억하지 못한다. 나는 아무것도 기억하지 못한다.

하지만 그 순간 나는 내가 누구였는지 기억해냈고, 그거면 충분했다. 아득한 기억, 그 작은 불꽃, 소용돌이 한가운데 숨어 있는 어둠 속의 은빛—그거면 충분했다. 나를 나아가게 할, 계속 살아가게 할, 참으로 아름다운 세상에서 계속 야생을 찾게 할 불꽃이었다.

혼자서
추적 훈련을
시작하는 방법

그저 자연 속을 거니는 것도 물론 좋지만, 추적은 우리를 훨씬 멀리까지 데려간다.

인류 역사를 통틀어 오랜 시간 동안, 추적은 모든 인간이 말하는 원초의 언어였다. 숨쉬기나 걷기만큼 자연스러운 생존 방법이었다. 야생의 모든 아이는 추적 방법을 알았다. 발자국과 울음소리의 뜻을 해독하고, 동물의 경고음과 바람에 실려 오는 냄새를 통해 무슨 일이 일어날지 예측할 수 있었다.

우리는 대부분 이 언어를 잊어버렸지만, 다시 배울 수 있다.

어느 언어나 그렇듯 먼저 글자를 배운다. 추적에서는 하나하나의 생물종을 아는 것에 해당한다. 귀뚜라미, 참새, 수달, 뱀.

다음으로 단어를 배운다. 생물들의 흔적과 가장 기본적인 행동이다. 갑오징어는 어디에 살고, 어떻게 위장하고, 무엇을 먹고, 어떤 식으로 짝짓기할까?

위협하는 자세처럼 더 복잡한 행동과 기본적인 포식자-피식자 관계를 이해하기 시작하면, 첫 문장을 쓴 것이다. 그런 다음 이 종과 저 종이 어떻게 상호작용하는지 이해하게 되면, 날씨가 모든 생물과 어떤 상호작용을 하는지 알게 되면, 밀려들고 쓸려가는 조수와 조화를 이루면, 귀뚜라미가 비 오는 날 짝짓기를 좋아하는 이유를 알게 되면, 어떤 문장들이 이어지기 시작한다.

이제 당신은 자연과 대화를 나누고 있다. 당신은 야생의 언어를 말할 수 있다.

하지만 정확히 어디에서부터 시작해야 할까?

추적의 도구

추적에는 화려한 새 장비나 특별한 옷이 필요하지 않다. 아마 이미 당신도 필요한 것을 모두 가지고 있을 것이다. 그림을 그리고 메모할 작은 공책이 유용하다. 포켓용 추적 가이드북은 종을 식별하는 데 도움이 되며, 아이내추럴리스트iNaturalist 같은 온라인 앱을 사용할 수도 있다. 흔적의 크기를 측정할 자와 야외용 쌍안경도 유용하다.

추적 훈련을 한 단계 끌어올릴 강력한 도구를 꼽자면 작은 주머니 카메라나 고급 휴대폰 카메라, 미니 삼각대가 있다. 카메라는 감각을 확장해준다. 심지어 휴대폰 카메라도 대부분 타임랩스로 시간을 압축하거나 울트라슬로모션으로 동물의 움직임을 볼 수 있게 해준다. 카메라를 멀리 설치함으로써 직접 그 자리에 있지 않아도 수줍은 동물을 관찰할 수 있다.

자연 속에서의 경험에 방해가 되지 않도록, 나는 가볍고 작고 조작이 쉬운 카메라를 선택한다. 복잡한 메뉴로 감각을 피로하게 하지 않는 기기, 몸에 부담을 주지 않는 장비가 중요하다. 카메라는 야생을 이해하고, 아름다운 장면을 찍고, 자연에서의 경험을 다른 사람들과 공유하면서 다시 체험할 수 있게 도와주는 수단일 뿐이다.

시간이 지나면 당신은 다양한 종과 흔적, 행동에 대한 아름다운 기록을 쌓아가게 될 것이다. 글과 사진으로 된 당신만의 자연 사진은 자연과의 관계를 결정적으로 변화시킬 것이다.

서두르지 말자. 야생의 자아, 원래의 설계와 다시 연결되는 과정을 즐기자. 이 과정이 당신의 마음을 어떻게 바꾸는지 지켜보라. 흔적을 찾고 자연의 신비를 푸는 단순한 훈련을 하다 보면 정신이 원초적 설계에 따라 작동하면서 내면에 있는 야생의 인간이 만족감을 느낀다.

알파벳 연습하기

다음에 산책을 가면 보고 들은 동물들을 기록하라. 눈길을 끄는 벌이나 나비가 있는가? 자전거를 타고 가는 길, 저수지에 백조가 떠 있는가? 매일 아침 같은 시간, 새 모이통에 되새 한 쌍이 다녀가는가?

자주 교감할 수 있는 매력적인 종을 고르자. 추적은 집 뒤뜰처럼 친숙한 곳에서 훈련하는 것이 가장 효과적이다. 길 아래 연못이든 근처 공원이든 등산로든. 꼭 종합 목록을 만들 필요도 없다. 사실 어디서나 찾을 수 있는 곤충이나 노래하는 새 같은 한 분류로 시작하는 것이 가장 좋다. 나는 대기오염 위기로 골머리를 앓고 있는 도시 델리에서 급강하하는 올빼미와 뽐내며 걷는 공작을 보았다. 케이프타운 운하에서 수달이 헤엄친다. 뉴욕에는 마천루와 다리 위에 둥지를 틀고 공중에서 비둘기를 낚아채는 송골매가 산다. 센트럴파크에 사는 새만 해도 200종이 넘는다![1]

가장 가까이 있는 동물부터 시작하자. 한 분류(예를 들면 곤충)를 알게 되면 다른 종의 삶이 어떻게 돌아가는지도 조금씩 이해하게 되고, 그들이 사는 특정 환경에서 무슨 일이 일어날

지 상상할 수 있게 된다. 그러면 이전에는 혼란뿐이었던 곳에서 패턴이 발견되면서 상황을 빠르게 파악할 수 있다.

무척추동물과의 관계를 발전시키는 것을 주저하지 말자. 레스브리지 대학교University of Lethbridge 심리학 교수이자 두족류 행동 전문가인 제니퍼 매더Jennifer Mather는 곤충, 연체동물, 갑각류에 비해 인간이 속한 포유류에 연구가 편향되어 있다는 충격적인 통계를 알려주었다. 무척추동물은 지구상의 동물 중 97퍼센트(대부분 곤충)를 차지하고 있음에도 불구하고 우리는 상대적으로 아는 것이 거의 없다. 제니퍼는 지식의 부족이야말로 많은 사람이 무척추동물에 대해 혐오감과 두려움을 느끼는 이유일지도 모른다는 이론을 제시했다.[2]

당신이 사는 지역에 서식하는 동물을 연구하고 목록을 만들어보는 것도 좋다. 주변에 동물이 많지 않다고 걱정할 필요는 없다. 어떤 면에서는 더 쉬운 환경이다. 해독하고 기억해야 할 흔적이 적을수록 추적이 쉬워진다. 수백 개의 흔적이 겹쳐 미로처럼 얽혀 있어서 혼란스러운 아프리카 관목 지대보다 나을 것이다. 여유를 가지고 밖에 나갈 때마다 몇 종에만 주의를 기울여보자. 보물을 모은다고 생각하자. 일단 여러 종에 익숙해지면 그 종에 대해 더 자세한 내용을 적어보자. 지식을 쌓아가면서 비슷한 동물이나 식물에 특히 관심이 있는 사람들을 찾아보는 것도 좋다. 종을 비교하고, 당신이 파악한 종이 맞는지 확인하고, 관찰한 내용을 공유하자.

흔적은 단어다

알파벳을 익힌 후에는 단어를 배운다. 흔적과 가장 기본적인 행동이다. 당신이 사는 지역에서 어떤 흔적이 보이는지 익숙해지는 것부터 시작하자. 처음에는 흔적이 모두 비슷해 보일 수 있지만 인식하고 구별하기 시작하면 얼마나 다른지 알게 된다.

다음으로 동물이 어느 방향으로 가고 있었는지 판단해보자. 얼마나 최근에 생긴 흔적인가? 동물이 발굽이나 발을 질질 끌면서 천천히 움직이고 있었는가? 아니면 에너지가 넘치는 상태로 뛰며 빠르게 움직이고 있었는가? 육지에서 추적 중이라면 걸을 때의 발자국은 어떻게 생겼는가? 달릴 때의 발자국은 어떻게 생겼는가?

추적은 하룻밤 사이에 배울 수 있는 것이 아니다. 완전히 숙달되려면 20년 이상 걸릴 수도 있지만 그건 중요하지 않다. 작게 시작해서 조금씩 나아가면 된다. 해변이나 진흙투성이 땅처럼 발자국이 잘 보이는 곳을 찾아보자. 추운 지역에 새로 내린 눈은 같은 등산로를 쓰는 동물에 대해 많은 것을 알려준다. 눈에 보이는 동물의 발자국을 그려보자. 어디서나, 심지어 집 주변에서도 발자국을 찾아보자. 닳거나 긁힌 곳을 유심히 보자. 식물, 나무, 바위, 벽에 남은 흔적을 찾아보자.

흔적은 땅에 남은 발자국뿐만 아니라 어떤 생명체 또는 식물, 모래, 바위가 남긴 모든 단서를 말한다. 동물의 굴, 나뭇가지에 있는 새 발톱에 긁힌 자국, 번개가 바위를 쪼개거나 나무 둥치를 태운 곳, 흐르는 물이 남긴 자국 등 모두가 흔적이다. 바람에 움직이는 풀은 모래에 멋진 동심원 흔적을 남기며 바람이 어느 방향으로 불었는지 알려준다. 바람을 안고 동물을 따라가려면 어느 방향에 있어야 할지, 파도가 어떻게 부서질지, 모래가 어떤 형태로 풍경을 만들어낼지 알려준다.

나중에는 동물의 행동과 포식자-피식자의 상호작용을 기록하기 시작할 것이다. 당신이 연구하고 있는 생명체들의 모든 세부 사항에 대해 질문을 던지자. 어디에 살고 있는가? 어떻게 위장하는가? 무엇을 먹는가? 어떻게 짝짓기하는가? 그 동물과 관련된 흔적과 징후는 무엇이 있는가? 더 많이 알수록 야생의 자연은 더 흥미로워진다.

거북이를 보면 생각해보자. *거북이의 등껍질은 어떻게 자라는가? 탈피하는가? 무엇으로 만들어졌는가? 어떻게 윤기를 유지하는가?* 기록을 남기자. 자연의 경이로움을 기억에 새기자. 과정을 그려보자.

다양한 감각을 추적 연습에 활용해보자. 개인적으로 새소

리를 듣는 데 심리적 거부감이 있지만, 까마귀와 갈매기 울음
소리에 대한 기본 지식은 바다숲과 조간대에서 사냥하는 수달
을 추적하는 데 도움이 되었다.

내 친구 존 영은 새 언어의 전문가이며 훌륭한 저서《울새
가 아는 것What the Robin Knows》[3]을 통해 그 지식을 공유한다. 수년
간의 면밀한 관찰을 통해 존은 새들이 환경에 관한 중요한 사
실을 모두 파악하고 있음을 알게 되었다. 새들이 짝을 찾는 소
리와 경고음에 귀를 기울임으로써 주위에 어떤 동물이 있는지
를 포함하여 자연 세계에 대해 많은 것을 알 수 있다. 전 세계
원주민들은 수천 년 동안 이 기술을 사용하여 생존하고 번성
해왔다.

냄새 역시 동물과 포식 활동을 추적하는 유용한 방법이다.
추적에서 중요한 냄새를 글로 묘사해두면 기억하기에 좋다.
냄새는 눈에 보이기도 전에 근처에 어떤 동물이 있는지 알아
낼 수 있는 유용한 방법이다.

추적은 사고방식이다. 그것은 삶이라는 프로그램에서 탐
정이 되는 것과 같다. 자연을 처음으로 관심 있게 볼 때는 다
소 잔인하게 느껴진다. 그러나 자연의 언어를 배우면 잔인함
대신 전체 환경을 풍요롭고 활기차며 살아 있게 하는 심오하
고 따뜻한 지성이 보인다.

호기심의 대상을 정하고 그것이 이끄는 대로 흔적을 따라

가는 것도 좋다. 활발한 호기심으로 야생동물의 삶을 관찰하는 데 시간과 에너지를 쏟을 준비가 되어 있다면 그들은 비밀스러운 세계로 발을 들일 기회를 허락한다. 나는 파도를 타고물 밖으로 나와 먹잇감을 잡는 물고기, 새를 잡는 두족류, 가끔 뒤집어진 채 헤엄치는 물고기와 그 밖의 많은 것들을 발견했다. 이 모든 생명의 삶은 수천 가닥 생존의 실로 서로 엮여있다.

자연과 대화하기

추적의 경지에 오르면 미묘한 신호를 관찰하고 보이지 않는행동과 움직임을 예측함으로써 야생에서 동물을 따라갈 수 있다. 그러나 초보자는 땅 위에 남은 흔적의 언어를 읽는 것에 그친다. 추적에 나섰는데 동물을 한 마리도 보지 못할 수도 있지만, 흔적에서 많은 것을 보면서 보람찬 경험을 하게 될 것이다.

동물이 남긴 물리적 흔적 외에도 곧 다양한 종류의 자취에눈뜨게 될 것이다. 물어뜯긴 식물, 몸을 문지른 나무껍질, 침이나 배설물이 남은 곳 등이다. 땅에 남은 발자국 말고도 많은단서들이 존재한다. 이런 단서를 해석하여 동물이 무엇을 하고 있었는지 그럴듯한 가설을 세울 수 있다.

그러다보면 어느 날 질문의 답이 되는 행동을 목격할 수도 있다. 그 순간 당신의 가설이 옳았는지 틀렸는지 확인된다. 이는 처음 '왜?'라고 물은 지 몇 달, 심지어 몇 년이 지난 후의 일일지도 모른다. 하지만 그런 일이 일어나면 추적 훈련이 야생의 수수께끼를 푸는 데 도움이 되었다는 깊은 경이감과 감사함을 느낄 것이다.

흩어진 점 연결하기

추적을 익히려면 끈기가 필요하다. 가능한 한 자주 밖으로 나가라. 일주일에 한 시간이든 매일 20분씩이든, 매주 특정한 시간을 정해두면 좋다. 규칙성은 중요하다. 처음에는 무작위로 움직이는 듯 보였던 것들이 점점 또렷한 형태를 갖추어가고, 야생의 패턴이 보이기 시작한다. 심지어 동물들이 앞으로 어떤 행동을 할지 예측할 수 있게 되기도 한다. 이것이 패턴 인식이다. 인간은 태초부터 추적을 해왔기 때문에 우리의 뇌는 패턴 인식이 가능하게 발달했다.

　추적은 완벽한 집중을 요구하며 또한 이에 대해 보상한다. 추적할 때는 자기 자신도, 불안이나 두려움도, 일이나 뉴스도 잊는다. 흩어진 점들을 잇고 추적의 수수께끼를 풀면서 아름다운 흐름을 경험하고 있을 뿐이다. 주변의 다차원적 세계에 모든 감각과 정신이 완전히 집중되어 있다. 온 세계는 대화의 상대이며 마법의 장소가 된다.

스포츠나 예술에 완전히 몰입하는 것과 비슷한 놀라운 느낌이다. 그림을 그리거나 조각을 하거나 야구방망이를 휘두르는 리듬에 몰두할 때처럼.

앞에 놓인 것이 무엇이며 어떤 이야기를 해주는지 고도로 집중하는 능력은 인간의 오래된 생존 메커니즘의 일부다. 추적은 태고의 자아로 가는 문을 여는 열쇠다. 그리고 태고의 자아를 느낄 때면 다른 생각의 여지가 없으므로 편안함과 자신감을 느낀다.

그리고 나중에 이렇게 느낄 것이다. *살 만한 가치가 있는 날이었다고.*

신에게 닿는 밧줄

산족 사람들이 말하는 '신에게 닿는 밧줄'이라는 개념은 추적 활동의 본질을 담고 있다. 나는 그 과정을 이렇게 해석한다. 아침에 밖으로 나갔는데 근처 나무에 새 한 마리가 앉는다. 그 새에게 실을 잇는다. 새의 존재와 세상에서 새가 차지한 자리를 인정하면서 부드럽게 연결된 느낌이다. 그때 나뭇가지를 기어오르는 작은 곤충이 보인다. 곤충에게 실을 잇는다. *네가 보여, 곤충아. 네가 이 세계를 위해 해주는 일에 감사해.*

동물과 식물이 보이는 대로 똑같이 연결과 사랑이라는 거미줄을 만든다. 그러면 어느 날, 실들이 함께 엮여 모든 생명의 근원으로 가는 밧줄을 만든다. 실을 만드는 데 섬세하게 열정을 쏟을수록 밧줄은 더 튼튼해질 것이다. 본질적으로 낯선 세상에서 우리는 표류하고 있다고 느끼곤 한다. 하지만 생명의 힘을 알게 되면 절망을 내려놓고 경이로운 길을 택하기가 더 쉽다.

우리에게는 야생동물과의 관계가 필요하다. 아프리카에서 최초의 인간이 태어난 이래로 실은 계속 이어져왔다. 곤충과 바람은 육지 추적자를 위해 시간을 기록한다. 새는 길을 인도한다. 야생인간의 정신은 야생동물과 장소의 정신, 소리, 냄새와 엮여 있다. 이런 관계가 없으면 우리는 상실감에 빠지고 인간으로서의 어떤 부분을 잃어버린다. 인간이 가장 작은 생명체, 식물, 돌과 이은 실은 영혼을 밝히고 정신을 자유롭게 한다. 바다숲과 해변에서 야생동물과 관계를 맺으면서 내 몸과 마음의 오래된 조각들이 살아나는 것을 느꼈다. 나는 그 장소의 일부가 되었다고 느꼈다. 연결되고 뿌리내린 존재가 되었다.

이 글을 쓰면서 야네스와 해변에서 거위따개비goose barnacle로 뒤덮인 판자를 발견한 기억이 떠올랐다. 바위, 유목, 그 밖의 잡동사니에 달라붙는 갑각류다. 우리는 따개비들이 얕은 물에서 먹이활동을 하는 걸 지켜보다가, 그 속에서 콜럼버스게Columbus crab와 따개비를 먹는 원양성 해양 민달팽이인 깃순눈꽃민달팽이Fiona pinnata를 발견했다. 안타깝게도 이 심해 동물들은 해안에서 살아남지 못할 것이었다.

민달팽이 알 몇 개를 시 체인지 프로젝트 연구실로 가져가 현미경으로 관찰했다. 새끼손톱 절반 크기의 작은 알 덩어리를 180배로 확대하니 맥박이 뛰는 생명의 은하가 있었다. 살아 있는 알 하나하나가 진동하는 털 뭉치 위에서 수정구슬처럼 회전했다. 이 매혹적인 광경은 판자를 타고 험난한 바다를 항해하는 민달팽이와 나 사이에 강력한 실을 이어주었다. 마치 경계를 넘어 새로운 세계로 들어가는 것 같았다. 내 몸의 살아 있는 세포 안을 들여다보면 같은 광경이, 생명의 경이로움과 신비가 있으리라는 사실도 깨달았다.

그 순간 나는 나 자신에게, 내 내면의 야생동물에게 실을 이은 것이다.

가만히 앉아 있기

오랜 시간 한자리에 가만히 앉아 자연을 이해하는 것도 좋은 훈련법이다. 야생의 체계가 어떻게 작동하는지 이해하기 위해 내가 사용하는 추적 방법이기도 하다. 가만히 있으면 작은 것들을 보고 단서를 찾을 수 있다. 동물들도 움직이지 않는 인간을 훨씬 덜 두려워한다.

한 지점을 고르고 하루에 한 시간 조용히 앉아 자연을 관찰해보자. 내 친구 존 영은 매일 찾아가 동물들이 그에게 익숙해져서 모습을 드러낼 때까지 기다리는 이 장소를 '앉는 자리sit spot'라고 부른다. 앉아 있는 시간은 말없이 관찰하는 시간이다. 새들의 소리를 듣고 천천히 그들의 언어를 배워나가며 일종의 깨어 있는 명상을 하는 것이다. 얼핏 별일이 일어나지 않는 것 같아 보여도, 실제로는 다양한 청각적, 후각적, 시각적 신호가 관찰된다.

앉는 자리를 갖게 되면 주변 환경을 한 차원 높게 이해하게 되고, 서서히 자연환경의 일부가 된다. 시각, 후각, 청각, 촉각, 심지어 미각에 이르기까지 감각은 모두 귀중한 추적 도구다. 감각이 예민해지면 더 큰 깨달음을 얻을 수 있다.

나의 앉는 자리는 바닷속의 해초숲이다. 매일 이곳을 찾아 살아 있음을 느끼고 배움을 얻는다. 매일 훈련할 수 있도록 집과 가까운 장소를 선택하자.

야네스와 나는 바다숲으로 잠수하기에 앞서 마음을 가라앉히기 위해 모래나 풀밭에 얼마나 오래 누워 있을 수 있는지 시험하곤 했다. 처음에는 좀이 쑤셨고, 움직이지 않은 채 파도가 바위를 때리며 으르렁거리는 소리만 듣고 있기가 쉽지 않았다. 그러나 결국에는 오랫동안 가만히 있을 수 있게 되었다. 잠재의식 깊은 곳에서 솟아올라 수면으로 부글부글 끓어오르는, 야생의 영양으로 가득한 마음속 액체의 풍부한 맛을 즐길 수 있었다. 이 야생의 액체는 여러 아이디어의 근원이었다. '바다숲 생물 1,001가지' 프로젝트와 인간을 1,001종에 넣기로 한 결정 등 건강하고 훌륭한 아이디어가 샘솟았고, 이는 나중에 혁신 과학과 스토리텔링으로 구현되었다. 야생성은 어수선하고 분주한 삶의 거품 속에서 생명을 잃지만, 광활함 속에서 번성한다. 야생의 정신에는 공간이 필요하다.

유대감 쌓기

혼자 추적하는 것을 즐기는 사람들도 있지만, 인간은 보통 사회성을 타고난다. 함께할 사람을 갈망하고, 친구나 가족과의 친밀한 유대감 속에서 살아난다. 친구나 사랑하는 사람과 함께 야생을 경험하는 것은 인간이 할 수 있는 가장 위대한 일 중 하나다. 야생에서 나만의 시간을 보내는 것도 매우 유익하지만, 그 경험 후에 돌아갈 안식처와 이야기를 기꺼이 들어줄 사람은 필요하다. 사회와 단절되기 위해 야생을 이용하지 않도록 주의하자.

운 좋게도 나는 추적의 여정에서 너그러운 스승과 선배를 많이 만났다. 몇 명은 이 책에서도 다루었다. 또한 세계에서 가장 위대한 고고학자, 원주민 항해사, 조상의 지혜를 지키는 사람들과 깊은 우정을 쌓으며 초기 인류의 삶과 관습에 대해 더 많이 알게 되었다. 배움에 도움을 줄 사람을 찾아내고 질문을 던지고 다가가보길 권한다. 이메일을 쓰거나 편지를 보내서 멘토를 찾아보라. 너무 바빠 답장하지 않는 사람도 있겠지만 누군가는 답장을 보낼 것이고, 놀랄 만큼 만족스러운 결과로 이어지기도 할 것이다.

이야기하기

내 산족 스승 웅카테 크캄크베는 몸의 여러 부위로 보이지 않는 동물의 존재를 감지할 수 있었다. 그는 가려움으로, 다리와 등과 가슴을 타고 퍼지는 열기로 영양, 사자, 스프링복, 표범, 호저를 느꼈다. 동물이 보이지 않는 지형에서도 몸 곳곳을 통해 어떤 동물이 가까이 있는지 알 수 있었다. 그의 몸은 그가 사랑하고 추적하던 동물에 맞춰 거장의 악기처럼 섬세하게 조율된 레이더 시스템 같았다. 그의 살은 동물의 살로 빚어진 것이었다.

우리의 깊은 조상들은 웅카테가 견뎌야 했던 민족 학살의 트라우마 없이도 이런 재능을 갖고 있었다. 산족은 수백 년 동안 길고 긴 참혹한 인권 학대를 견뎠고, 심지어 1900년대 초까지 가격표가 붙어 사냥당했다. 웅카테를 통해 야생적인 인간 영혼의 엄청난 힘을, 이전 수 세대의 야생인들이 가진 순수한 지식과 경험을 느꼈고, 그의 깊은 고통도 느꼈다.

웅카테는 젊은 나이에 세상을 떠났다. 그 고통 때문일 것이다. 그러나 그의 이야기는 계속된다.

이야기는 야생성의 핵심적인 부분이자 변화를 위한 가장 강력한 도구다. 이야기는 인간의 행동과 감정을 형성한다. 지구에서 보낸 대부분의 시간 동안 우리 종은 기록이 아니라 이야기를 통해 정보를 전달했다. 이야기들은 성장하고 소멸했다가 여러 번 다시 태어나며 신화, 전설, 생존 지식으로 엮였다.

이야기의 기술은 조상들의 기억에 새겨져 있다. 처음에 생존을 동기로 움직이던 초기 인류는 자연과학에 대한 호기심과 놀라움이 거대한 뇌에 활력을 불어넣은 덕에 생존의 필요성을 훨씬 뛰어넘는 기술을 갖게 되었다. 우리는 이야기를 갈망하고 사실보다 이야기를 수백 배 더 쉽게 기억한다. 우리가 영화를 그렇게 좋아하는 이유도 이것이다. 수백 명이 오랜 시간 힘을 합쳐 하나의 이야기를 만들어내는 것이 영화라는 예술 형태다.

나는 육지나 물에서 만족스러운 추적 훈련을 한 후면 매번 자연이 들려준 이야기를 이해하려고 노력한다. 그 이야기를 글로 적고 자연에서의 기억을 바탕으로 다듬는다. 때로는 세부적인 내용을 추가하기 위한 약간의 연구도 포함한다.

야생성을 찾는 훈련을 시작하면서 자연이 들려주는 이야기를 찾는 습관을 들여보자. 보고 배운 모든 것을 적은 후 가장 흥분되는 이야기를 찾아보자. 그런 다음 그 이야기를 가장 재미있고 흥미로운 방식으로 다시 써보자. 이제 친구나 가족과 나눌 이야기가 생겼다. 이런 식으로 배운 것을 훨씬 더 쉽게 기억할 수 있을 것이다.

동물의 행동을 관찰하고 그 이야기를 재미있게 다시 쓰는 것은 아마도 지구상에서 가장 오래된 관습일 것이다. 우리 조상들은 밤마다 모닥불 앞에 둘러앉아 이야기를 나눴다. 그 방법도 좋지만, 나는 주로 글을 쓰고 영화를 제작하는 편을 택한다. 늘 내 머릿속에 있는 야생의 사랑 이야기책을 아프리카 바다숲의 멋진 생명체에 관심이 있는 다른 사람들에게 전할 방법을 찾고 있다.

보편적인 추적 언어

환경이 달라져도 추적 기술이 통할까? 고향을 벗어난 추적자들은 길을 잃어 생존할 수 없다는 말을 들었다. 하지만 세이셸에서 추적 기술을 시험하며 확인한 바는 전혀 달랐다. 거의 모든 생태계에 보편적인 추적 언어를 적용할 수 있었다. 아프리카 바다숲에서 10년 동안 갈고닦은 기술을 적용해 장어와 게를 매일 찾아가면서 그 비밀스러운 삶을 비교적 빠르게 풀어낼 수 있었다. 익숙하지 않은 장소에서 자연의 짜임 아래를 들여다보는 건 신나는 일이었다.

야생의 자연에서 추적할 때는 끊임없이 대화가 일어난다. 흔적은 내게 말을 걸고 나는 그에 대답한다. 내내 자연과 대화하기 때문에 한 번도 외롭다고 느낀 적이 없다. 강렬한 대화가 이어지다가, 갑자기, *쾅!* 때로 흔적이 경이의 순간으로 나를 이끌면 폭발이 일어난다. 자연이 모습을 드러낸다. 그런 엄청난 깨달음의 순간은 굉장히 흥미진진하다. 문어가 뚫은 작은 구멍이 있는 조개껍데기를 발견하는 것처럼. 결국에는 조개껍데기에 남은 작은 자국만으로도 어떤 동물의 흔적인지, 무슨 일이 어떻게 일어났는지 알 수 있을 것이다.

주의 사항

추적의 대상인 동물들이 당신을 포식자로 여길 수도 있다. 너무 가까이 다가가면 스트레스를 줄 수 있으니 거리를 유지하자. 동물이 사는 동굴, 땅굴, 둥지에 함부로 침입해서는 안 된다. 손대지 말아야 할 그들만의 공간이다. 새끼를 발견했을 때는 (오랜 시간 멀리서 지켜봄으로써) 부모가 없어 도움이 필요한 것이 확실하지 않다면 손대지 말자. 야생의 어미들은 먹이를 찾느라 한 번에 몇 시간씩 새끼를 혼자 내버려둘 때가 많고 새끼에게 풀밭이나 덤불, 통나무 밑에 숨어 있으라고 지시한다. 만약 당신이나 당신의 개가 추적 중에 이렇게 숨어 있는 새끼를 발견하면 다가가지 말고 내버려두자. 가만히 있다고 해서 침착하다고 생각하면 안 된다. 움직이지 않는 동물은 실제로는 겁에 질린 것일 수 있고, 어떤 생물들은 사람이 만지면 말 그대로 공포로 죽을 수 있다.

훈련을 내 것으로 만들기

당신이 지금 시작하려는 여정은 인생을 바꾸어놓는다고 해도 과언이 아니다. 야생에 나의 존재를 열면 인간이 만들어낸 이상한 기술 세계에서 살아남기 위해 세워놓은 몇 가지 장벽이 무너질 수 있다. 그 장벽이 무너지고 진정한 야생의 인간이 밖으로 나오려 할 때 때로는 두렵고 심지어 고통스러울 수 있다.

아마도 그 고통은 야생성이 깨어나기 위해서는 정신의 어떤 부분이 죽어야 하기 때문일 것이다. 변화는 긍정적일지라도 언제나 두렵다. 중압감을 느낄 때면 나는 기본적인 것들을 기억한다. 깊이 호흡하고, 야생의 형제들에게 느끼는 사랑을 생각하고, 바다와 숲의 영혼을 가진 동료들과 산책이나 수영을 하며 내가 느끼는 감정을 터놓고 말한다.

천천히, 조금씩 받아들이고 스스로에게 너그럽게 굴자.

당신의 환경과 생활 방식에 맞게 추적 훈련을 조정해서 간단하고 실행 가능한 것으로 만들어라. 시간을 두고 꾸준히 유지하면서 당신을 성장시킬 일상의 습관으로 삼아라. 인간의 첫 번째 언어인 야생을 말하는 법을 기억한다면 그것은 무엇과도 비할 수 없이 당신을 성장시키고 활기를 불어넣을 것이다. 당신은 당신을 둘러싼 세상에 없어서는 안 될 부분이다. 당신의 삶은 살아 있는 행성에 엮인 필연의 실과 같다.

책을 쓰는 일이 외로운 과정이라고들 하지만, 나는 전혀 그렇지 않았다. 가족, 친구, 멘토, 그리고 인간과 비인간을 막론한 길잡이들 덕분에 나는 내내 지지받고 격려받는다고 느꼈다. 이 여정에 함께 걷고 헤엄쳐준 모든 이들에게 깊은 감사를 전한다.

무엇보다도, 이 책이 존재할 수 있게 해준 내 사랑스러운 문어 선생님에게 감사를 바친다.

출판, 글쓰기, 편집 분야에서 풍부한 경험을 지닌 꿈의 문학 팀 레이철 뉴먼Rachel Neumann과 사라 레이노운Sarah Rainone은 처음부터 끝까지 나를 이끌어주었다. 글을 마무리할 무렵에는 사라와 내 정신이 하나로 이어진 듯한 느낌마저 들었다. 통찰력 있는 편집을 도와준 타이 모지스Tai Moses, 뛰어난 리서치로 기여한 힐러리 맥클레런Hilary McClellen, 그리고 더그 아브람스Doug Abrams, 아만다 미켈Amanda Mikell, 라라 러브 하딘Lara Love Hardin, 벨라 로버츠Bella Roberts, 자넬 줄리언Janelle Julian, 멜리사 킴Mellisa Kim, 타이 러브Ty Love, 벤 얀Ben Jahn을 포함하여 아이디어 아키텍츠Idea Architects 팀 모두에게도 특별한 감사를 전한다.

하퍼원HarperOne의 엘리자베스 미첼Elizabeth Mitchell 편집장과 주디스 커Judith Curr 대표이사는 늘 신뢰로 나를 북돋아준 선지자들이다. 그들의 모든 조언과 피드백은 이 책에 큰 힘이 되었다. 하퍼원의 재능 있고 헌신적인 팀에도 깊은 감사를 보낸다. 마케팅 부사장이자 부대표 라이나 애들러Laina Adler, 마케팅 선임 디렉터 앨리 모스텔Aly Mostel, 홍보 선임 디렉터 멜린다 멀린Melinda Mullin, 아트 디렉터 스티븐 브레이더Stephen Brayda, 교정 편집자 다이애나 스터피Dianna Stirpe, 내지 디자이너 자넷 에번스-스캔런Janet Evans-Scanlon, 디자인 매니저 이본 챈Yvonne Chan, 매니징 에디터 수잔 퀴스트Suzanne Quist, 제작 편집자 리사 주니가Lisa Zuniga, 어시스턴트 에디터 기줄리아 로미티Ghjulia Romiti, 교정자 시어도어 커트Theodore Kutt에게도 각각 감사드린다.

나의 소중한 친구 제인 구달 박사님께도 깊은 감사를 드린다. 제인 구달 연구소Jane Goodall Institute의 창립자이자 유엔 평화

대사UN Messenger of Peace인 그녀는 내가 내 이야기를 세상에 전하도록 늘 격려해주었고, 자연에 대한 그녀의 강력하고도 아름다운 이야기들로 나를 매료시켰다.

그리고 내 아내 스와티, 나의 파트너이자 동료, 그리고 가장 큰 지지자. 그녀의 두려움 없는 환경 보전 활동은 내가 동물 형제들과의 관계를 더욱 깊이 맺도록 영감을 주었고, 그녀의 미소는 매일 내 삶을 밝혀준다.

어린 시절부터 나의 독립을 격려해준 부모님 키이스와 다이애나 포스터Keith and Diana Foster, 내가 처음으로 이야기를 들려주었을 때 진지하게 귀 기울여주던 할머니 허니Honey와 증조할머니 구기, 모험과 영화제작을 함께해온 동생 데이먼 포스터와 제수씨 로런, 그리고 지금도 함께 자연을 탐구하고 있는 내 아들 톰 포스터Tom Foster에게 감사를 전한다. 항상 따뜻한 응원을 보내주는 내 사촌 샐리 메이시Sally Macey와 트리시 닐Trish Neil에게도 고마움을 전한다.

전 아내 사라 포스터Sara Foster는 훌륭한 공동 부모이자 오랜 친구로, 언제나 내 작업을 진심으로 응원해주었다. 사랑스러운 내 어린 사촌들 타라Tara, 만야Manya, 에이든Aidan, 리암Liam, 그리고 존 메이시John Macey, 폴 닐Paul Neil, 순다람Sundaram 가족에게도 감사의 마음을 전한다.

나의 인척인 크리슈나Krishna, 칸난Kannan, 우샤 티야가라잔

Usha Thiyagarajan에게 감사드린다. 이들의 철학과 영성에 대한 깊은 이해는 항상 흥미로운 대화를 이끌어냈다. 나를 응원해줄 뿐 아니라 매일의 다이빙을 위한 카메라와 카약까지 선물해준 라디카Radhika와 프라노이 로이Prannoy Roy, 존재 자체가 순수한 에너지인 듯한 브린다 카랏Brinda Karat, 그리고 멋진 쇼날리 보스Shonali Bose에게도 깊은 감사를 전한다.

그리고 가족처럼 가까운 친구들이 없었다면 나는 어디에 기댔을까? 수년 동안 나는 이들로부터 큰 사랑을 받아왔다. 제레미와 거지 드 코크Jeremy and Guzzie De Kock, 존과 캐런 라우브서John and Karen Loubser 그리고 그들의 딸 페인과 아들 티본Tivon, 니르말라 네어Nirmala Nair, 데이브 무어Dave Moore, 사만다 맥머트리Samantha McMurtrie, 마릴린 맥도웰Marylin Macdowell, 보웬 보시어Bowen Boshier와 샐리 앤드루Sally Andrew, 닉 엘렌보겐Nick Ellenbogen, 랜스 블라우Lance Blaau, 이베트 우스터하이즌Yvette Oostehuizen, 루크레시아 로드리게스Lucretia Rodrigues, 군터 파울리Gunter Pauli, 마이크 카위츠키Mike Kawitzky, 저스틴 머허니Justine Mahoney, 테오 비엘Teo Biele에게 사랑과 감사를 전한다.

내가 몸담고 있는 시 체인지 프로젝트 가족에게도 진심으로 감사드린다. 자연이 우리에게 준 것을 조금이라도 되돌려주고자 헌신하는 이들이다. 〈나의 문어 선생님〉의 공동 감독이자 스와티와 나에게 딸처럼 소중한 존재인 "늙은 영혼을 지닌 젊은이" 피파 에를리히, 〈코스믹 아프리카〉라는 영화를 함께 만들며 평생의 친구가 된 카리나 프랑칼, 야생 자연에 대한 탁월한 지식과 열정으로 나를 가르쳐준 야네스 란트쇼프 박사, 차분하고 지혜로운 존재감으로 우리 팀을 하나로 만들어준 크리스 반 멜렌캄프Chris Van Mellenkamp, 새로운 방식으로 이야기를 전하도록 영감을 준 다니엘 에를리히Daniel Ehrlich, 언제나 아낌없이 지지해주는 레바나 그래프턴Levanah Grafton, 그리고 지혜롭고 친절한 스티븐 프랑칼Steven Frankal에게도 고마움을 전한다.

수년간 시 체인지 프로젝트를 아낌없이 지지해준 모든 너그러운 이들에게 깊은 감사를 전한다. 특히 바다를 오랜 세월 가까이에서 지켜온, 플럼 재단Plum Foundation의 영감을 주는 팀—샐리 뒤푸르Sally Dufour, 제르마나 라바냐Germana Lavagna, 산드라 마사토Sandra Masato—에게 감사드린다. 마풀라 패밀리 트러스트Mapula Family Trust의 지원과 함께 우리가 어려웠던 초기 시절을 버틸 수 있도록 도와준 엘리자베스 파커Elizabeth Parker, 겨울에도 우리와 함께 수영하고 추적 작업을 해준 바렌트 반 데르 포름Barend van der Vorm, 가이아 재단Gaia Foundation의 리즈 호스켄Liz Hosken, 조이 보크스Zoe Vokes, 윔 호프Wim Hoff, 비비엔 보젤락Vivienne Boselak, 아냐 아덴도르프Anya Adendorff, 시 레거시Sea Legacy의 크리스티나 미트마이어Christina Mittmeier, 그리고 프리스비 멘토이자 친구인 아런 프리드랜드에게도 고마움을 전한다. 또한 국제해양지속가능성패널International Panel on Ocean Sustainability, IPOS, 특히 타냐 브로디 루돌프Tanya Brody Rudolph와 프랑수아 그레일Francois Grail에게도 감사 드린다. 이들은 시 체인지 프로젝트와 연락을 주고받으며 우리가 글로벌 해양 보호의 중요한 일에 참여하도록 해주었다.

또한, 시 체인지 프로젝트를 따뜻하게 지지해준 이들로는 파이시즈 다이버스Pisces Divers의 마이크 노르체Mike Nortje, 조노 코프Jonno Cope, 마이클 다이버Michael Daiber와 크와 투 산 헤리티지 센터!Khwa ttu San Heritage Centre, 추적 명인 알렉스 반 데르 히버Alex van der Heever, 이안 토마스Ian Thomas, 조각가 로비 로리치Robbie Rorich, 브렌트 스터튼Brent Stirton, 제리 렘바 렘바Jerry Lemba Lemba, 레커워터Lekkerwater의 콜린 벨Colin Bell, 퀴버트리Quivertree의 크레이그 프레이저Craig Fraser와 리비 도일Libby Doyle, 도미니크 르 루Dominique Le Roux, 올림피아 앰먼Olympia Ammon, 닉 베지오Nick Bezio, 에이드리언 넬 박사Dr. Adrian Nel와 앰버 허프 박사Dr. Amber Huff, 마이크 켄드릭Mike Kendrick과 해리엇 님모Harriet Nimmo, 맷 자일스트라Matt Zylstra, 닉 루비노위츠Nik Rubinowitz, 스콧 램지Scott Ramsay, 롭 로스Rob Ross, 사라 와리스Sarah Waries, 그웬 스파크스Gwen Sparks, 윌 트래비스Will Travis, 저스틴 블레이크Justin Blake, 울리코 그레크-쿰보Ulrico Grech-Cumbo, 그리고 투 오션스 아쿠아리움Two Oceans Aquarium의 모든 멋진 사람들에게도 진심으로 감사드린다.

야생에서의 삶은, 나와 함께 걸으며 자신들의 문화와 지식을 나누고, 자연과 인류의 기원을 추적하고 이해하도록 가르쳐준 놀라운 멘토들, 선생님들, 길잡이들이 없었다면 불가능했을 것이다. 나의 산족 스승들, 응카테 크캄크베, 카로하 랑와네, 그리고 클로아세 초크네는 깊은 자연과의 연결과 원초적인 기쁨의 가치를 내게 일깨워주었다. 나는 여전히 코사족의 추적 명인 JJ 미니예JJ Minye와 함께하며 최초의 언어에 대한 이해를 깊이 있게 넓혀가고 있다.

해양생물학자이자 뛰어난 자연학자인 찰스 그리피스 교수는 아프리카 바다숲에 대한 방대한 과학 지식을 아낌없이 나눠주었다. 자네트 디컨 박사는 남아프리카의 광범위한 암각화 유적지에 대해 많은 것을 가르쳐주었다. 크리스토퍼 헨실우드 교수는 인류 기원에 대한 나의 평생의 관심을 심화시켜주었고, 카렌 판 니에케르크, 프란체스코 데리코Dr. Francesco D'errico, 그리고 사피언스SapienCe와 위츠 대학교WITS의 다른 과학자들과 함께 언제나 내 질문에 귀 기울여주었다.

존 영과 안나 브레이튼바흐는 내가 자연과 더욱 깊이 연결될 수 있도록 도와주었다. 유르크 올슨과 카렌 올슨은 대형 고양잇과 동물에 대해 많은 것을 가르쳐주었고, 알윈 마이버그Alwyn Myburg는 야생 아프리카를 좀 더 개인적인 방식으로 탐험하도록 도와주었다.

나의 추적 동료들인 크레이그 마레, 개러스 피Gareth Fee, 키리언 맥셰인Kireon Mcshane, 디오고 도밍게즈Diogo Dominguez는 그들 자신의 추적 기술을 심화시키는 동시에 내가 자연과 소통하는 능력을 확장하는 데 큰 역할을 해주었다.

줄루족 상고마Sangoma(전통 치유자)이자 나의 전 파트너인 샤메인 조셉 과자는 자신이 지닌 깊은 조상과의 연결성을 내게 알려주었고, 그 통찰과 가르침은 내가 내 나라를 더 깊이 이해하는 데 중요한 영향을 주었다. 자유 투쟁의 뿌리를 지닌 상고마 린디웨 드라미니Lindiwe Dlamini와 선조 지식 체계의 회복에 강한 열정을 가진 다가라Dagara 전통의 예언자 음발리 마라이스 Mbali Marais 역시 마찬가지로 내 작업에 큰 영감을 주었다.

하와이 원양항해의 최고 항해사 나이노아 톰프슨은 내가 나의 추적 훈련을 세상과 나누는 것이 얼마나 중요한 일인지 깊이 깨닫게 해주었다.

이 책은 여러 훌륭한 과학자들의 기여 없이는 결코 완성될 수 없었을 것이다. 문어 과학자 제니퍼 매더 박사, 우리의 '기원Origins' 전시 프로젝트에서 훌륭한 창의적 협업을 해준 고고학자 페트로 킨, 고고학자 피터 졸리Pieter Jolly, 인류학자 메건 비젤레 박사는 언제나 나의 질문에 기꺼이 답해주었다.

케이프타운 해안 관리자 그레그 오엘로프스Gregg Oelofse와 시의원 에이미 쿨Aimee Kuhl처럼 시 체인지 프로젝트의 활동을 믿고 지지해주는 헌신적인 사람들의 도움도 받을 수 있었다. 브라이언 스윔 교수와 루이스 허먼 교수의 작업은 나의 사고를 크게 확장시켰다. 바다 보호에 헌신하며 시 체인지 프로젝트를 꾸준히 지원해준, 멈추지 않는 에너지의 소유자 실비아 얼 박사에게도 깊은 감사를 드린다. 조지 브랜치 교수Professor George Branch, 이안 맥컬럼 박사Dr. Ian McCallum, 피터 닐센 박사Dr. Peter Nilssen, 잭 부시 박사Dr. Zach Bush, 르네 러스트 박사, 토니 커닝햄 박사Dr. Tony Cunningham, 마크 기븐스 교수Professor Mark Gibbons, 캐리 싱크 교수Professor Kerry Sink, 로렌 드 보스 박사Dr. Lauren de Vos, 딜런 맥개리 박사Dr. Dylan McGarry, 토니 리빈크 박사Dr. Tony Ribbink 역시 모두 기꺼이 우리 프로젝트를 지원해주었다.

파완 파틸Pawan Patil, 앤서니 미첼Anthony Mitchel, 제임스 카메론James Cameron, 마리아 윌헬름Maria Wilhelm, 디나 미셸Dina Michelle, 피에르 모턴Pierre Morton, 아이비 기븐스Ivy Givens, 사이 몽고메리Sy Montgomery 또한 이 책에 큰 지지를 보내주었다.

또한, 남아프리카 국립공원South African National Park의 삼림 관리원들과 과학자들로부터도 많은 도움을 받았다. 사스키아 말로Saskia Marlowe, 상어 과학자 앨리슨 콕Alison Kock, 해양 밀렵 방지 유닛의 칼 노티어Carl Notier, 명예 삼림관리원 팀의 키스 맥네어Keith McNair, 케네스 카든Kenneth Carden, 조지 스미스 교수Professor George Smith에게도 감사드린다. 로스 프릴링크Ross Frylinck는 나와 함께 시 체인지 프로젝트를 공동 설립하고 두 권의 책을 함께 집필

한 소중한 동료이다.

더 후프 컬렉션The De Hoop Collection의 니니 스티븐스Nini Stephens 와 윌리엄 스티븐스William Stephens, 달프렌조 라잉Dalfrenzo Laing과 헨드릭 아렌드세Hendrik Arendse는 늘 따뜻하게 우리를 맞이해주었다.

데일 레이 박사, 제이미 엘크혼 박사Dr. Jamie Elkhorn, 안드레 버거Andre Burger, 찰스 숄러 박사Dr. Charles Chouler, 미셸 반 데르 메르베Michelle van der Merwe, 머레이 러시미어 박사Dr. Murray Rushmere, 안야 거버스Anja Gerbers, 해럴드 엡스타인Harold Epstein 등, 내가 알게 된 훌륭한 치유자들에게도 감사의 마음을 전한다.

오랜 영화제작 경력 동안 나는 이 분야 최고의 인재들과 함께 일할 수 있는 행운을 누렸다. 그들은 나를 더 나은 이야기꾼으로 만들어주었다. 엘렌 윈드머스Ellen Windemuth, 루도 뒤포르Ludo Dufour, 앤 드루얀Anne Druyan, 켄트 깁슨Kent Gibson, 카렌 미핸Karen Meehan, 배리 도넬리Barry Donnelly, 케빈 스머츠Kevin Smuts, 소피 바르탕Sophie Vartan, 카일 스트로벨Kyle Stroebel, 제임스 리드, 사라 에델슨Sarah Edelson, 징크스 갓프리, 로저 호룩스, 댄 비첨Dan Beecham, 존 챔버스John Chambers, 크리스티나 제나토Cristina Zenato, 톰 페샥Tom Peschak, 월터 베르나디스Walter Bernadis, 그레그 톰프슨, 니오비 톰프슨Niobe Thompson, 마이클 라이만도Micheal Raimondo, 워런 스마트Warren Smart, 재키 비비어스Jackie Viviers, 헬레나 스프링Helena Spring, 아난트 싱Anant Singh, 니레시 싱Nilesh Singh, 제이슨 보스웰Jason Boswell, 브라이언 리틀Bryan Little, 필 도밍게스Fil Domingues, 도너번 반 더 하이든Donovan van der Hyden, 샘 바턴-험프리스Sam Barton-Humphreys, 닐 과 나딘 클라크Neil and Nadine Clarke, 그리고 고인이 된 마이클 더펫 Michael Duffett께 진심으로 감사드린다.

졸라니 마홀라, 요요마, 로넌 스킬런, 조니 블런델과의 멋진 협업은 '바다숲 노래Seaforest Anthem'로 이어졌으며, 졸라니는 우리 의 시 체인지 프로젝트 홍보대사Sea Change Ambassador가 되었고, 요 요마는 후원자가 되어주었다. 이들은 자연과 깊이 연결된 감 각을 표현하는 또 다른 창의적 통로를 가능하게 해주었다.

'바다숲 생물 1,001가지' 프로젝트와 같은 다른 협업들은 '세이브 아워 시즈 재단Save Our Seas Foundation'과의 파트너십으로 이 어졌고, 상어 과학자인 CEO 제임스 레아와 전 CEO 크리스 클 라크 박사Dr. Chris Clarke의 큰 지지를 받았다. 그들은 이제 대체 불 가능한 알마 아르티아가Alma Artiaga, 스티보 모건Stevo Morgan, 그리 고 그들의 잠수 팀과 함께 우리의 소중한 친구가 되었으며, 이 우정은 우리의 삶을 깊이 풍요롭게 해주었다.

세이브 아워 시즈 재단의 창립자 압둘모센 압둘말리크 알 셰이크Abdulmohsen Abdulmalik Al-Sheikh 각하에게도 깊이 감사드린다. 그는 전 세계의 상어와 가오리를 보호하기 위해 많은 시간과 자원을 헌신해왔다.

이 책을 집필하는 동안, 우리 집이 불에 탔다. 매우 고통스럽고 혼란스러운 경험이 될 수도 있었지만, 특별한 친구들의 도움 덕분에 잘 극복할 수 있었다. 앵거스 맥킨토시Angus McIntosh와 마리오타 엔소번Mariota Enthoven, 토렌 윙Toren Wing, 신디와 스튜어트 더글라스Cindy and Stuart Douglas, 이웃인 롤프 지볼트-베리Rolf Sieboldt-Berry, 클라이브 스튜어트Clive Stewart, 안드레 반 데르 슈피Andre Van der Spuy, 군나르 오버홀저Gunnar Oberholzer에게 감사드린다.

뛰어난 건축가 숀 머허니Sean Mahoney는 집을 또 한번 구해주었고, 화재 전문가 그레그 버치Greg Birch는 아낌없는 재능 기부를 해주었다. 크리스 키스웨터Chris Kisweter와 테런스 맥셰인Terrence McShane은 재건 작업을 맡아주었고, 보험 문제를 해결하는 데 가이 로이드 로버츠Guy Lloyd Roberts와 더크 코체Dirk Kotze의 도움이 없었다면 아무것도 할 수 없었을 것이다.

나의 어린 시절 집을 현재 소유하고 있는 하넬리 루퍼트Hanneli Rupert에게도 따뜻하게 맞아주신 데 대해 감사드린다.

나의 산족 스승 중 한 명이었던 응카테 크캄크베는 '가슴속에 불타는 숯을 품'고 한 장소에서 다른 곳으로 옮겨 다니며 필요한 때 그 숯불을 다시 타오르게 하라고 했다. 나는 이 책이 그런 숯불의 역할을 하여, 우리 안에 잠든 조상의 불을 다시 지피고, 우리가 어디서 왔는지, 우리가 누구인지 기억하게 해주는 매개체가 되기를 바란다.

이 불을 꺼뜨리지 않기 위해 지금도 힘써주는 모든 이들에게 진심으로 감사드린다.

2장_ 추위

1 인류학자 메건 비젤레는 저서 《Once Upon a Time Is Now》(New York: Berghahn Books: 2023)에서 산족 언어 특수 기호의 발음법을 다음과 같이 정리한다:

/ = 치음 흡착음(참고. 영어에서 짜증을 표현할 때 나는 "쳇, 쳇(tsk, tsk)" 소리)

= = 치경(설측) 흡착음, 영어에 대응되는 소리가 없음.

1= = 치경구개 흡착음(참고. 코르크 마개가 빠질 때 나는 소리)

// = 측면 흡착음(참고. 승마 시 말을 재촉하는 소리)

2 Dr. Andrew Huberman, "Using Deliberate Cold Exposure for Health and Performance," *Huberman Lab*, podcast, 2:15:09, April 4, 2022, https://hubermanlab.com/using-deliberate-cold-exposure-for-health-and-performance/.

3 2021년 10월 18일, 윔 호프와의 저자 인터뷰.

4 윔 호프 치료법Wim Hof Method 웹사이트, "콜드 테라피Cold Therapy," https://www.wimhofmethod.com/cold-therapy.

5 Natalie Muller, "Eden's Killer Whales: Helping Human Hunters," *Australian Geographic*, October 12, 2012, https://www.australiangeographic.com.au/topics/history-culture/2012/10/edens-killer-whales-helping-human-hunters/.

6 Darren Incorvaia, "People and Animals Sometimes Team Up to Hunt for Food," Science News Explores, April 27, 2023, https://www.snexplores.org/article/people-and-animals-sometimes-team-up-to-hunt-for-food.

7 Francesca Trianni, "Otters Have Helped Bangladesh Fishermen Catch Fish for Centuries," *TIME*, March 27, 2014, https://time.com/40632/bangladesh-otters-fishermen/.

3장_ 추적

1 Katherine Harmen, "Polarized Display Sheds Light on Octopus and Cuttlefish Vision and Camouflage," *Octopus Chronicles* (blog), *Scientific American*, February 20, 2012, https://blogs.scientificamerican.com/octopus-chronicles/polarized-display-sheds-light-on-octopus-and-cuttlefish-vision-and-camouflage/.

2 2015년 11월, 나이노아 톰프슨과의 저자 인터뷰.

3 Radio Expeditions, "An Interview with Anthropologist Wade Davis," by Alex Chadwick, NPR and National Geographic Society, May 2003, https://legacy.npr.org/programs/re/archivesdate/2003/may/mali/davisinterview.html.

4 Lyall Watson, *Lightning Bird: The Story of One Man's Journey Into Africa's Past* (New York: Simon & Schuster, 1982).

5 2023년 6월, 제임스 레아와의 저자 인터뷰.

4장_ 사랑

1   2004년, 자네트 디컨과의 저자 인터뷰 및 서신 교환.

2   Lawrence George Green, *Karoo* (Cape Town: H. Timmins, 1955).

3   Tony Jackman, "The Springbok Migrations," Africa Wild, africawild-forum. com/viewtopic.php?t=11477.

4   Dr. Jane Goodall, "Jane Goodall's Dog Blog—Rusty," *Best Pet* (blog), Perfect Pets, December 28, 2016, https://perfectpets.com.au/best-pet-blog/post/ jane-goodall-s-dog-blog-rusty.

5장_ 조상

1   Jason Daley, "Were Neanderthals Getting Surfer's Ear From Diving for Seafood?," *Smithsonian Magazine*, August 15, 2019, https://www. smithsonianmag.com/smart-news/neanderthals-had-lots-surfers-ear-suggesting-they-were-seafood-180972917/.

2   2013~2023년, 크리스토퍼 헨실우드와의 저자 인터뷰.

3   Ed Yong, "An Ancient Crosshatch May Be the Earliest Drawing Ever Found," *The Atlantic*, Sept. 12, 2018, theatlantic.com/science/archive/2018/09/is-this-the-earliest-drawing-ever-found/570007/.

4   Brian Thomas Swimme, *Cosmogenesis* (Berkeley, CA: Counterpoint, 2022).

5   Jane Goodall Institute, "Jane Discovers That Chimpanzees Make and Use Tools," https://janegoodall.org/our-story/timeline/.

6   Margaret Roberts and Sandy Roberts, *Indigenous Healing Plants* (Johannesburg: Southern Book Publishers, 1990).

7   2015~2022년, 토니 커닝햄과 저자의 개인적 대화.

1   Scott Neuman, "Revenge of the Killer Whales? Recent Boat Attacks Might Be Driven by Trauma," NPR, June 13, 2023, https://www.npr.org/2023/06/13/1181693759/orcas-killer-whales-boat-attacks;and Stephanie Sy and Courtney Norris, "Group of Orcas Attack and Sink Vessels off Iberian Coast," *PBS NewsHour*, video, 4:25, June 14, 2023, https://www.pbs.org/newshour/show/group-of-orcas-attack-and-sink-vessels-off-iberian-peninsula.

2   Phoebe Weston, "Orcas Accused of Attacking Boats May Be 'Following Fad' Scientists Say," *Guardian*, August 25, 2023, https://www.theguardian.com/environment/2023/aug/25/orcas-boats-rammings-scientists-open-letter-aoe.

3   James Fair, "Are Killer Whales Dangerous to Humans?" *Discover Wildlife*, BBC Wildlife, January 24, 2023, https://www.discoverwildlife.com/animal-facts/marine-animals/are-killer-whales-dangerous-to-humans.

4   Sophia Ankel, "Hundreds of Great White Sharks Have Vanished from South Africa's Coast and Fearsome Orcas Are to Blame," Insider, November 22, 2020, https://www.insider.com/orca-attacks-caused-great-white-sharks-flee-cape-town-experts-2020-11.

5   Boris Worm, "A Most Unusual (Super) Predator," *Science* 349, no. 6250 (2015): 784-85, https://www.science.org/doi/10.1126/science.aac8697.

6   Sylvia A. Earle (@SylviaEarle), "Sharks are beautiful animals," Twitter (X), July 16, 2021, 5:07 p.m., https://twitter.com/SylviaEarle/status/1416187797963116545.

7   Thais Martins, et al., "Intensive Commercialization of Endangered Sharks and Rays (Elasmobranchii) Along the Coastal Amazon as Revealed by DNA Barcode," *Frontiers in Marine Science*, December 14, 2021, https://www.frontiersin.org/articles/10.3389/fmars.2021.769908/full.

8   Katherine J. Latham, "Human Health and the Neolithic Revolution: An Overview of Impacts of the Agricultural Transition on Oral Health, Epidemiology, and the Human Body," *Nebraska Anthropologist* 28 (2013): 95-102, https://digitalcommons.unl.edu/nebanthro/187/.

9   Henry Kam Kah, "The Laimbwe Ih'neem Ritual/Ceremony, Food Crisis, and Sustainability in Cameroon," *Journal of Global Initiatives* (2016): 53-70, https://www.academia.edu/23789087/The_Laimbwe_Ihneem_Ritual_Ceremony_Food_Crisis_and_Sustainability_in_Cameroon.

10   Library of Congress website, "America at Work," loc.gov/collections/america-at-work-and-leisure-1894-to-1915/articles-and-essays/america-at-leisure/.

11   2015년 11월, 나이노아 톰프슨과 저자의 개인적 대화.

12   Nainoa Thompson, "As a Wayfinder, as a Native Hawaiian, and—in the End—as Nainoa, What Is Sacred?" in *Sacred: In Search of Meaning*, by Chris Rainier (San Rafael, CA: Mandala, 2022), 258.

13   oceanexplorer.noaa.gov/facts/pacific-size.html.

14   The Digital Bleek and Lloyd Collection, lloydbleekcollection.cs.uct.ac.za/index.html.

15   lloydbleekcollection.cs.uct.ac.za/index.html.

16   2020년 6월, 르네 러스트와의 저자 인터뷰.

17   The Mother Tree Project, mothertreeproject.org/about-mother-trees-in-the-forest/.

18   2023년, 야네스 란트쇼프 등과 저자의 개인적 서신 교환.

19   Jessica Wimmer and William Martin, "Likely Energy Source Behind First Life on Earth Found 'Hiding in Plain Sight,'" Frontiers, January 19, 2022, https://blog.frontiersin.org/2022/01/19/frontiers-microbiology-origin-of-life-energy-hyrothermal-vents/.

20   Brian Thomas Swimme, *Cosmogenesis* (Berkeley, CA: Counterpoint, 2022).

21 "How Human Beings Almost Vanished from the Earth in 70,000 B.C.," NPR, October 22, 2012, https://www.npr.org/sections/krulwich/ 2012/10/22/163397584/how-human-beings-almost-vanished-from-earth- in-70-000-b-c.

22 Rutger Bregman, *Humankind: A Hopeful Story*, trans. Elizabeth Manton and Erica Moore (Boston: Little, Brown, 2020).

8장_ 놀이

1 Ben Garrod, "Can All Primates Swim?" *Discover Wildlife*, BBC Wildlife, May 25, 2023, https://www.discoverwildlife.com/animal-facts/can-all- primates-swim/.

2 Bluegrass Music Hall of Fame and Museum website, "Bill Monroe," www. bluegrasshall.org/inductees/bill-monroe/#biography.

3 Anthony D. Fredericks, "How Engaging with Nature Bolsters Creativity in Children and Adults," *Psychology Today*, July 7, 2021, https://www. psychologytoday.com/us/blog/creative-insights/202107/how-engaging- nature-bolsters-creativity-in-children-and-adults.

4 Hanibal Goitom, "On This Day: Desegregation of South African Beaches," *In Custodia Legis* (blog), Library of Congress, November 16, 2015, https:// blogs.loc.gov/law/2015/11/on-this-day-desegregation-of-south-african- beaches/.

야생의 언어 배우기_ 혼자서 추적 훈련을 시작하는 방법

1 Meghan Bartels, "The Insider's Guide to Birding in Central Park, New York City," *Audubon Magazine*, June 2, 2017, https://www.audubon.org/news/ the-insiders-guide-birding-central-park-new-york-city.

2   Jennifer A. Mather, "Ethics and Invertebrates: The Problem Is Us," *Animals* 13, no. 18 (2023): 2827, https://www.mdpi.com/2076-2615/13/18/2827.

3   Jon Young, *What the Robin Knows: How Birds Reveal the Secrets of the Natural World* (New York: Houghton Mifflin Harcourt, 2012).

바다와 숲의 영혼

—

초판 1쇄 인쇄 2025년 12월 23일
초판 1쇄 발행 2026년 1월 7일

—

지은이 크레이그 포스터
옮긴이 석혜미
펴낸이 고영성

—

책임편집 유형일
저작권 주민숙, 한연

—

펴낸곳 (주)상상스퀘어
출판등록 2021년 4월 29일 제2021-000079호
주소 경기 성남시 분당구 성남대로43번길 10, 하나EZ타워 307호
팩스 02-6499-3031
이메일 publication@sangsangsquare.com
홈페이지 www.sangsangsquare-books.com

—

ISBN 979-11-94368-80-9 (03400)

—

· 상상스퀘어는 출간 도서를 한국작은도서관협회에 기부하고 있습니다.
· 이 책은 저작권법에 따라 보호를 받는 저작물이므로 무단 전재와 복제를 금지하며,
  이 책 내용의 전부 또는 일부를 사용하려면 반드시 저작권자와 상상스퀘어의 서면 동의를 받아야 합니다.
· 파손된 책은 구입하신 서점에서 교환해드리며 책값은 뒤표지에 있습니다.

추적
일지

석기시대의 동굴이 폴스 베이를 내려다보고 있다. 동굴 바닥에는 이곳에 살았던 사람들의 마지막 식사 흔적이 남아 있다. 동굴 입구는 야생 녹나무로 둘러싸여 있으며, 이 나무의 씨앗은 부싯깃으로 사용되었다. 나무의 분재처럼 뒤틀린 가지들은 수세기에 걸쳐 인간의 손에 의해 잘려나간 흔적을 보여준다.

해변에 밀려왔다가 다시 바다로 끌려 들어간 다시마 더미의 흔적. 조수선이 뚜렷하게 남아 있고, 거센 파도가 흔적의 아래쪽 절반을 쓸어 갔다. 흩뿌려진 모래 입자들은 다시마 더미가 꽤 빠른 속도로 끌려갔음을 보여준다.

오리의 흔적

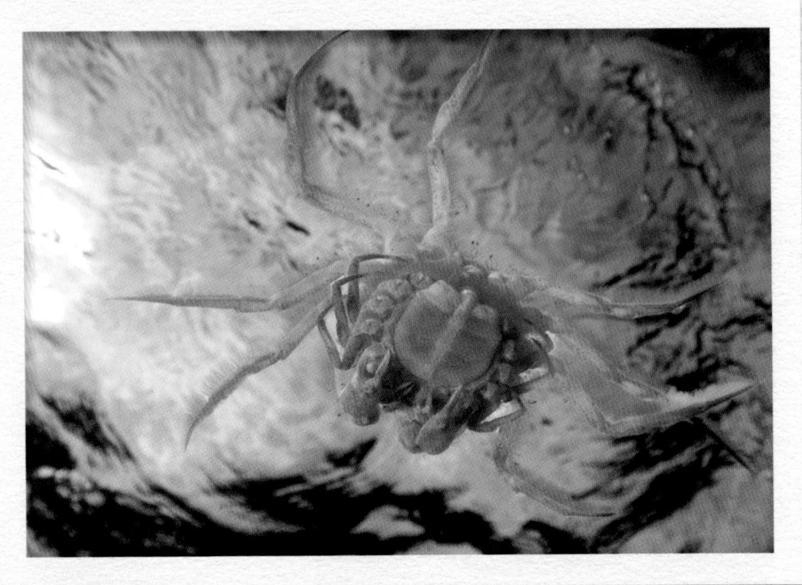

덩치가 큰 수컷 왕관게가 암컷을 위해서 껴안고 있다. 암컷이 허물을 벗을 때까지 그는 기다린다. 암컷의 껍질이 부드러워졌을 때에야만 짝짓기가 가능하기 때문이다. 짝짓기할 때 그는 암컷을 자신의 쪽으로 돌려 마주 보게 하고, 짝짓기 전후로 암컷을 부드럽게 품는다.

얕게 흐르는 물 너머로 군소붙이과에 속하는 큰 포식성 바다달팽이의 흔적이 보인다. 달팽이의 발은 점액질을 남기는데, 이 점액이 미세한 모래 입자를 모아 긴 자취를 만든다. 그 자취를 따라가자 사진의 왼쪽 아래 부분에서 그 동물을 발견했다. ⟶

게의 흔적

화강암 위에 남은 아프리카민발톱
수달의 발자국. 발자국은 그가 바다
숲에서 무늬오징어를 잡아, 돌 위에
서 먹물로 흠뻑 젖은 손과 발로 먹이
를 먹는 모습이 절로 떠오르게 한다.
오징어를 먹은 장소에는 좌우로 펼
쳐진 커다란 먹물 자국이 남아있으
며, 그 앞에는 오징어를 다 먹은 수
달이 그곳에서 떠나며 남긴 먹물 발
자국을 볼 수 있다.

매우 희귀한 문어 배설물 사진이다.

왜냐하면 보통 문어 보금자리 주변에 모여드는 불가사리류가 배설물을 매우 빠르게 먹어치우기 때문이다. 이 개체는 물고기를 먹은 듯하다. 게나 홍합을 먹었을 때와는 달리 배설물의 색깔이 연한 노란빛을 띤다. 문어는 거의 매일 먹이를 먹으며, 거미불가사리, 고둥, 불가사리와 같은 청소 동물에게 풍부한 먹이를 제공한다.

설치류의 흔적

톰이 다시마에 난 구멍을 살펴보고 있다. 이 흔적은 물고기가 다시마를 접어서 물어뜯을 때 생긴다. 다시마를 펼치면 둥근 구멍을 볼 수 있다. 범인은 독어다. 이 물고기들은 여름에 대거 나타나 드넓은 바다숲을 먹어치운다.

그물무늬불가사리가 수레바퀴 형태로 말려 있다. 새끼를 돌보고 있다는 징조다. 왼쪽 아래 팔 사이를 자세히 들여다보면, 어미 아래에 보호받고 있는 아주 작은 새끼 불가사리들을 볼 수 있다. 이런 현상은 매년 10월, 같은 시기에 발생한다.

지느러미를 펼친 블루핀성대. 가자미는 지느러미가 펼쳐진 등에 올라 타 있다. 나는 가자미가 모래 속에서 뛰쳐나와 성대의 등에 붙는 이유 가 포식자에게 잡아먹히지 않기 위한 것임을 깨닫기까지 몇 년이 걸 렸다. 가자미에게는 그곳이 유일한 안전지대다.

나침반해파리의 근접 촬영 사진. 물고기가
물어뜯어서 생긴 두 개의 타원형 구멍이 보
인다. 왼쪽 구멍은 회복되고 있으며, 아문
흉터가 뚜렷이 보인다. 오른쪽 구멍은 아직
회복하지 못했다. 긁힌 상처는 아마도 갈
매기의 부리에 쪼여 생긴 상처일 것이다.

가마우지의 흔적

샤이샤크를 사냥한 아프리카민손톱수달. 이 수달은 나에게 낯을 가리지 않는다. 내가 바닷가 옆 민물 웅덩이에 누워 있는 동안에도 그는 먹이를 맘껏 먹는다. 그는 간과 지느러미, 아가미만 먹는다. 그의 이빨은 납작하게 닳았다. 아마 나이를 먹으며 닳고, 또 사포처럼 까끌까끌한 상어 피부를 물어뜯으며 닳았을 것이다. 수달의 눈은 수면 위와 아래를 모두 잘 볼 수 있고, 수염은 어둠 속에서도 사냥을 가능하게 한다.

수달의 흔적

카메라는 놀라운 추적 도구다. 카메라 덕분에 문어가 빨판에서 모래를 뿜어내는 매우 희귀한 장면을 두고두고 꺼내볼 수 있게 되었다. 문어의 빨판은 항상 좋은 흡착력을 유지하기 위해 세심하게 청결함이 유지된다. 사진 속 문어는 나에게 경고 행동을 하고 있다. 나에게 물러서라고 위협하는 것이다.

그의 행동에 나는 곧바로 물러섰다.

갑오징어의 알이다. 약 50개 정도의 알들이 뭉쳐있다.

불투명한 색과 질감으로 보아, 최근 며칠 사이에 아주 큰 암컷이 알을 낳은 것으로 보인다. 부화에는 약 2.5개월이 걸릴 것이다. 물 흐름이 풍부해 알에 산소가 충분히 공급되는 완벽한 장소에 낳았다.

타조의 흔적

위에 있는 문어가 움직이자 아래 있는 문어는 거울에 반사된 것처럼 똑같이 움직였다. 그렇게 두 문어는 하나의 만다라처럼 합쳐졌다. 이 장면은 내 마음에 큰 감동을 주었다. 우울하게 시작한 하루가 경이와 찬탄의 감정으로 가득한 하루로 바뀌었다.

갯벌에서 홍합을 먹는 개코원숭이들. 이들은 따개비, 상어알, 심지어 바닷가재도 먹는다. 그들은 아프리카 바다숲에서 수영하거나 잠수한다. 다른 원숭이에게 공격받을 때는 종종 물로 뛰어들어 도망치기도 한다.

개고코원숭이의
흔적

수달이 막 잡은 상어를 끌고 간 흔적. 발자국 옆으로 끌린 자국이 나 있다. 수달은 고개를 옆으로 돌려 상어의 상체를 물고 질질 끌고 갔을 것이다. 끌린 자국은 상어 꼬리가 모래 위를 쓸어낸 자국이다. 수달은 민물 시내 쪽으로 향하고 있었다. 그들은 얕은 시내에서 먹이 먹는 것을 좋아한다.

수컷 타조가 해변에서 무릎을 꿇고, 날개를 머리 위로 접은 뒤 모래 위로 쓸어내린 흔적이다. 이 특별한 자세는 타조의 구애 춤에서 볼 수 있다. 바다 가까이에서 이런 장면이 목격되는 일은 매우 드물다.

《바다와 숲의 영혼》의 세계로 빠져들자.

https://seachangeproject.com/amphibious-soul

이 QR 코드를 스캔하면, 지난 25년 동안 제작된 단편 영상 시리즈를 볼 수 있다. 영상들은 이 책의 장면들, 악어와 함께 잠수하고, 칼라하리에서 만난 산족 추적자들을 만나며, 아프리카 바다숲에 서식하는 동물들이 지닌 비밀을 배우는 장면들을 생생하게 보여준다. 각 장과 이 추적 일지를 생생하게 느끼고 싶다면, 꼭 봐야 할 영상들이다.